シリーズ
地域の再生 17

里山・遊休農地を生かす

新しい共同＝コモンズ形成の場

野田公夫
守山　弘
高橋佳孝
九鬼康彰

農文協

里山・遊休農地を生かす＊目次

シリーズ　地域の再生　17

里山・遊休農地を生かす——新しい共同＝コモンズ形成の場

目次

序章　里山・草原・遊休農地をどうとらえるか
―歴史をふまえて未来へ―

はじめに

里山・草原および遊休農地の「現在」を長いタイムスパンのなかでとらえるとともに、未来を豊かに創造するための貴重な「地域財産」であることを明らかにし、それらの取組みを紹介し、地域再生の具体像を豊富化すること、これが本巻の課題である。

私は、これら三つの土地利用に共通する特徴を、〈境界性（過渡的・境界的性格）〉と〈入会性（入会的性格）〉という二側面でとらえ、その両面を現代のなかに位置づけたいと思う。うち、里山と草原は長い歴史をもち、おのおの個性的な〈境界性〉と〈入会性〉を体現してきたが、遊休農地は現代農業の後退（耕作放棄）が生み出した新たな〈境界性〉だという点で、やや特異である。もちろん、農地荒廃は近代以前においてこそ一般的であったが、農産物自給率の大幅低下を背景に農地確保を最大の農政課題として位置づけている現在に頻発している事象だけに、特別な意味があろう。遊休農地は、可能な限り農地として再生されることが望まれている存在ではあるが、地元農家の力だけでは果たせないことも多く、またほかの利用形態を考えるほうが適切なケースも増えつつある。いずれにしても、新たに生み出された〈境界性〉に対し〈（新しい）入会性〉によって対処されつつあること、そしてそれが新たな生きがいや活力を生み出しているところが興味深い。そのような視野をもって、里山・草原とともに遊休農地の意味を見直すことが必要とされ期待されているところが、現代という時代の特性なのであろう。

以下、〈境界性〉〈入会性〉という特徴づけが含意するところを述べたうえ（「1」）、その歴史具体的なありようを「人と山の関係史」として概括する（「2」）。いずれも近代という時代が「近代化（進歩）のための撲滅」すらめざした対象であるだけに、「近世から近代への変化」の意味をクリアにすることを重視したい。さらに遊休農地問題から派生しうる現代的（もしくは日本的）土地所有創造への貢献可能性についてふれ（「3」）、最後に、本書三つの本論すなわち第1章＝里山、第2章＝草原、第3章＝遊休農地についての私の読み方を記す（「4」）ことで、序章にかえさせていただきたいと思う。「おわりに」は、本書を携えて旅立つうえでの若干の留意事項である。

1　里山・草原・遊休農地の位置づけを考えるために
―〈境界性〉と〈入会性〉をもった土地・土地利用とは―

里山・草原・遊休農地の性格と地域再生における位置づけを考えるには、その〈境界性〉と〈入会性〉に着目することが必要であると私は考えている。主に近代以前の里山と草原に即して、その意味を説明したい。

(1)〈境界性〉ということ

〈境界性〉とは、第一に、拡大する農地と開拓される林地の間に形成されたいわば間《はざま》の領域だということである。ただし、〈境界性〉とは単なる隙間ではない。それは、農業と農村社会が存立するうえで欠くことのできない必須の場であったし、さらには人口増減などの大きな社会変動を受け止めて変化・伸縮するある種のバッファ領域でもあった。第二に、そこにおける「人と自然の関係性」における〈境界性〉、言いかえればある種のルーズさをもっていたことを指している。ここでは、特化した対象物を最大限に獲得するための管理を貫くことが要求される耕地（農業）や林地（林業）にはない多元性を備えており、このことが耕地や林地とは異なる、さらには耕地や林地との関連において、多様な生物を生息させる貴重な二次自然をつくりあげてきた。

(2)〈入会性〉ということ

〈入会性〉とは、第一に、歴史的には入会慣行によって支えられてきた「共同」の土地であることを指している。貴族領地など巨大土地所有のうえに成立した利用権であることが多いイギリス的なコモンズとは異なり、日本の入会は、管理主体である入会集団をもち制裁規定を含む厳密な入会慣行を形成しており、事実上農民の「共同所有」とも呼びうる実態を備えていた。第二に、現代における再生の方向も「共同の力」で、すなわち地権者（集団）の主体性は確実に尊重されながらも広範な都市住民の力も借りた「新しい共同の形態」をつくり上げることが期待されていることを意味している。それは次に述べるように、農業・農村問題にとどまらず、現代における「共同性の創造・回復」という大きな課題の一環をなすことになるであろう。

（3）〈境界性〉〈入会性〉の現代的意味

近代とは（経済的視点から見た）効率性という指標にもとづいて万物を「純化」する強い衝動をもった時代であり社会である。ちなみに万物とは、資本主義的富の基本的構成要素たる自然（素材）と人（労働力）および制度（自然と人との関係）のことである。〈境界性〉をもったものは中途半端なものであり、より効率的なものへの転換（純化）が強制され、それができなければ放置された。里山も草原の多くも、開発の対象になるか、その条件がなければ放置された。そして、それが農地（典型的な土地合体資本）にまで及んだ――近代以前とは異なり多分に不可逆性を帯びたものとして――ことが、現代日本の特徴であった。他方「人」は、さまざまな集団や組織および慣習から「開放」され競争的個人へと「純化」することが要請された。そして、これらの努力の見事な達成が、世界に冠たる戦後「高度経済成長」の成功であった。ただし、この世界的成功が生んだものが、「豊かにはなった」が

「幸福感に乏しい」「心の不安」に満ちたものでしかなかったことは、予想だにしなかった大きな衝撃であったといえよう。

本書では、これらの土地を、変化が強制され衰退を余儀なくされた存在とみなすのではなく、人と自然の関係性を取り戻すとともにさらに豊かなありようをつくり出していくための空間として／過剰に商品化した人の生活をわずかなりとも自然の物質循環のなかに埋め戻すための装置として／生物多様性とともに文化多様性を保存する舞台として……そしてなによりも、このような多面的な価値を農村空間に付与する魅力的な財産として再発見し位置づけ直すことを試みている。そして、これらの境界的な土地（利用）をよみがえらせることは、農村に対して、〈境界性（自然と人間との関係性）〉を喪失した都市とは異なる固有の価値を付与するとともに、そこに生み出される〈新たな入会性（現代的コモンズ）〉は、排他的私的土地所有の孤立性・敵対性を緩和し重層的補完的で共同性に媒介された人・土地関係を生み出すための最先端の営為にもなろうと思う。

2　人と山との関係史―日本近代・「山林比率二割九分」からの出発―

(1) 山林比率二割九分

明治初年の山林比率は「二割九分」……これは初代山林局長桜井勉の証言である。桜井は、論考

「日本之山林」において、当時（桜井の山林局長在任期間は明治12年5月16日〜13年3月15日であり、この頃の状況が述べられていると推測される）の山林面積比率を「二割九分」だと述べている。この事実を公に知らしめたのは、古島敏雄を代表とする共同研究『日本林野制度の研究』であった。「……山林面積が全土地の二割九分として計上されている。この山林も大半が未開発林であるといえるから、幕末の林野が、肥料・飼料の採取と放牧地として、農民の手で管理使用された、連々として続く草山で占められていたということは疑う余地がない」(1)という。

「二割九分」という数値の根拠が具体的に示されているわけではないが、少なくとも「森林を保育する」責任を負った初代山林局長の目からすれば、森林（ここでは山林）と呼びうるのは「全土地の二割九分」しかないと認識されたことは重大である。このことから、次のような興味深い論点を指摘できる。第一は、古来鬱蒼とした森林が覆っていたはずの日本の大地は、明治にいたるまでのどこかの時点で「連々として続く草山」へと大変化を遂げたということであり、第二は、先にも述べたように、現在の森林比率は約66%（世界最高レベル）なのだから、森林縮小傾向は近代に入って以降大逆転し、それも短期に2.3倍強という「激増」を果たしたことになる、ということである。日本では不思議なことに、近代化が森林破壊をもたらしたという世界の通念とは逆に、近代化過程が顕著な森林化を促進したといえようか。里山も草原も、このような変化を潜り抜けて今日にいたったものなのである。しかし、それは一体なぜであろうか。

(2) 人・山関係の日本的特質

その理由は、日本における「人・山関係」が特異なものであったところにある。

農業生産を継続させ発展させる鍵は、(水の確保を別にすれば) 地力維持と雑草除去にあるが、とくに前者すなわち地力維持の形態が、日本における「人と山の関係史」に大きな影響を及ぼした。広大な山を肥料源として使うことを要求したからである。近代以前の社会において草山・芝山・柴山などと呼ばれていたものがそれである。本稿ではこれらを総称して草山と記すことにするが、今日里山・草原と呼ばれるものの大部分もまた、前近代における草山の一種であった。広大な草山によって維持される農業……このような「人・山関係」は世界的にみてけっして一般的なものではない。むしろかかる関係が高密度に発達したところにこそ、日本農業とりわけ水田農業の特質を見るべきである。以下、その事情を簡単に示そう。

草山はなによりも水田農業と結びついて形成された。湿潤で温暖なモンスーン・アジアに属する日本では、もっとも大量に安定的に確保できる肥料源として「草」が位置づけられた。これを草肥という。草肥とは刈敷や堆肥を指すが、刈敷とは青草および木の葉や若芽のついた木々の小枝をそのまま水田中に人や家畜の力で踏み込むものである。湿潤・温暖という条件があるからこそ埋め込まれた有機物が分解し、そのことを通じて地力の補給 (再生産) が可能になった。したがって、耕地から遠くない場所に潤沢な草肥を確保しうる草地が必要であったが、平坦な土地は可能な限り耕地化する努力がなされたから、確保すべき草肥源はおのずと時代（開発）とともに山に振り向けられた。木々に覆われていたはずの山々が草山化したのは以上のような事情においてであった。ただし、同じモンスーン・アジアにあっても、無施肥農業が中心であった東南アジア地域では草山は形成されなかった。

これに対して、乾燥・冷涼な西欧における畑作農業では草肥に依存することはできず、地力維持の基本線は家畜（厩肥）におかれた。地力増進は家畜増頭を基本とし、家畜増頭は広大な草地を要求し、草地が農業経営と一体化した団地的集合としての農場制農業（farm／その担い手がfarmerである）を形成することになった。このことが、日本／西欧における前近代の農村・山村景観を根本的に規定した。日本では、人の手が入りにくい奥地はともかく人里に近い山々の多くは草山になったのであり、他方村里は、家畜に乏しく広大な草地を欠いた狭隘な耕地と農家の高密度の集合体になったのである。この点からいえば、農の営みが「人と山の関係」として現象すること自体が、大いに日本的であったといえよう。[2]

念のためにいえば、草山は「はげ山」ではない。草山とは、もともと鬱蒼とした森林であったところを伐採や火入れを通じて造成したものであり、林地化しようとする自然の力を制御し草山の状態を維持すべく、厳密に管理され続けている山のことである。

（3）近世における草山のウエイト

近世における草山の具体的ありようを、水本邦彦が紹介した近世初期（17世紀）における飯田藩領脇坂氏の所領九七カ村の植生分布によって見てみよう。なお、水本によれば、「草」とはススキ・チガサ・ササなど、「芝」はシバ、「柴」はハギ・馬酔木・山ツツジ・ねじ木・黒文字などの灌木などを指すという(3)。

①草	（面積割合　4.1％）
②芝	（同　26・8％）
③柴	（同　23・7％）
④草＋柴	（同　9.3％）
⑤草＋松＋雑木	（同　1.0％）
⑥柴＋雑木	（同　7.2％）
⑦雑木	（同　10・3％）
⑧雑木＋檜・栂など	（同　11・4％）
⑨なし	（同　6.2％）
合　計	（　100・0％）

これによれば、高木のみで覆われている⑦⑧は合計21・7％にすぎない。他方、草や灌木のみで覆われているもの（①②③④）は合計63・9％となる。また高木と草や灌木が混交した⑤⑥が計8.2％を占め、これ以外に「なし（はげやま）」と記された⑨（6.2％）があった。すなわち、江戸時代

初期の飯田藩領では、草・芝・柴などに覆われた山が3分の2近くを占め、同様の機能も併せもった⑤⑥も加えれば、実に7割を超えたのであった。

また、所三男は近世中期の信濃国松本藩領の村々を例にとり、草山必要面積に関する詳細な試算例を示している[(4)]。結論だけを記せば、次のようである。筑摩郡全体でみると、刈敷は水田用155万駄・畑用150万駄、飼料・堆肥・緑肥用に100万駄、合計400万駄が必要で、それに対応する草山面積は田畑面積の10～12倍となる。そのほかに各戸20～30駄の薪炭が必要とされており、それを供給しうる草山面積が加算されることになる。草山の規模は、想像を超えるものであったといわなければならない。

もちろん、耕地／草山の適正比率は地域と時代に応じてずいぶん幅があった。風土条件にも左右されたし、購入肥料の普及は草山への負荷を減少させた。同じ草肥であっても刈敷から堆肥に移行すれば草山面積はより小さくてすんだ。また、近世後期においては、「採草地利用を中心とした苅敷・厩肥の自給肥料を中心とする東北型」と「干鰯・油粕を中心とする購入肥料の近畿型」という明瞭な地域差もあった。水本も近世中期の安芸国（近畿型に含まれよう）では「野山の保有状況は田畑の二倍から九倍[(5)]」と、近世初期の信濃国（東北型に近似していよう）に比べずいぶん低くかつ幅のある数値を示している。また局地的であったとはいえ、木材の商品化がみられた地域では、商品性をもった木材を生産するために、植林も行なわれそれにふさわしい管理が必要となる。このようなところでは林地としての専門化が要請され、農民の入会的利用を制約することになった。本書

第1章・第2章の筆者もそれぞれ異なった数値をあげているのは、これら諸条件の相違によるものである。

(4) 明治以降の変化に関する「永田推計」について

他方、日本近代では森林面積に大きな変化はなかったという主張が林業専門家から出されているので、ふれておきたい。永田信は、『農商務統計表・第一〇次以降』（明治30年～大正12年）と『農林省統計表』（大正13年～昭和40年）による「森林総面積」と「北海道国有林」の数値から、次のような判断をくだしている。(6) ①日本の森林面積は、1910年ごろまで減少傾向にあり、1915年あたりを底として、その後は上昇傾向に転じた。ただし、第二次大戦前の急増と、戦後の急減は例外である。②北海道国有林は、1915年ごろまでは減少したが、それ以後は安定的に推移した。③その差引の結果として、都府県の森林面積は1890年以降一貫して微増してきた。このパートに付された小タイトル「日本―一〇〇年間は微増傾向」こそが、氏の結論であろう。

私は、桜井の「山林二割九分」という認識は（内国植民地北海道を除く）都府県の状況を反映したものであろうと考えているので、永田の示す諸点のうちとくに③の評価が問題になる。これは、初代山林局長（桜井勉）の現実認識とは明瞭に異なるし、それを援用した岡村明達（注1を参照）、および岡村の主張を使って旧入会地における林地化圧力の強さ（したがって牧野的利用の衰退）を強調する梶井功の見解とも大きく隔たるものである。(7) 私もまた本稿で、彼らの理解に立って論述しているのだが、この差はどう説明されるべきなのであろうか。

ポイントは、ここで把握された「森林」とは何か[8]、すなわち山を草山として管理していたという日本的な山利用の実態が永田（したがって永田が依拠した諸統計）によって把握されているかどうか、である（上述の諸国には、韓国を除いてこのような山地利用形態はないであろう）。1910（明治43）年には「立木地及無立木地の区分調査」を行ない「無立木地を原野に算入した」ため統計上森林面積が減ったと永田はいうが、草山は基本的に無立木地ではない。入会目的（したがって管理形態）に応じてその存在形態は多様であり、疎林状態にあったり灌木中心の植生であったりもする。初代山林局長が「森林（桜井の表現では山林）」とはみなさなかった、したがって植生上も用途上も明確に区別されるべき山々が、統計上は等しく「森林」として計上されていたために、「草山から山林へ」という実態的な変化、すなわち桜井が「山林とはみなさなかった」ものから「高木が卓越する本来の山林」への状態変化をとらえることができなかった……大きな認識上のギャップが生まれてしまった根拠をこのように考えている[9]。

（5）耕地・林地と牧野の角逐

ところで草山は、もともと草肥源として期待されていただけではなかった。飼料源としても使われていたし、燃料源やその他の生活資材を確保する場でもあった。このような事情からすれば、たとえ肥料や生活資材が外部（市場）から供給されるようになったとしても、近代化は畜産の振興を要請するから、草山を飼料源としての意味を強化し牧野として位置づけ直す途が論理的にはあり得たといえるが、実際には牧野もまた縮小の途をたどった。以下梶井功の仕事[10]を参考にしてその経過を概観したい。

「連々として続く草山」はすでに失せていたにせよ、1937（昭和12）年の時点では、林野面積のわずか7％たらずではあるが160万haが牧野として牛馬産地に集中的に残存していた。1942（昭和17）年の農林統計から、〈林野面積中に占める牧野面積の割合が全国平均数字以上〉で〈牧野面積三万町歩〉に該当するものを拾うと、北海道（実面積最大＝49万町歩）・岩手（対林野率最高＝24・6％）・熊本・青森・秋田・岡山・大分・広島・島根の9道府県となる。いずれも馬および和牛の飼養が集中している北海道および東北・中国・九州の諸県である。かつて広大な林野を占めていた草山も単なる草肥源であったかぎり縮小・消滅が必然的だったが、牛馬産地帯はその例外をなし、とりわけ繁殖用牛馬の飼料基盤としては残存してきたといえる。

しかし、これらの牧野もまた自らの減少を止めることはできなかった。それは日本の畜産が畜産地代を成立させせないレベルのものであったからであるが、その縮小過程は—東北地方を例外にして—チューネン圏[11]として示される西欧とは異なり、耕地化よりも林地化によってもたらされたところに大きな特徴があった。それは、農業の側からいえば、高い地代が実現できる水田を造成する余地は西南地域においてはすでに限定されていたうえ、当時の畑作は経済性に乏しいため耕境を前進させる力は弱かったからである。他方林業の側からいえば、近代化に伴う都市人口の膨張に伴う木材需要の高まりが林業採算を向上させ林地地代を形成し得たのであった。

3　遊休農地から「日本的土地所有の再生」を考える

先に述べたように、「遊休農地」は現代農政が生み出した新たな〈境界性〉である。注目したいのは、それがバブル期には「資産的土地所有」とも揶揄された近代日本的「私的土地所有」の崩壊局面を示すものでもあり、それらの再生にあたっては逆に、地域的・コモンズ的利用こそが模索され期待されていることである。里山や草原にとっての課題が、かつての入会的な管理と利用をリニューアルして現代に再生することであるとすれば、「遊休農地」のそれはこれまでの強固な私的所有に新たにコモンズ的性格[12]を付与することであるといえよう。

ちなみに、人が再生産できない自然（土地）を単なる「私的所有」に純化してしまったことは、日本近代と農業にとって大きな躓きであった。戦前期に農業・農村問題を深刻なものにした〈近代地主制〉、戦後狂乱的地価高騰を起こしたいわゆる〈土地バブル〉、そして現在の農地所有者の老齢化と不在化・不明化を背景にした〈遊休農地化〉……いずれも私的性格の独往がもたらした社会問題である。このような近代が生み出した土地問題を是正し、近未来の人／土地関係のあり方を模索するうえで、私はしばしば、歴史家丹羽邦男が発掘した明治9年・佐賀県における一農民の言葉を紹介してきた。それは、次のようなエピソードである。地租改正のための測量に村を訪れた役人に「この土地は誰のものか」と問われた農民は、しばらく逡巡した後、次のように答えた……「上土は自分のもの、中土はムラのもの、底土は天のもの」[13]。かかる回答に接した役人は、日本農民の所有権意識の未熟（……地租負担者を確定できない）を嘆いたという。しかし、現代から振り返れば、日本社会における「農地」のあり方を〈個別利用主体・地域デザイン主体・国家という担保力〉という三者の重層的関係として構想する、まことに魅力的な思想である。先に述べた三つの社会的大問題は、このような土地所有観を踏み潰し私的土地所有が暴走したところに生まれた。「遊休農地」をめぐる問題は、以上のような私的土地所有を相対化するイメージを具体化してくれるところにその大きな意義があると思われるのである。

4　第1章（里山）・第2章（草原）・第3章（遊休農地）に向けて

(1) 共通するポイントについて

三章からなる本論につき、若干の解説をつけ加えたい。まずは、三章全体に共通するポイントについてである。

第一に、とくに第1章（里山）と第2章（草原）では、歴史的時間をはるかに超えた自然史的・地史的時間において叙述され位置づけられていることである。たしかに、これらの土地（利用）のもつ

〈境界性〉が、生態環境としての希少性や効用として再把握されようとしているところに「現代」の特色があるのであれば、その意味を明らかにするために長いタイムスパンのなかで考察することが有効であろう。生態的環境とは、極端に歪み制約された「現実」からではなく、長い時間がつくり出してきた「過去の歩み」のなかにその可能性を見出していくことが必要であろうからである。

第二に、すべての論考から、現代が「生きがい」「癒し」を求める時代であり、そのための手立ての中核には「自然や生物との交換関係」と「協業やネットワークに支えられた人との交換の場」でもある「広義の農業」があることを、改めて確認させられた。広範な都市民・老若男女が、「癒し／喜びの行為」として農作業を、「癒し／喜びの空間」として農村を眼差し、実際に労をいとわず行動に参画する……おそらくは、史上初めての事態が、今、進行しているのである。

第三に、このような思いを現実化し普及する方途として「新しい共同性」を創造するという課題がいずれにおいても提起されている。そして、三人の著者がいずれも積極的に社会活動に携わり、その試行錯誤のなかから、かかる提起を行なっていることにも大きな意味があろう。これらの取組みは一般に制度化が困難であり、自発性に依拠することを通じてこそ発展するものであろうからである。

以下、屋上屋を架す愚を避けるために、（正確さと全体性を犠牲にして）私がもっとも印象深く記憶にとどめたところを記すことで、ひとつのガイダンスとさせていただきたい。

(2) 第1章・里山について

里山を孤立してとらえるのではなく、谷津田（水田）との密接な関連において、里山の一部を構成する草地という存在も、さらには谷津田（水田）限界部分に発生した放棄田も視野に収め、一体的に見ていることが魅力である。その結果、里山を中心とした隣接土地領域（水田・草原・遊休農地）の総体を一個の生態系としてとらえ、その内容をきわめて具体的に明らかにし得た。たとえば、冒頭で紹介された一本のエノキがつむぐ多様な連鎖の叙述は、複雑な諸関係を、身近で多様な動・植物を通じて、時・空のなかに映像化されたような思いにさせるであろう。

生態的諸関係の裏面を、「物質の流れ」として描いたことも興味深い。火山活動が供給したケイ酸が、吸収力豊かなススキに媒介され、堆肥化を通じて稲の生育に寄与する。１９５５年から70年にかけてススキ堆肥は約3分の2に減少したが、その減少量は同時期に化学肥料として増投されたケイ酸量にほぼ等しい、という。化学肥料の効用が単に自然の損傷を埋めるものでしかなかったとすれば、科学の意味も自然の前には「釈迦の掌中の孫悟空」でしかないのではないか、そんな思いすらよぎる。

総体として把握するという視点は、おのずと「地域」という〈単位性〉の確認に連なる。そして生態系とは地域的なまとまりをもった個性的なものだという理解（生態系の地域的性格）は、教育や社会活動にも波及効果をもたらす。田植え体験はそれ自体が貴重なものであるが、里山や耕作放棄田も含む全体としての地域生態系への関心に導かれてこそ、その意味も喜びも大きくなるからである。これらの考察と経験の結論が、エコミュージアムの提起であるのは十分理解できるものであろう。

(3) 第2章・草原について

第1章における草地は里山の一部を構成する限りのものであるが、ここではそれとはやや異なる対象、すなわち「大景観としての草原」や「歴史的資源としての草原」に照準を合わせている。むしろ「広々とした空間としての草原」という、日本では希少とも言える環境のもつ意味を全面的に論じているところに、最大のユニークネスがある。

火入れ（野焼き・山焼き）機能の説明も興味深い。禁止を要求する国家と継続を主張する農民たち……これは近代日本の農業史・林政史を貫く重要な対立軸のひとつであったが、これを西欧の考え方を鵜のみにした国家サイドの錯誤であったと断じた。「雨量が数倍もある日本」では「火入れは植生を悪化させる」という西欧の常識は妥当しないというのである。他方、温暖・多湿下では草原管理は困難だからこそ、かかる悪条件を克服して草原を維持し続けてきた先達に深く学ぶべきだともいう。同じ条件を、植生回復力の強さへと逆転させうる技術の獲得につながる可能性があるからである。この指摘に対してもまた、「世界でも稀なほど長期間草原を維持してきた」という現実の重みが、強い説得性を与えるであろう。

草原維持への熱意は、草の資源化に対する強い期待―具体的には「五F」すなわち食料（Food）・繊維（Fiber）・飼料（Feed）・肥料（Fertilizer）、燃料（Fuel）への期待と表裏をなしている。その結果導き出された「放牧という単一なアプローチだけではなく、稲わらをも含む草資源の循環利用・カスケード利用を」という提言は、多元的・総合的対処の必要性と可能性を指摘したものとして注目に値する。

（4）第3章・遊休農地について

「耕作放棄地」の判断ポイントは「今後耕作されない可能性が高い」ところにあり、「遊休農地」のそれは「農地としての利用程度が低い」ところにある、したがって「耕作放棄地と休耕地を合わせたものを遊休農地と呼ぶのがいちばん理解しやすい」……この説明に接して私は初めて両者の区別が理解できた。

遊休農地を解消するための多様な政策が用意されたにもかかわらず成果があげられなかったのは、これらの土地を構造改革に振り向けたいという政策意図が背後にあったため、農村の実情を汲み取れなかったからだという。この点に関して、耕作放棄が発生する原因を、耕作放棄の「動機」をなす社会経済的な「誘因」と、「対象」をなす自然および圃場条件等に規定された「素因」とに区別し整理したことが、両者のズレを具体的に把握するうえで大きな効果があった。

「市民による自立した取組み」が形成される過程の事例分析が興味深い。それは「地域資源の維持管理はその地域の住民が担うもの」という従来の観念から「その地域に思いをもつ人たち、とくに市民が主役となって協働で担うものへ」という筆者の主張が導き出された「場」でもあった。行政の音頭が契機となったことはほかと同じであるが、ここではわずか3年にして「行政の手からほぼ完全に離れるにいたった」。このような「離陸」を可能にする鍵はリーダーの有無であり、運動過程でリーダーが育成されるだけでなく、育成されたリーダーがさらに新たな運動を組織化する……このような運動の自己増殖化こそがめざされるべき目標であるという。

おわりに―さらなる議論に向けて―

残された課題を3点付記して今後の議論につなぐことにしたい。

第一は、「新しい共同性」のありようにさらなる検討を加えることである。

第1章では「新しい入会①」、第2章では「新しい／現代的コモンズ②」、第3章では「コモンズに通じる（もの）③」と呼んだものがそれである。「新しい」「現代的」「通じる」などの表現に共通して盛り込まれているのが、外部者（主には都市民が想定されている）の参加を許す「オープン」な組織だということである。さらに、②以外は明示的に述べているわけではないが、共同性を必要とする「課題／目的」がかつての入会とは大きく違っていること（課題の現代的性格）も、ほぼ共通認識であるといえよう。

若干の相違が見られるのは、地元農家と外部参加者との関係性のとらえ方である。①が外部参加者を歓迎するのは、農業・農村支援者としてのみならず、都市民が農的自然（その生態的多様さと見事さ）を学ぶこと、逆にいえば農業・農村から「学ぶ」こと自体を高く評価するからである。三者のなかでは、地元農家と農業の能動性を最も評価しているといえよう。他方、③では主・客転じており、地元農家がカバーできなくなった遊休農地を回復させる現実的力は、都市民の側に移行している。都市民は農の効用の受益者である以上に「農地の管理主体」なのである。②では「火入れ」労働の過酷さが一部には地元農家の「過剰な委任」傾向を生んでいることを危惧しつつ、最高の観光資源たりうる「巨大な二次自然」を維持継承していくために、都市民のみならず自治体や企業の恒常的参加に期待をつなぐ。他方③は、「コモンズ」という表現を使いつつも、「その場所が地元に住む人たちが所有・管理する土地ではなく、市民が管理する土地である」ことに、コモンズとの差異を見出している。これらの差異には、なによりも里山・草原・遊休農地における問題状況の差と、それゆえの地元／外部者とのかかわり方の相違が横たわっている。そして、①が「入会」という旧来の表現を残し、②が「コモンズ」という（外来の）新表現を使ったのは、「入会集団を構成する／していた地元農家の位置づけ」が影響しているのであろう。

最大の課題は、地元農家と農業の側からこれらの諸運動を今一度とらえ返すことである。「自然と接することがもたらす心身の豊かさ」「生物多様性を維持する環境づくりに寄与する生きがい」「自らモノを生み出す喜び」―都市民のなかに大きく育ちつつあるこれらの息吹こそが農山村地域再生の大きな力になることは間違いないが、農的価値がある種の公共性をもって語られることは同時に、必ずしも地元／農家の目線に立たずとも農の意味が「語れてしまう」という「怖さ」をはらむことでもある。「理念」も「経済力」も「行動力」も圧倒する外部参加者の善意が（おのずとはらまざるを得ない）「介入」性という問題に改めて留意すること、そしてそれを最小化するとともに豊かな相互発展を可能にする「協働」のあり方を、地元／農家の目線から再度問い直していくことが求められている。

第二は、さらに大きな問題――「新しい共同性」を取り巻く外部環境をどう考えるか、である。私もまた、都市・農村の交流に支えられた「新しい共同性」が発展していくことを願うが、他方、グローバリゼーションとそのもとで不可逆的に進行する東京一極集中がそれに対する阻害要因になるであろうことに強い危惧をもっている。たしかに「都市が農村を求める初めての時代」ではあるが、その一方で、「都市とのアクセスを成立させることができない農村地域が急速に拡大しつつあるのではないか」という疑問がぬぐえないのである。それは、第1章が東京圏、第3章が関西圏、第2章が阿蘇国立公園という、いずれも、「都市からアクセス容易な」あるいは「都市から注目されやすい」地域・事例であったこととも無縁ではない。そして第3章の筆者がいうように「今必要なものは何よりも労働力」であるとすれば、その懸念は一層増すのである。

さらに言えば、「農村と都市の共同性」を津々浦々に広めていくためには、日本全国に活力をもった中規模都市が確実に多数発展していくことが必須条件となるのではないか、「〈境界性〉をもった土地を現代に回復させる」ためには、一極集中を当然とする国土政策自体への強力な異議申し立てが不可欠なのではないか。

東京圏への一極集中とは、「農村と都市の共同性」を育みたくともそれができないという、いわば「あきらめきれない」ジレンマに陥る地域を拡大することだと私は理解している。第2章の筆者は、「今やブームとさえいわれる市民参加型の里山管理」でも里山における実施面積比率はわずか0・

03%にすぎないと記しているが、「地方」総体の衰退は、今育ちつつある共同の意志が適用できる範囲を一方的に制限するという、新たな困難を生み出していくことになるのではないか。〈境界性〉に着目するという本書の視点は、その再生とともに、新たに強いられた〈境界性〉の累積にも目を向けることを要請しているのであろうと思う[14]。

第三は、「国土配置」の問題に似て、〈境界性〉をもった地域の産業化もまた、できるだけ「小さな」ものがふさわしいのではないか、ということである。これは草資源の産業化を提起する第2章にかかわる論点である。「草」の秘めた資源可能性はきわめて大きいが、実験室レベルでは効率的な結果が出せたとしても、現実には「かさばる」ことの経済的不利は大きい。さらに日本の草原は―阿蘇のような一部地域を特例として―切れ切れの小地片として存在しているのが一般的であれば、かかる事情もまた経済的ロス＝生産コストの増大をさらに押し上げるであろう。少なくともミドル・レンジのタームで考えるとすれば、〈境界性〉と〈入会性〉をもった場における経済行為は、〃自給性〃に守られ、〃共同性〃によって担いうる、「小さな技術」を内実とするものとして構想されるべきであろうと思うのである。

注

（1）岡村明達「山林政策の展開と入会地整理過程」古島敏雄編『日本林野制度の研究―共同体的林野所有

を中心に―』東京大学出版会、46ページ、なお岡村は明治14年としているが不正確。初代山林局長桜井勉の任期はここで記したとおりである。以上、西尾隆『日本森林行政史の研究―環境保全の源流―』（東京大学出版会、１９８８年、３５９ページ）による。

（2）「農地六〇〇万町歩・農家五五〇万戸・農業就業人口一四〇〇万人」を「日本農業の三大基本数字」と呼んだのは横井時敬であった。これは明治後期の現実をふまえた表現であるが、このようなきわめて高密度な農村空間が安定的に維持されたのが日本農業・農村の注目すべき特質であった。

（3）水本邦彦『草山の語る近世』（山川出版社・２００３年）21ページの「飯田藩領の山の植生」より。元データは、近世伊那資料刊行会編『近世伊那資料　６』

（4）所三男『近世林業史の研究』吉川弘文館、１９８０年、２３６〜２３７ページ。

（5）水本前掲書、34ページ。

（6）永田信・井上真・岡裕泰『森林資源の利用と再生―経済の論理と自然の論理―』農山漁村文化協会、１９９４年。なお本書は、「森林資源に関するU字型仮説」を検証するために、日本・韓国・アメリカ・ギリシャ・フランス・ハンガリー・スウェーデンにつき「森林面積（あるいは森林率）」の長期にわたる年次変化を比較しようとしたものである。「U字型仮説」とは、「既発展国の歴史を振り返ってみると、いったんは減少をみた後に増加に転じているように思われる。もしそうであるならば、熱帯諸国も同じようにいったんは減少をみたものの森林資源を再び増加させることができるのではないだろうか……この視点を明示するために、この考え方を『森林資源に関するU字型仮説』と名付けることにした」というものである（20〜21ページ）。

（7）梶井功『梶井功著作集第六巻　畜産の展開と土地利用』筑波書房、１９８８年。本書の中核論文は、近藤康男編著『牧野の研究』東京大学出版会、１９５９年、所収梶井担当部分（「第二章　飼料構造と畜産経済の分析」「第三章　日本的牧野」「第四章　林野制度と牧野利用（の第二～第五節）」「第五章　戦後酪農の発展と牧野改良の問題点」）の再録である。梶井『土地政策と農業』家の光協会、１９７９年においてもそのエッセンスが再論されている。

なお、永田は森林面積における「第二次大戦前の急増と、戦後の急減は例外」というが、いずれも草山としての利用ではなく材木生産にかかわる動きであるという点で、私の観点（草山から山林への変化への注目）からすれば「例外」扱いすべきものではない。

（8）たとえば、四手井綱英は国によって森林の定義・基準自体に大きな違いがあることを日本とフィンランドとの比較を通じて明らかにし、「統計上森林面積がどれほどであると言っても、全く当てにならない」としている。同著『森林Ⅲ』法政大学出版局、２０００年、59ページ。

（9）必ずしも植林のみが林地化をすすめるわけではないが、林地化の意思を示すものとして、植林面積は参考になろう。

林政総合対策協議会編『日本の造林百年史』１９８０年によれば、年々の造林面積は、１９００年代（明治34年～43年）は９万４９２２町歩～11万５８５９町歩、１９１０年代（明治44年～大正９年）は８万４７７５町歩～15万８３３０町歩、１９２０年代（大正10年～昭和５年）は９万６８４０町歩～11万３９８８町歩、１９３０年代（昭和６年～15年）は10万１１９３町歩～15万３０７１町歩、１９４０年代（昭和16年～25年）は４万７２２１町歩～34万２１００町歩、１９５０年代（昭和26年～35年）は32万５６６３町歩～43万６２８３町歩、１９６０年代（昭和36年～45年）34万８８１１町歩～41万５０３５町歩、１９７０年代（昭和46年～55年）19万７３７町歩～33万６６９７町歩である。

戦前期において顕著な増加をみせ、１９４１年に過去最高の27万７７０３町歩、翌42年には戦前期最高の34万２１００町歩を実現した。戦時末期の43・44年にもそれぞれ25万１３２６町歩・22万９８２町歩の実績を示した。戦後は敗戦の年と翌年のボトム（それぞれ４万７２２１町歩・４万７４８８町歩）を経て以後急増、１９５４年には１９４２年を上回る43万６２８３町歩を達成、これが植林実績のピークとなった。

(10) 以下、梶井前掲書『畜産の展開と土地利用』49～55ページを参考にした。

(11) 同上。チューネンの『孤立国』で示されたいわゆるチューネン圏では、牧畜は穀作（畑作）農業の外延部に位置する。地代競争で屈服させられる対象は穀作農業というわけである。

(12) ここでは、「コモンズ」とは「自然資源の共同利用」を指すものとして、ルーズに理解しておきたい。私はこれまで、イギリス起源の歴史的個性的概念である「コモンズ」を、日本において用いることは避けてきたが、多辺田政弘が「『コモンズ』という言葉を、『公』（政府）や『私』（市場）に収斂しきれない『〈共〉的世界』という程度の意味で〈広義〉に使う……『コモンズの再生』という未来の価値選択に向けて、〈広義〉の『コモンズ』が重要な実践的『広がり』をもつと思うからである」（多辺田「なぜ今『コモンズ』なのか」室田武・三俣学・多辺田政弘『入会林野とコモンズ』日本評論社、２００４年、２１５ページ）と述べているのに接し、そうかもしれないと思い直した。たしかに、ここまで流布してしまった以上、多辺田のいうように「広義コモンズ概念」を意識的に使用していくことのほうが建設的なのであろう。

(13) 丹羽邦男『土地問題の起源』平凡社、１９８９年。

(14) Ｚ・バウマン『グローバリゼーション』法政大学出版局、２０１０年（原著は１９９８年刊）は、グローバリゼーションが強制する競争の性格を「〈移動の自由〉の特権化」であるという（この表現は野田）。その意味は、国家能力の空洞化が進むなかで、利益を求め負担を嫌い自由に移動することこそが世界企業と世界的個人の特権的ビヘイビアになり、「移動できないこと」――これは、「移動が不自由な者」はむろん、逆説的ながら「自己の意志に背き移動を余儀なくさせられる者」も含むと考えられる――がさまざまな劣勢を引き受けざるを得ない状況を強制される決定的条件となる、ということである。「移動できない」ものの最たるものが、里山・草原・遊休農地を含む広義の農林業でありその担い手たちであろう。この意味で私たちは、バウマンの見地に立てば、（自己認識をはるかに超えて）グローバリゼーションという世界規模の強制力と対峙していることになる。

第1章　里山の歴史的利用と新しい入会制

1　一里塚のエノキから見えてくるもの

(1) エノキがあるのは一里塚だけではない

里山は山林であり、休耕地は農地である。この二つを統一させ、しかもそれを地域の再生に結びつけることが私に与えられた課題である。まるで落語の三題噺ではないか。この難問を解決するため、話を一里塚のエノキから始めよう。

一里塚にエノキが生えていることは昔から知られている。そこで一里塚にはエノキを植えるものだと思っている人が多い。たとえば「3」で紹介する白沢宿の入り口には大きなエノキがあるから、こここには一里塚があったと思っている人が多いという。しかしこの地区の一里塚は別の場所にあり、そこにはかつては植栽されたと思われるスギの大木が生えていたそうである（河内町誌）。だからエノキの生えている場所は一里塚である、ということにはならない。

一里塚に植えられたものではないエノキはほかの場所でも見られる。茨城県の猿島地方には市榎木《いちえのき》という言葉がある。これは大きなエノキが生えているところは市《いち》が立つ場所なので、エノキを目当てに市に行くことができるという話である。またつくば市谷田部地区には榎戸《えのきど》という場所がある。戸は入り口という意味で、榎戸というのはエノキが生えている入り口という意味だろう。実際ここは谷田部城の城下町の入り口に当たる場所だった。これらのことから、スギを植えた一里塚があったこと、大きなエノキが生えているのは一里塚だけではなく、宿場町や城下町の入り口、市が立つ場所など、にぎやかな場所が多いこと、などがわかる。ではエノキはなぜこのような場所に生えるのだろう。

私は以前勤めていた農業環境技術研究所（茨城県つくば市）で、鳥に食べられ散布された種子が林の成り立ちにどのように役立っているかを調べたことがある。その方法は、林のなかに寒冷紗を張った枠（シードトラップ）を設置して鳥の糞を集め、週に一度回収してその中に含まれる種子の種類を調べるというものだった。調べてみたら、エノキの種子は8月の初めから8月の末までほぼ4週間にわたって糞のなかから出てきた。

おもしろいことに、エノキの種子は9月には糞のなかから検出されなくなったが、10月中旬から11月にかけて鳥糞の中に再び見られるようになった。9月の時期、シードトラップに落ちた鳥糞の中には、ヨウシュヤマゴボウ、ウド、タラノキの種子が多量に含まれていた。この時期、果実食鳥は開けた場所に実る果実（エノキの実よりおいしい？果実）を食べていたのだ。

調査した林でこの時期に多かった果実食鳥はヒヨドリとムクドリであった。しかしヒヨドリは昔は晩秋にならなければ里には降りてこない鳥だったから、昔にエノキの種子を散布したのはムクドリだったと思われる。そこで種子散布の調査結果をムクドリの生活史と重ね合わせて考えてみよう。

(2) ムクドリの生活史から見えてきたもの

8月頃、その年生まれのムクドリの幼鳥は、まだ飛ぶ力が弱いので、餌場近くの林をねぐらにする。これが夏ねぐらで、最近公園の林や街路樹を夏ねぐらにするムクドリが増え、地域住民を悩ませている。

この時期の餌場は畑など開けた場所である。田んぼにはまだイネが茂っているし、水が張られているので、ムクドリの餌場にはならないからだ。そのいっぽうで、市が立つ場所や宿場町、城下町などの入り口付近には野菜屑などの生ごみが出、荷物を運ぶ馬（宿場町での馬の使用は「3」で詳述）の糞も落ちる。生ごみや馬の糞は肥料としてただちに持ち去られるが、それでもハエなどが殖え、ムクドリにとってはいい餌場になる。一里塚も人通りのある街道に沿ってつくられ、その多くは畑に接しているから、そこはムクドリの餌場や休み場所になる。

私たちの調査では、ムクドリが夏ねぐらをつくる8月から9月、高木になるような木の種子は、エノキを除き、まったく出なかった。これはムクドリが夏ねぐらにしている林（都会では公園の林や街路樹だが、農村では集落の林や寺社の林）では、この時期に熟している果実はエノキぐらいしかないことと一致する。そこでムクドリはねぐらでエノキの実を食べ、一里塚や市の周囲でその種子を糞と一緒に落とす。だから一里塚も市の周囲も、どんな木を植えても最終的にはエノキが生える場所となる。

10月になるとムクドリの主な餌場は稲刈りがすんだ田んぼになる。そして幼鳥は十分に飛べるようになっているので、河辺の林などに大きなねぐらをつくる。これが冬ねぐらである。ムクドリたちは夏ねぐらに使った公園の林や街路樹から姿を消すのだが、住民はそのことに気づかない。

ムクドリが冬ねぐらに集まるころ、河辺の林ではムクノキが実をつける。この実は大きくて甘いので、昔から子どものおやつだった。ムクドリはここでムクノキの果実を食べ、種子をまき散らす。私たちの調査でも、10月中旬から11月にかけての時期にはムクノキの種子も落ちるようになっている。

この時期にはエノキの実も一緒に食べているから、種子が散布された林（冬ねぐらとして使われる河辺の林）はエノキとムクノキが優占する林（エノキ－ムクノキ林）になるはずだ。一里塚や市の周辺に生えるのはエノキで、川辺林はエノキ－ムクノキ林になる理由を私はこう考えている。

（3）ムクドリとムクノキはどちらの名が先？

ちなみにムクドリとムクノキはどちらの名前が先だったかという疑問がよく出される。ムクノキの語源はムクエノキで、これはムクノキの樹皮が縦にはがれる（むける）ことに起因している。実際ムクノキをムクエノキと呼ぶ地方は、広島県、熊本県（八代郡）、岐阜県、静岡県（遠江地方）、島根県（出雲・石見地方）、岡山県、福岡県、長野県、茨城県など全国各地に広がっている（農林省山林局1932）。だからムクノキが先で、その実を食べる鳥がムクドリということなのだろう。

河辺のエノキ–ムクノキ林のうち、里山につながっているところはオオムラサキの繁殖地になっている。オオムラサキの幼虫はエノキの葉を食べ、成虫はクヌギの樹液を吸うからだ。同じタテハチョウ科のゴマダラチョウもエノキの葉を餌にする。でもオオムラサキは分断されたエノキ–ムクノキ林は移動しにくいらしく、林が分断されると姿を消す。そしてその林はゴマダラチョウだけがすむ林になる。

エノキを若返らせるためには外の林からの種子供給が必要である。そしてその林をねぐらにするムクドリの生活史がそれにかかわっている。このように一見無関係に見える一里塚と里山のチョウ、オオムラサキとはこんなかたちでつながっているのである。そしてこのつながりは生態学的なつながりでもある。

（4）里山・休耕地・地域の再生を考えるうえでの第一の視点は生きものの移動

里山の話を一里塚とエノキの関係から始めたのには意味がある。それは私に課せられた三題噺を次の二つの視点をもとに進めていこうと考えているからだ。

その第一は生きものの移動である。生きものの種が生き続けるためには子孫を残さなければならない。そしてその子孫が広い範囲に広がっていればいるほど生き続けられるチャンスは増えてくる。植物が子孫を残す方法は栄養繁殖と種子繁殖である。種子繁殖では種子を移動させる手段があれば、広い範囲に広がっていける。

種子を移動させる手段が動物の場合、広がる範囲は動物の行動に左右される。エノキもムクノキも鳥に運んでもらうという共通の手段をとっているが、ムクドリの暮らす場所が時期によって違ってくることから、生える場所が違ってくる。それでもその違いはわずかである。

一方、農村にはクルミも生えているが、その大きな実（種子）を運べるのはリスやアカネズミなどの齧歯《げっし》類である。リスもアカネズミも林が連続していない場所は移動できない。だからクルミは一里塚には生えてこない。一里塚と里山とは連続した林にはなっていないからだ。クルミはまた水の流れによっても運ばれるから、川岸に生えることが多くなる。川岸はオギやヨシなどが生えている。そのなかで発芽し、高い位置まで芽を伸ばすには栄養分が豊富な種子が必要だ。クルミの大きな種子は、そのとき有利に働くのだ。

栄養繁殖の場合は、球根が分球するなど、親の根株が分かれて殖えていくか、イチゴのようにランナーを出して殖えていくかの違いがあるが、子孫は親株からほとんど離れることができない。だから環境の連続性はクルミ以上に必要となる。

農村に生きものが豊富なのは、そこが田や畑、里山などさまざまな環境から成り立っており、それぞれの環境に特有な生きものがすんでいるからだ。環境がさまざまな要素から成り立っているということは、それぞれの要素が不連続になってしまうということを意味する。だから農村のように、さまざまな要素から成り立っている環境では、生きものがどのような移動手段をもっているかが重要になり、そのような環境で多様な生きものを保全するためには、それぞれの生きものの移動力を知り、それを守ることが必要なのだ。

（5）里山・休耕地・地域の再生を考えるうえでの第二の視点は人と生きもののかかわり合い

一里塚とエノキの関係から発展させたい第二の視点は、農村の風景（堅苦しい言葉でいえば景観）は人と生きものが関係しあってつくりあげたものだということである。

環境省は平成14年に「新・生物多様性国家戦略」を発表した。「新・生物多様性国家戦略」があげた生物多様性の危機の構造は三つに大別されている。その1番目は、「人間活動ないし開発が直接的にもたらす種の減少、絶滅、あるいは生態系の破壊、分断、劣化を通じた生息・生育域の縮小、消失」であり、3番目は、「近年問題が顕在化するようになった移入種等による生態系の攪乱《かくらん》」である。これら二つの危機は人間活動がもたらす直接的な環境破壊と、移入種による生態系の攪乱であって、人間活動が生態系に及ぼす悪影響を指摘している。だからその解決策は自然保護の合い言葉「取って（撮って）よいのは写真だけ。残してよいのは足跡だけ」でよい。これは昔からの自然保護思想だ。

しかしながら2番目の危機には、「生活・生産様式の変化、人口減少など社会経済の変化に伴い、自然に対する人為の働きかけが縮小撤退することによる里地里山等における環境の質の変化、種の減少ないし生息・生育状況の変化」があげられている。この危機は、人の働きかけが自然にとってプラスに働いており、それがなくなったことによって生物多様性が失われたことを意味している。この危機はどうやったらなくなるだろうか。その解決法を探していくのが私に与えられた課題のようだ。

生物多様性を表す指標として、①生態的指標種、②キーストーン種、③アンブレラ種、④象徴種、⑤危急種の五つがある。このうちいままでの議論でとくに関係が深い指標は①と②である。生態的指標種とは「同様の生育場所や環境条件要求性をもつ種群を代表する種」を指し、キーストーン種は、「群集における生物間相互作用と多様性の要をなしている種。そのような種を失うと、生物群集や生態系が異なるものに変質してしまうと考えられる」種を指している（鷲谷・矢原 1996）。

この定義にしたがうと、一里塚や宿場町の入り口などに生えるエノキと川辺のエノキ－ムクノキ林にすむオオムラサキは①の生態的指標種であり、その場所で種子を運ぶムクドリは②キーストーン種である。ところがムクドリを呼び寄せてこの景色をつくっているのは、街道沿いにつくった一里塚や宿場町、そして市場などであるのに、そうした働きをしたヒト（種としての人）はキーストーン種になっていない。そこで上記のキーストーン種の定義のなかの「種」を「種や人の行為」と書き換えてみた。するとこの定義は、「群集における生物間相互作用と多様性の要をなしている種や人の行為。そのような種や人の行為を失うと、生物群集や生態系が異なるものに変質してしまうと考えられる」種や人の行為ということになった。

キーストーン種の定義をこのように拡大していくと、それは「新・生物多様性国家戦略」が提起している2番目の危機—「自然に対する人為の働きかけが縮小撤退することによる里地里山等における環境の質の変化、種の減少ないし生息・生育状況の変化」とうまくかみ合ってくる。「自然に対する人為の働きかけ」が「人の行為」というかたちで加わってくるからだ。

私たちは今まで「ヒトは自然の構成員ではないから自然科学の対象ではない」との考えから、生態系という概念のなかにヒトを入れてこなかった。この考えは人を扱うのは社会科学であるという縦割りの考えを生み出し、人と自然は対立するものだという思想をも生み出す。

人と自然の関係を生態系のつながりのなかで理解するには、ヒトも、ほかの生きものと同じように、自然科学の対象とすることが必要である。一里塚や宿場町の入り口などに生えるエノキの場合、キーストーン種は種子を運ぶムクドリであるが、ムクドリの餌場をつくってきたヒトの活動も景観形成のキーストーンになっている。このように考えると、農の自然の生態学的な位置づけが見えてくるように思われる。

里山や田んぼでの生物多様性を理解するためには、それらの生物相が必要とする生息条件と、その条件を満たしてきた環境条件について考える必要がある。そのためこれからの文章を書くにあたり、私は特定の種に焦点を絞り、その種を生態的指標種にして議論していくことにする。なぜなら生態的指標種は「同様の生育場所や環境条件要求性をもつ種群を代表する種」だからだ。もちろんその生きものの移動力は重要な検討課題になる。

それとともにキーストーン種についても議論していく。ただしその定義は人の行為までを加えた広義のものとする。だからこれからの議論はヒトも自然科学の対象に含め、生態系のつながりのなかで客観的に見つめながら、里山、休耕地、地域おこしという課題を結びつけ、三題噺をつくり上げていくことになるだろう。

2　雑木林の環境と生きものの歴史を振り返る

(1) 春先に日があたる場所を必要とする生きものが生き続けた場所

「1」で私は、人と自然の関係を生態系のつながりのなかで理解するには、ヒトも、ほかの生きものと同じように、自然科学の対象とすることが必要であると述べた。その考えをもとに、里山の自然についての議論に入っていくことにしよう。

里山の自然で最初に取り上げたいのは雑木林である。日本の暖温帯域では人手が加わらない林は常緑広葉樹林になるが、雑木林はそこに存在する落葉広葉樹林である。雑木林は人の管理によって存続する林なので、自然破壊によって二次的に生じた代償植生にすぎず、自然度の低い植生と位置づけられていた。でもそこは「新・生物多様性国家戦略」が提起している２番目の危機が急速に進行している場所である。

雑木林の生態的位置づけを明確にするため、この節では春植物を生態的指標種としよう。春植物は落葉広葉樹林の林床に適応した植物で、早春、落葉広葉樹が芽吹く前に葉を広げ、花を咲かせる。そして上を覆う落葉広葉樹が葉を広げる５月になると葉を落とし、翌春まで長い休眠に入る植物である。これらの植物が地上に姿を現している期間は落葉広葉樹林の林床に光が射込んでいる期間と一致する。つまり落葉広葉樹が葉を広げる前の期間にだけ林床に射込む光で１年分の栄養を光合成してしまう植物なのである。

生態的指標種とは「同様の生育場所や環境条件要求性をもつ種群を代表する種」を指す。だから春植物は雑木林の生態的位置づけを議論するのにふさわしい種群なのだ。

春植物は１年のうち１か月しか光合成する期間（栄養分を蓄積する期間）がないので成長が遅い。たとえばカタクリは種子が芽生えてから花が咲くまで10年近くかかる。これは10か月間光合成できる普通の植物が１年間で蓄積できる栄養分を、毎年その10分の１ずつしか蓄積できないからだ。しかもカタクリの種子はアリによって運ばれ移動するので、１回に移動できる距離はアリの行動範囲である５ｍ程度にすぎない。だからその移動速度は10年間で５ｍ（すなわち年間0.5ｍ）ときわめて遅くなる。

(2) 最終氷期以降の世界

最終氷期が終わると温暖化が始まり、それまで南に逃れていた常緑広葉樹が北上を始めた。常緑広葉樹林の移動速度は、花粉分析の結果から、年間40m近く、カタクリの移動速度の数十倍になると考えられる。カタクリなど移動力の遅い種は移動力の速い常緑広葉樹に追いつかれ、絶えてしまう危険があった。常緑広葉樹林の林床は一年中暗いので、春先の光を必要とする春植物はそのなかでは生きられないからだ。

関東平野の雑木林には、管理されなくなった結果、シイ、カシ、ヤブツバキなどの常緑広葉樹林に遷移し始めたところが増えている。そしてそのような林では春植物はもはや見られない。このことから後氷期の温暖化に伴って進行した地史的遷移のもとで、多くの春植物は常緑広葉樹林域から姿を消す運命だったといえる。

しかし花粉分析の結果によると、常緑広葉樹林が京都付近に達したのは5000~4500年前、縄文中期である。関東地方でも、約5000年前の北総台地は、コナラ亜属(落葉広葉樹)がアカガシ亜属(常緑広葉樹)を上回っている地域であった。したがってこの時代の本州内陸部の暖温帯域は、氷河期以降続いてきた落葉広葉樹林と、新に北上してきた常緑広葉樹林が入り交じった世界であった、ということができる。

この頃には狩猟採集を目的にした火入れが行なわれていたと考えられる。そして縄文中期の頃、本州には焼畑農耕が導入されていた。そのことは花粉分析や遺跡の発掘などの結果から明らかになっている。当時の人口密度や焼畑経営に必要な山林面積から、二次林性の落葉広葉樹林は12％程度に達していたと想定される。

焼畑跡地に生える林は雑木林によく似た落葉広葉樹林である。落葉広葉樹林のもとでの生活に適応してきた多くの生きものは焼畑跡地に生える林に移り、そこで生き延びた。そしてこの林は刈敷林に受け継がれた。

江戸時代に水田に投入されていた肥料の中心は刈敷である。刈敷は林から広葉樹の若葉を枝ごと刈り取ってきて、田植前の田んぼに敷込む肥料である。昔話の桃太郎のなかに「おじいさんは山へしばかりに」というくだりがあるが、これは肥料用の木の枝や葉（柴、枝葉と書くこともある）を山に刈取りに行く様子を描いたものである。そこで刈敷の量を古文書から調べ、林にある若葉や草の量から刈敷採集に必要な林の面積を計算してみた。するとそれは0.5～1.3生重ｔ／haとなった。

また古文書の記録は刈敷量を荷、駄で表しているので、それをkgに換算しなければならない。刈り取った若葉や草は縛って束にし、その２束を背負子《しょいこ》にくくりつけて運ぶ。この２束を１荷と呼ぶ。また馬には背中の両脇に１荷ずつ、４束の草をくくりつける。この単位を１駄という。その重さは、古島（1974）によると、１荷は15貫（56 kg）、１駄は30貫（１１２kg）であるので、この数値を使ってkgに換算した。その結果、刈敷林と草地は田んぼの数倍の面積が必要であることがわかった。

（3）刈敷林から落ち葉採集の林へ

刈敷採集は多くの労働力を必要とするたいへんな作業である。江戸時代に書かれた文書を見ると、この労働力は田畑1反（10ａ）当たり7人（伊予宇和島）から10人（会津）と見積られていた。こうしたたいへんな作業を伴う刈敷採集が長い間行なわれてきたのは、都市から離れた地域の農村では、作物を売って肥料を買うということができなかったので、肥料を山野から採集するしかなかったためである。このことは肥料が購入できさえすれば山野に肥料を求める必要がなくなり、その分の労働が削減できることを意味する。

関東地方でも田畑へ入れる肥料は、金を出して購入する干鰯、油粕、下肥（１９６０年代までは、農家は金を出したり野菜と交換したりして、都市部から人糞尿を手に入れていた）に替わっていくと、二次林の利用の仕方は、刈敷採集の場から落ち葉を肥料（堆肥）にする場へと変化していった。

この落ち葉採集の場すらなくした村がある。埼玉県大野郡岡部村がそれで、１９１０年の段階では山林面積が土地面積の29・1％を占め、落ち葉に余剰があった。そして１９２１年の段階でも23・5％ほどあり、落ち葉はほぼ自給自足できていた。しかし１９３５年に食料増産のために山林を開墾してしまった結果、落ち葉が不足し、よその村から落ち葉を買わなければならなくなってしまった。このことから二次林の必要面積は土地面積の3分の1から4分の1程度であると考えられる。

筑波研究学園都市建設前（１９６５年）の茨城県谷田部町と桜村（両町村は現在のつくば市の中心

地）の山林面積も、谷田部町が28・５％、桜村が26・１％と、この範囲に納まっている。学園都市が建設される直前、ここの山林はアカマツ林が多かったが、地元の人の話だと、どの林も地面の草はこまめに刈られ、落ち葉が掃き取られていた。そのため地面すれすれの高さになったヤマツツジが、春になると、まるで緋毛氈を敷いたようにきれいに咲きそろったという。だから落ち葉を肥料にする段階での二次林は、土地面積の３分の１から４分の１程度であるといえよう。

（4）雑木林の歴史的位置づけ

以上をまとめるとつぎのようになる。氷期に暖温帯域を占有していた落葉広葉樹林は焼畑によって維持され、それが刈敷林になり、そして雑木林に引き継がれた。人の働きかけが遷移を遅らせ、落葉広葉樹林時代の種を守ってきたのである。雑木林に春植物が多く生き残っているのはこうした人の行為が連続してきたからである。だから火入れや伐採という行為は春植物という生態的指標種を生き残らせてきたキーストーン行為と言えるだろう。

春植物を生態的指標種とし、それらを生き残らせてきたキーストーン行為をもとに雑木林の歴史をふりかえると、このようになるだろう。なお、これらは拙著『自然を守るとはどういうことか』を要約したものなので、雑木林をめぐる人と生きものの関係について、さらに詳しく知りたい方はその本を併読していただきたい。（守山 1988）

（5）里山にすむチョウの歴史

次に里山の生きものの移動を、空間を広げ、時間を長くして考えてみよう。関東平野の雑木林には、カタクリ、アマナ、アズマイチゲ、イチリンソウ、ニリンソウ、フクジュソウ、ジロボウエンゴサク、キツネノカミソリなどの春植物が生えている。これらの分布域を広域で見ると、イチリンソウが日本固有種であるのを除き、いずれの種も、種によって若干の違いはあるものの、朝鮮半島や中国大陸、サハリン、アムール地方などに分布をしている。いずれも北方系の植物なのだ。

春植物に見られたこの特徴は、実は里山にすむチョウについても認められるのである。日浦（1971）は日本のチョウの分布域をつぎの5つのタイプに分けている（図1-1）。

①シベリア型……ユーラシア大陸の北半に広く分布する型で、わが国では亜寒帯から温帯にかけて分布する種が多い。コキマダラセセリ・エゾスジグロシロチョウ・ヒメシジミ・オオイチモンジ・ヒメヒカゲやいわゆる高山蝶などがこれに属する。

②アムール型……朝鮮・旧満州・ウスリー・アムールなど日本海を囲む地域に分布する型。日本では亜寒帯から温帯にかけて生息し、ヒメギフチョウ・ウラジロミドリシジミ・ヒメウラナミジャノメ・キマダラモドキなどがこれに属する。

③日本型……北海道・本州・四国・九州のほか、サハリンを含む日本列島に限って分布する型で、主に温帯または暖帯の生息者である。コチャバネセセリ・ギフチョウ・フジミドリシジミ・サト

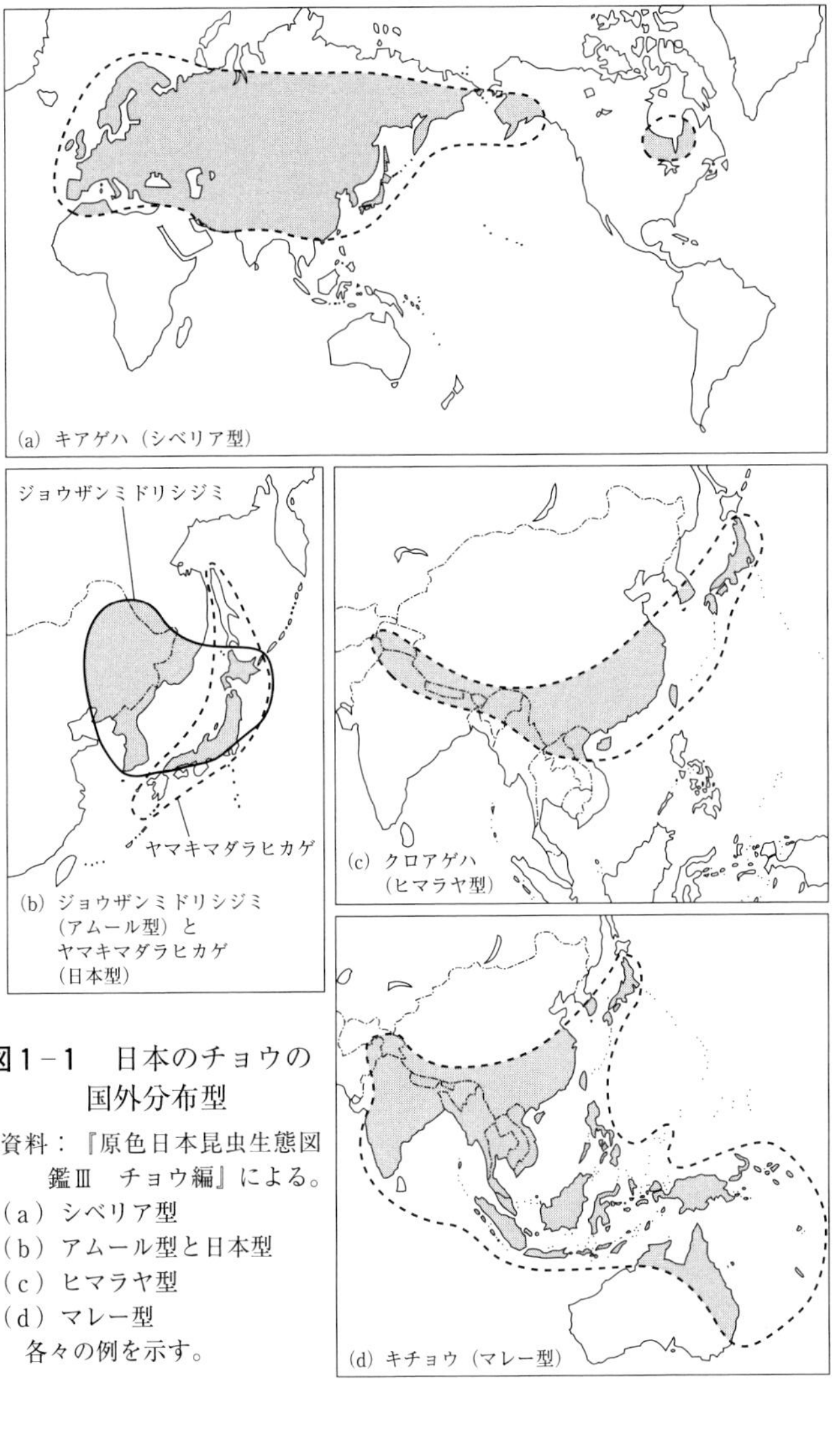

図１−１　日本のチョウの国外分布型

資料：『原色日本昆虫生態図鑑Ⅲ　チョウ編』による。
（ａ）シベリア型
（ｂ）アムール型と日本型
（ｃ）ヒマラヤ型
（ｄ）マレー型
各々の例を示す。

キマダラヒカゲなどがその例である。南西諸島特産種（アサヒナキマダラセセリ・マサキウラナミジャノメなど）も便宜上ここに含める。

④ヒマラヤ型……ヒマラヤ・中国大陸西部・台湾から日本にかけて分布する型で、白水隆（1947）の西部支那系にあたる。温帯〜暖帯の森林に生息する種が多い。この群とアムール型の群とは深い関係があるようで、たとえばミドリシジミ類にはヒマラヤ型分布を示すものとアムール型のものとが混じっている。この型の例としてクロアゲハ・キリシマミドリシジミ・オオムラサキ・クロヒカゲなどがあげられる。

⑤マレー型……東洋熱帯に広い分布を示す型で、各種の熱帯での分布は必ずしも一様でない。分布中心がインドシナ半島の場合、ヒマラヤ型との間に移行がある。日本産の種では日本が分布北限になっているものが多く、その北限線は種によって異なる。日本では暖帯と亜熱帯に限って見られるものが多い。チャバネセセリ・アオスジアゲハ・キチョウ・シルビアシジミ・ツマグロヒョウモン・カバマダラ・クロコノマチョウなどはこの型の例である。迷蝶の大部分はこの型に入る。

このうち、①のシベリア型は高山蝶が、⑤のマレー型は亜熱帯の蝶が中心になっているので除くと、アムール型とヒマラヤ型は里山に多く見られるチョウである。また日本型のチョウも、ここにあげた種のうち、フジミドリシジミがブナ帯を主な生息場所にするのを除き、ほかの種は暖温帯域の雑木林に生息する。

日浦によるとアムール型とヒマラヤ型のチョウは深い関係があるようで、たとえばミドリシジミ類にはヒマラヤ型分布を示すものとアムール型のものとが混じっている。里山を代表する植生は雑木林だが、ミドリシジミ類の多くはその構成種であるクヌギ、コナラ、ミズナラを食餌植物とし、雑木林をすみかにしているのだ。

里山のチョウには春植物と同じ傾向が見られる。このことはこれらの生きものが氷期に大陸から渡ってきた北方系の種であることを示している。里山の生きものを、広い空間単位、長い時間単位での移動という観点でみると、氷期に大陸から渡ってきたという移動の姿が浮かび上がってくるのである。

(6) 氷期にセットとなって渡ってきた植物とポリネーター

里山の植物とチョウに同じ傾向が見られることは重要である。それはチョウが植物の花粉を運ぶ役割をもっているからだ。氷期に大陸から渡ってきたとき、植物とその花粉を運ぶチョウがセットになって日本に渡ってきたことが重要なのである。このセットがくずれるとどうなるかを荒川河川敷のサクラソウでみてみよう。サクラソウは北海道・本州・九州に生育するほか、朝鮮半島や中国東北部、東シベリアにも生育しており、チョウでいうと、アムール型の分布をする種である。

荒川河川敷のサクラソウは上流の秩父山地から洪水時に運ばれてきたものと考えられ、江戸時代には尾久の原（東京都荒川区西尾久）に生えており、ここは『江戸名所花暦』に名所として紹介さ

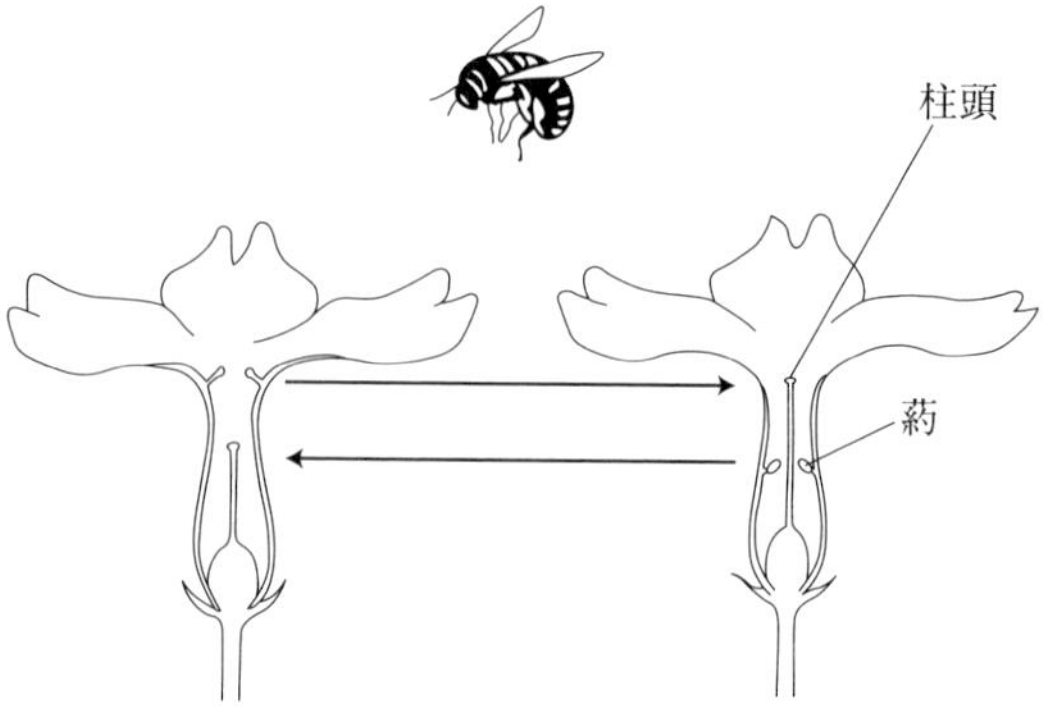

図1－2　サクラソウ属の二型花柱性

資料：鷲谷いづみ『サクラソウの目』89ページより引用。
注：矢印は和合性のある有効な受粉を表す。

れていた。昭和初期になると自生地は上流の浮間ヶ原（東京都北区浮間）まで後退し、現在は埼玉県さいたま市桜区の田島ヶ原に特別天然記念物として保護されている。

しかしここに生育するサクラソウには、長花柱花と短花柱花がほとんど見られず、等花柱花ばかりになっているといううゆがみが生じている。これはサクラソウの受粉を助けるトラマルハナバチがいなくなったためであると考えられている（鷲谷 1998）。

長花柱花とはメシベ（花柱）が長くてその先端が花の外まで顔を出している花である（図1－2の右）。この花では、オシベは花の筒の下のほうについている。いっぽう短花柱花ではメシベとオシベの位置が長花柱花と逆になっており、短花柱花のオシベは長花柱花のメシベの位置に、メシベは長花柱花のオシベの位置に顔を出している（図1－2の左）。

サクラソウのポリネーターで最有力なのがトラマルハナバチで、このハチが訪花すると、長花柱花の花粉はちょうどその位置に顔を出している短花柱花のメシベに付着することになる。同様に短花柱花の花粉はちょうどその位置に顔を出している長花柱花のメシベに付着することになる。この受粉方法は自家受粉を避けるために進化したものであるが、トラマルハナバチのいない環境では役に立たない。そのためトラマルハナバチがいない環境では、長花柱花も短花柱花も姿を消すことになる。

これに対し、等花柱花はメシベとオシベが同じ位置にあるので自家受粉が可能である。そのためトラマルハナバチがいなくなっても増えていけるのだ。田島ヶ原のサクラソウには長花柱花と短花柱花がほとんど見られず、等花柱花ばかりになっているというゆがみはこうして引き起こされているのだ。サクラソウはクローン繁殖が可能なので、親の形質が長期間保たれると考えられるが、ポリネーターがいなくなると遺伝型の比率にゆがみを生じてしまうのである。

サクラソウの開花期に出現するトラマルハナバチは前年に羽化し越冬した女王蜂である。女王蜂は秋までに数回の産卵を行ない、つぎの女王と雄蜂を産んで死亡する。だからトラマルハナバチが生息するためには、一年中花が咲いている環境が必要なのだ。現在、田島ヶ原（さいたま市桜区）のサクラソウ自生地では野焼きをしてサクラソウを保護している。この管理の仕方では夏はオギとヨシの群落で覆われてしまう。そのため夏に開花する植物は生育できず、トラマルハナバチもすむことができないのである。このことは特定の植物を保護するには、その花粉を運ぶポリネーターの保護もセットにしなければならないことを示している。

トラマルハナバチには北海道にすむ亜種エゾトラマルハナバチがおり、北方系の種であるといえる。だからサクラソウとトラマルハナバチもセットになって日本に渡ってきたと考えられるのだ。

生きものが生き残るためには、遺伝子交換が必要である。動物が遺伝子交換するためには雌雄が出会わなければならない。植物の場合も近交劣化をさけるためには他花受粉が必要で、その仲立ちをする生きもの（ポリネーター）が必要なのである。

氷期の日本は大陸の内陸部同様、寒冷で乾燥した気候であった。それは海水面が低下し日本と朝鮮半島がつながったため日本海に暖流が流れ込まなくなって水温が下がり、冬にほとんど雪が降らなくなったからである。また太平洋側でも海水温が下がったため台風が減少したうえ、インドのベンガル湾からの水蒸気が減少し、梅雨が空梅雨になったからである。この環境は大陸から移動してきた生きものたちにとってなじみやすいものだっただろう。

氷期が終わると日本は高温多雨の環境になった。でもそれらの生きものの多くはその環境の変化にもめげず今日まで生き残ってきた。そしてそれらの生きものをセットとして生き残らせてきたのが里山という環境なのである。

3　秣場《まぐさば》も生きものを守る働きをした

（1）一年中日があたる場所を必要とする生きものが生き続けた場所

前節では議論の対象を雑木林に絞ったため、そこに生育する生態的指標種は春植物に限った。春植物は春先の光だけで1年分の栄養を光合成してしまえるので、春先に林床に日光が射し込む場所なら、夏に緑で覆われてしまう林のなかでも十分に生育できる。だから雑木林の環境を議論するには春植物がふさわしいからだ。

しかし里山には春から秋までの期間、葉を広げ光合成する植物も生えている。これらの植物は秋まで日光を必要とするので、丈の低い草地のような環境でなければ生育できない。このような植物を草地性の植物と呼ぶことにし、これからの議論をそのような種まで広げることにしよう。するとこの草地性植物は里山のチョウや春植物とよく似た分布域をもつことがわかる。

田端（1997）は、里山の草地、里山林の縁の草地や畦で花を咲かせるキキョウ、ワレモコウ、リンドウ、コケリンドウ、クララ、オオバクサフジ、ツルフジバカマ、ネコハギ、キジムシロ、ツチグリ、ススキ、オケラ、ホタルブクロ、シラヤマギクなどは、朝鮮半島から中国東北部に同一種ないしは近縁種が分布しており、なかには、さらにダフリ地方やアムール地方にまで生育するものもあることを明らかにしている。これらの植物は日本の植物相を構成する満鮮要素と呼ばれる植物群の一部で、その分布域はアムール型のチョウのそれとよく似ているのである。

中国東北部にはこれらの植物を多く含む植生が存在する。それは「草甸《でん》（meadow）」と呼ばれ、草丈の低いヨシが散生する草原である。

田端は内蒙古の草甸の植生を調査し、そのなかに、ワレモコウ、オグルマ、ミシマサイコ、キジムシロ、ヒメシオン、ノハナショウブ、サワヒヨドリ、ススキ、シラヤマギクなどが、やや乾燥したところにはクララ、ツルフジバカマ、ネコハギ、ヒゴタイの仲間、ヨモギの仲間（*Artemisia frigida*,*A.scoparia* など）などが生育していることを明らかにした。さらにそこには、日本では河原や土手に生えるカワラサイコ、カワラボウフウ、カワラマツバや、里山林のオオバクサフジ、ソバナ、湿地のヌマゼリ、やや高い湿地のシオンなども混じっていた。このことから田端は、「氷期には日本でも草甸が広がっていたが、後氷期に草甸がなくなって、草甸の植物の一部が里山の草地、河原、湿地、里山林内などに生活の場を求めて生き残ったことを物語っている。畦、河原、湿地、里山林内などは、いわば『疑似草甸』である。田んぼをつくり、畦の手入れをすることが、はからずも草甸の環境を維持して草甸の植物を支えてきたのである。草甸には大きな沼が散在しており、沼と沼の間の距離を縮小すると、草甸は畦になり、田んぼは草甸に点在する沼に当たる。畦は草甸のまさに中国語でいう『縮影』である。」と述べている。

(2) 迅速測図から読み取った江戸時代の植生

草本植物の場合、環境が生育に不利な状態になっても、一定期間なら種子の状態で休眠し、その期間を耐えることができる。こうした状態の種子を埋土種子と呼ぶ。ところがその植物を食べるチョウの場合には、毎年繁殖しなければならないので、餌植物がない状態が1年でも起これば生き続けることができない。だからこれらの植物だけを食べるチョウが生き延びていたなら、そこはその植物が毎年生育していたことを意味する。そうしたチョウの一つがオオウラギンヒョウモンである。

　オオウラギンヒョウモンは氷期に日本に移動してきたアムール型の種で、朝鮮半島や中国大陸にも生息している。幼虫はスミレを食べるので、シバ草原のような丈の低いまばらな草地を好み、そこがススキ草原のような背の高い草原に移行すると姿を消す。だからこのチョウは、現在は阿蘇など限られた地域にわずかに生き残っているだけの状態にまで減少し、絶滅危惧種に指定されている。生物多様性を表す指標として考えると、オオウラギンヒョウモンは開けた草地の生態的指標種ということができる。

　オオウラギンヒョウモンは、第二次大戦の頃までは、各地の草原で見られた。このことは里山のなかにシバ草原のような丈の低いまばらな草地が存在していたことを示している。そしてその場所が採草地（秣場）である。

　秣場がどのようなものだったかを知るため、それが使われていた時代の地図を見てみよう。その地図は迅速測図と呼ばれ、測量されたのは明治10年代である。その頃は明治政府発足後間もないので、産業や土地利用の様子は江戸時代からほとんど変化していない。この地図は近代的な測量法を使って作成されているので、里山と耕地を量的に比較することができる。だから私たちは、この地図から、この地域の江戸時代の土地利用がどのようなものだったかを量的に把握することができる。

　迅速測図の原図はフランス式の彩色図で、２万分の１縮尺図である。そこには草地や、樸（樸叢）や灌（灌木）と書かれた藪が文字で記され、林も松、杉、椚・櫟（ともにクヌギ）、楢《ナラ》（この地方ではコナラが中心)、榛《ハンノキ》、などの樹種がくわしく書かれている。

これらの植生のうち、草地、樸、灌は秣場で、草地はチガヤ群落などの丈の低い草地を表している。それはこの地図が行軍を目的に陸軍によってつくられたので、草本植生が葦、芦、茅、草など細かく分けて書いてあるからだ。浅見・服部(1996)は、土手の草地は、年2回刈り取るとチガヤ型になるが、年1回刈取りではススキ–チガヤ型が成立すると述べている。秣場は夏に秣が刈り取られ、春先に火入れされるから、その植生はチガヤ群落やシバ群落などの丈の低い草地になる。迅速測図に描かれた草は、そこが秣場としてまだ使用されていることを示しているのである。なお樸、灌はそこには丈の低い木が生えていることを示し、そこが刈敷林も兼ねていたと考えられる。

原図は彩色図で、秣場と他の植生とが色分けされ、識別しやすいが、単色刷りにすると識別が難しくなる。そこで少しでもわかりやすくするため、秣場の境を太線で囲んだ。同時に谷津田の脇も太線で囲み、わかりやすくした。谷津田をわかりやすくした目的については「5」で述べる。

こうした修正を加えて作成したのが図1–3で、茨城県常陸国河内郡牛久駅近傍図幅(明治14年測量)の一部である。ここには高崎原(現在はつくば市茎崎地区高見原)を中心とした区域を示している。図の右側に走っている道路は現在の国道6号線で、当時は陸前浜街道と呼ばれていた。そしてこの街道を少し南(下方)に行ったところに牛久駅があり、そこは馬が行き交う宿場町であった。この時代はまだ鉄道(JR常磐本線)が敷設されていなかったのである。

陸前浜街道を挟んだ反対側の場所にも秣場がある。この秣場は女化原(現在は牛久市女化)に続いている。女化原は、猟師に鉄砲で狙われていた女狐を若者が助けたところ、そのキツネが嫁にきたという伝説のある場所である。さらに図の左端にある水田（谷津田）を上っていくと、稲荷原（現在はつくば市茎崎地区稲荷原）に行き着く。ここも秣場だった。

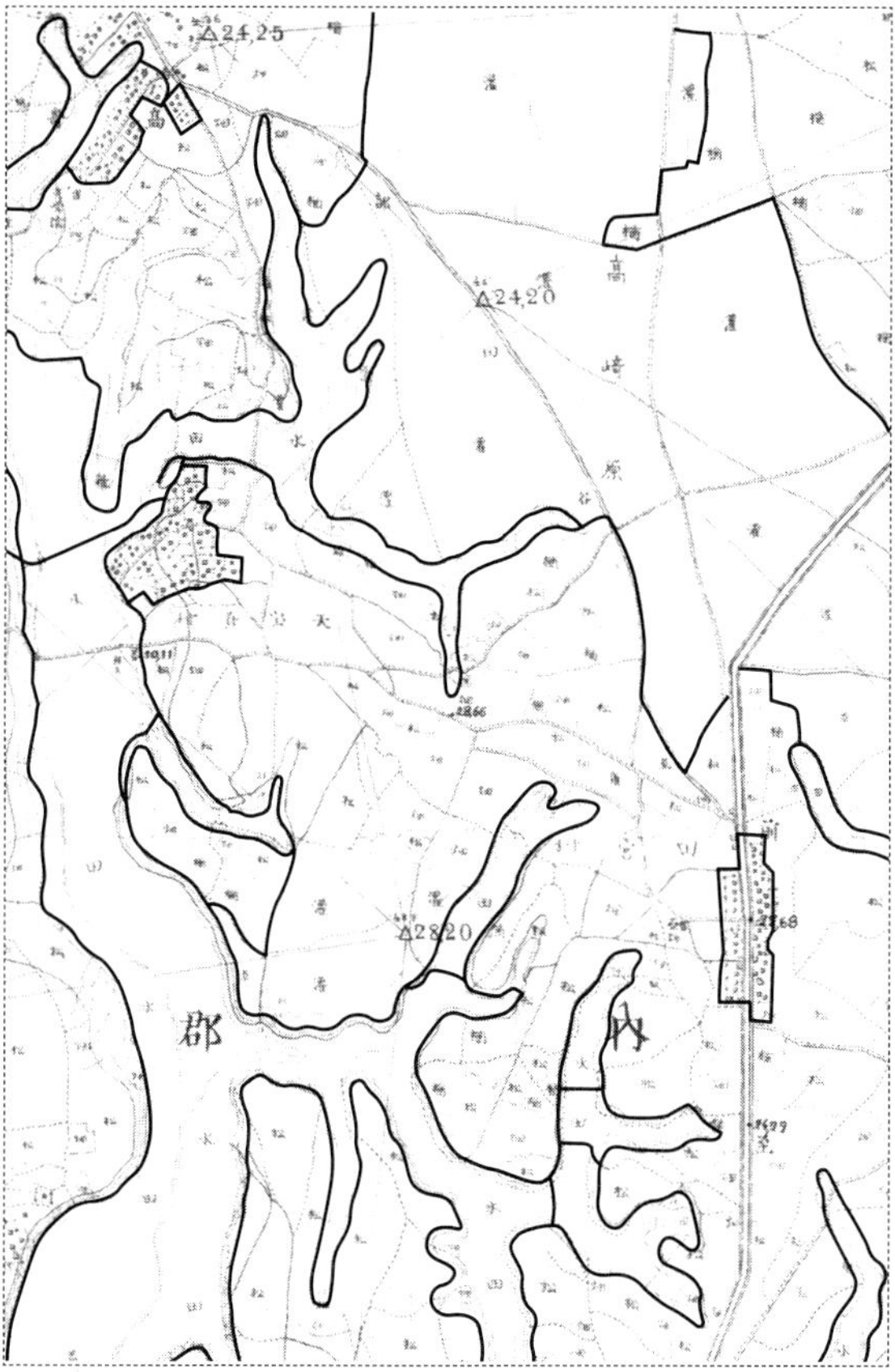

図１－３　江戸末期〜明治初期の宿場町近くの農村

資料：（財）日本地図センター発行迅速測図原図（２万分の１）
注：図は図１－６の点線で囲まれた区域に相当。太線で囲んだ部分は、秣場の周りや谷津田、集落の周りを表す。

明治43年の茎崎村概況（茎崎町史編さん委員会 1993）によると、高見原は80町歩（80ha）、稲荷原は49町歩（49ha）とされている。こんなに広い秣場が必要だったのは、当時の茎崎村には、牛久駅で荷物の運送に使う馬がたくさん飼われていたからである。

明治43年の概況では、当時の茎崎村には200頭を超える馬が飼われていた。牛馬1頭を養うためには約1haの草地が必要である。だから広大な秣場が必要だったのである。

秣場は毎年春先に火入れ（野焼き）をするから類焼を避ける必要がある。そのため秣場は集落から離れた場所につくり、村々入会地（各集落の共同利用地）とした。図1-3を見ると、秣場は大きな塊となり、集落はそこを囲むように配置されていることがわかる。その様子は図1-6（88ページ）にデフォルメしたかたちで描いてある。この配置もそこが秣場であることの証なのである。

なお迅速測図原図に書かれた椚・櫟（ともにクヌギ）、楢などの落葉広葉樹林は刈敷林として利用された場所であるが、そこでも夏に下草が刈られ、秣として利用されていた。下草がこまめに刈り取られると林床にはよく日光が射し込む。そこでこれらの林も草地性の植物が生育できる場となっていたと考えられる。

（3）宿場町周辺につくられた入会草地

宿場町周辺の農村には広大な秣場が存在する。この姿が一般的であるかどうかを調べるため、宇都宮市郊外のむらの姿を見た。その場所は宇都宮市の東北にある白沢である（図1-6、88ページ）。ここには奥州街道の第一宿として白沢宿が置かれ、近世初期から幕末まで栄え、明治18年までは主要街道の宿駅として賑わっていた。奥州街道は東北道の前身で、白沢宿から白河宿までの23里余り（90㎞強）の街道である。ここは寛永4年（1627）から整備が始まり、寛永年中には整備が完了した。この街道には10宿があり、各宿に人足25人、馬25頭が用意されていた。

天保年間の「奥州道中宿村大概帳」によると、白沢宿は、家数98軒、馬数66頭と記されている。しかし馬はこれだけでは足りなくて、助郷が定められ、周囲の村々は助人馬が請け負わされた（河内町誌）。白沢以外の宿場でも周囲の村々は助人馬が請け負わされていただろうから、白沢宿から白河宿までの奥州街道にある宿場の周囲には広大な秣場が点在していたはずである。

（4）秣場が存在した場所

この地域を対象にしたのは、古い史料が残されているので、宿場町の歴史がわかると考えたからである。残念ながらこの地域は迅速測図の対象地域より北になるため、近代的な地形図の作成は明治40年代になってからである。そこで江戸時代の記録から場所と面積を推定した。この地域の秣場と考えられる場所は鬼怒川と西鬼怒川の合流点近くの河川敷である。明治42年測図（応急修正の後、昭和30年発行）の地図を見ると、鬼怒川は扇状地河川の特徴である網状流が見られ、そこには広い河川敷が存在して草地になっている。この草地が秣場になっていたと考えられる。秣場は火入れによって維持されるため、集落から離れた場所につくられるが、河川敷も、「5」で述べるように、その適地なのである。

塩谷郡宝積寺村と河内郡中岡本村の境の場所も秣場であったと考えられる。両村の境界は嘉永4年（1851）宇都宮藩庁の裁許で境界が確定し、安政2年（1855）に約100ha（百町歩）の開墾が始まり、岡本新田（現在は東岡本）となった。

新田開発は原野を対象に行なわれる。この場所が秣場だと考えられる理由は、宝積寺村と中岡本村の間で正徳3年（1713）に境界が争われていたことから、すでに両村で使われていた場所であるといえるからである。

岡本新田が造成された土地は鬼怒川を挟んで中岡本側に位置する。それでもそこが宝積寺村との土地争いの場になったということは、鬼怒川が氾濫によって流路を変えたためではないだろうか。とすると両村の間の河川敷は秣場として使われていたと考えてもよいだろう。

秣場は火入れによって草地の管理が行なわれる。宇都宮藩は天保元年（1830）の閏《うるう》3月に出された触書（幕府から大目付へ申し渡され、大目付が各藩へ通達したもの）にもとづき、領内の村々に野火禁止の触れを出している。（河内町誌）。このことから宇都宮藩の領内においても火入れによって秣場を管理していたと言える。

（5）白沢が宿場町になる前

白沢宿が奥州街道の往還宿になったのは慶長年間になってからで、それ以前は隣接する下ヶ橋に宿場があったらしい。下ヶ橋が鎌倉街道の宿場になったのは、この地域に多数の馬が飼われていたからと考えられ、それは宇都宮氏がこの地域に定着した平安後期に遡ると考えられる。

在地住民のすべてが農民兼武士となる制度のもとでは、それぞれが自分で飼育する馬に乗って戦に馳せ参ずる形態なので、馬はそれぞれの村落に畜舎飼いされ、軍馬、農耕馬兼用であったと考えられる。したがって広い秣場が必要だった農村の姿は少なくとも平安後期まで遡ることができよう。

では馬の飼育はいつごろから始まったのであろうか。6世紀中頃〜6世紀末（A.D.550〜590）の頃、東国から東北が古代日本の馬の重要な供給地になっていた。実際、この頃に造営された大塚新田古墳や大平町七回り鏡塚古墳（ともに栃木県内にある）から馬具が出土している。

馬具は5世紀末〜6世紀前半（A.D.490〜550）に造営された足利市や宇都宮市の古墳から出土しているが、それ以前の出土例はない（河内町誌）。だから馬が飼われるようになったのは5世紀末以降（A.D.490〜）であると思われる。

4　ウマがキーストーン種となった生態系

(1) クララを食べるチョウ―オオルリシジミ

アフリカ大陸でも北米大陸でも、草原の生態系では大型草食獣がその構成員になっている。里山の植物やチョウのふるさとである氷期の大陸でも、大型草食獣が多数生息し、草原を維持するうえで重要な役割を果たしていた。実はその名残が里山にも見られる。それは里山には、幼虫がクララの花やつぼみだけを食べるチョウ—オオルリシジミがおり、その生存にウマ（以後、生物種であることを強調する場合はカタカナ表記）がキーストーン種として働いていたからだ。

オオルリシジミの生息場所は秣場と深いかかわりがある。それはウマがクララを食べないからである。だからウマを放牧した草原ではクララが多くなる。これはウシを放牧している草原でも同じである。いっぽうウマを畜舎飼いにした段階でも、農家の人たちはウマが食べないクララを刈り残して秣を刈ったので、クララが豊富な環境は続いてきた。オオルリシジミはこうした歴史に支えられて生き続けてきたのである。

クララはウマが食べないので厄介ものとされがちである。でも昔の人はそれをうまく利用していた。ウマがクララを食べないのは苦いからだとわかった人たちは苦味健胃剤としてその根を煎じて疝気《せんき》（胃痙攣《いけいれん》）の薬とした。また新潟県中頸城地方から長野県駒ヶ根市にかけての広い地域では、クララをゴウジッコロシ（ウジ殺しの意）と呼び、便所のウジ殺しや苗代のアオミドロ退治に使っていた（宇都宮 1982）。

オオルリシジミは、本州では東北北部（青森、岩手、秋田）と福島、長野県とその周辺の群馬県、新潟県に分布している。また九州では阿蘇、九重の高原地帯に生息する。生息地は火山の裾野や山地の明るい草原に多く、放牧地や鉄道沿線の小さな草原に産する場合もある（福田ほか 1972）。しかし各地で姿を消し、現在は希少種に指定されている。

オオルリシジミの保護活動が行なわれている長野県佐久市の望月（早武・清水 2009）は平安時代には馬の生産地として知られていた。木曾義仲が京に向けて出兵するとき、この望月にきて兵と馬を募ったが、それはその頃の望月ではたくさんの馬が飼われていたからだろう。その後望月は中山道の宿場になったが、それはこの場所にたくさんの馬が飼われていたからだと思われる。

クララは朝鮮半島からシベリアにかけて分布し、オオルリシジミも朝鮮半島に生息しているので、両種は氷期に日本に渡ってきたと考えられる。氷期にはオオツノシカや野牛などの大型草食獣も渡ってきていたことが化石からわかっている。だからその頃の草原には、これらの大型草食獣が食べ残したクララが多く生えていたであろう。

(2) ウマが大型草食獣の代わりをつとめキーストーン種となった

1万年前に最終氷期が終了すると、オオツノシカや野牛などの大型草食獣は絶滅した。しかしその後、古墳時代にウマが導入され、草原の利用者に再び大型草食獣が戻ったのである。そしてウマが畜舎飼いされた後には、ウマが食べないクララを刈り残すという草原の利用の仕方が人に引き継がれ、クララが豊富な環境が残されてきた。だからウマは氷期にすんでいた大型草食獣の生態的同位種ということになる。

畦の草も畜舎飼いのウマの餌にされたので、畦もクララが多い環境になった。この状態はウマが軍馬として徴用された第二次大戦末まで続いた。終戦後は子どもの栄養補給のために飼育されたヤギや、毛を刈り取るために飼育されたウサギ（アンゴラ種）用に畦草が利用され、その段階でもクララは刈り残された。大型草食獣がクララを食べ残すという行為が草食性のほ乳類（家畜）を畜舎飼いにし、人が刈り取った草を与えるという行為に引き継がれ、クララとオオルリシジミを生き残させてきたのである。

秣場は、「3」で述べたように、街道筋に多くつくられる。長野県とその周辺には中山道が、福島県には奥州街道が、そして新潟県には長野県から分かれた北陸街道が走っている。街道の周囲には馬を飼育するための秣場がある。街道が秣場を維持しオオルリシジミを生き残らせてきたと考えられるのである。

オオルリシジミは大きな街道のない東北北部（青森、岩手、秋田）にも生息している。馬はここでもたくさん飼われており、クララの多い草地を生み出していた。東北北部は秋の終わりが早いので、それまでにイネが実るよう早春に田植えする。でもその頃木の葉はまだ繁っておらず、刈敷に使うことができない。そこで肥料には冬の間に貯えていた厩肥を使った。馬はそのためにも必要だった。東北北部3県にオオルリシジミが生き続けられたのは、こうした理由からだと思われる。

これらのことからクララが多くてオオルリシジミがすむ秣場は、生物多様性を表す指標で考えると、オオルリシジミが生態的指標種で、ウマがキーストーン種になっている生態系ということができる。そしてそこではクララを刈り残すという人の行為もキーストーンになっており、ヤギやウサギもウマの生態的同位種となっているということができよう。

(3) 草原性の生きものが日本に移動してきた時期

クララやオオルリシジミが渡ってきた氷期の日本は、寒冷であると同時に乾燥した環境だった。こうした気候条件のもとでは、草地は広い範囲に広がっていたと考えられるので、大陸から渡ってきた植物は生育上の問題はなかった。それはこれらの植物が寒冷で乾燥した草地で生き抜く生活型をもっていたからである。

この環境条件はリス氷期でもウルム氷期でも同じであったと思われる。ところが氷期が終わると気候は温暖化する。ウルム氷期に移動してきた生きものは氷期以降の温暖な時期を1回耐えればよかったのに、リス氷期に移動してきた生きものは、リス–ウルム間氷期を含め、2回の温暖な時期を耐えなければならなかったことになる。

ではそれぞれの生きものはどの氷期に移動してきたのだろうか。それを知るには遺伝子距離を測る方法がある。生きものは、地理的に隔離されて交雑しなくなると、遺伝的に異なってくる。この遺伝子の違いを測ると、それぞれの生きものが交雑しなくなってからの時間の長さが推定できる。しかし残念なことにその時間の絶対的長さはわからない。

一方、その分布域から日本に入ってきた時期が推定できている生きものがいる。そこでその生きものが移動してきた時期と遺伝的隔離を対比してみれば、遺伝子距離の遠さと隔離されてからの時間の長さとの関係が推測できるだろう。

（4）リス氷期にきたダルマガエル、ウルム氷期にきたトノサマガエルとヌマガエル

移動してきた氷期が推定されているのはモグラとカエルである。モグラではアズマモグラが東日本に分布するのに対し、西日本にはコウベモグラが分布する。いっぽうカエルでは、トウキョウダルマガエルが東日本に分布するのに西日本にはトノサマガエル、ヌマガエルが分布する（図1―4）。コウベモグラ、トノサマガエル、ヌマガエルが東日本に分布しないのは、移動してきたのが最終氷期だったからだと考えられている。最終氷期のころ、すでに富士山が噴火して富士箱根火山帯ができていて、これらの種はその障壁を乗り越えられなかったからだ。

なおトノサマガエルは日本海側では青森県まで分布している。だから関東平野から仙台平野にかけての地域に分布しないのは寒さのせいではない。富士箱根火山帯と中央の山脈が関東平野から仙台平野にかけての地域にトノサマガエルの侵入を阻止したからなのだ。

これらのカエルが日本に移住した時期は遺伝子距離からも説明できる。トノサマガエルもヌマガエルも、大陸にすんでいる個体との間には遺伝子上の違いはほとんどない。だから両種は遺伝的隔離が進まないほど最近に日本に入ってきたことになり、その時期はウルム氷期と推定される。一方、ダルマガエルでは西日本にナゴヤダルマガエルとオカヤマダルマガエルがすんでおり、これらはトウキョウダルマガエルと亜種の関係になるほど分化が進んでいる。

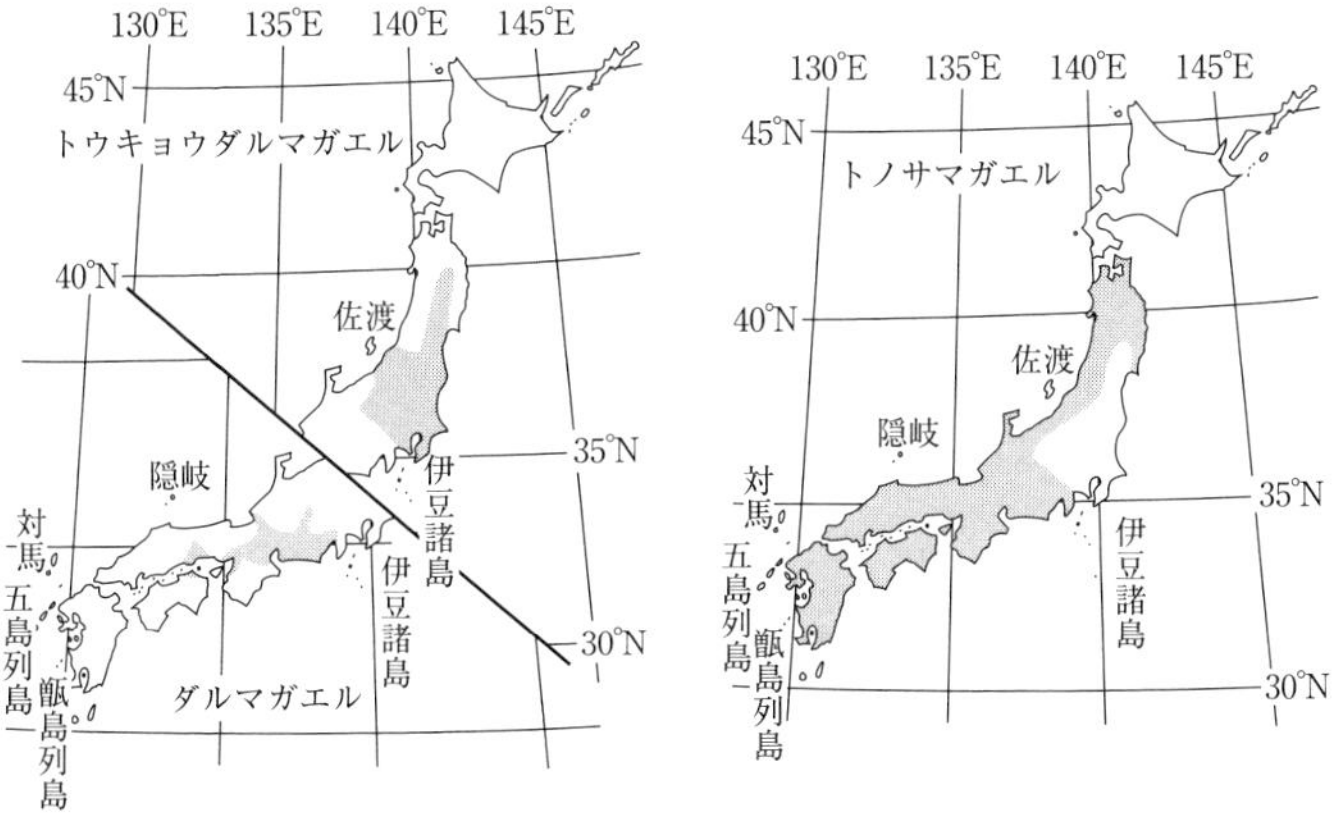

図１－４　各種カエルの分布

資料：前田憲男・松井正文『日本カエル図鑑』87、91、95ページより引用。

これらのことから、最終氷期に移動してきた生きものは大陸にすむ個体群との間で遺伝的にはほとんど変わらないが、その前の氷期（リス氷期）に日本に入ってきた生きものは、大陸にすむ生きものとの間で、亜種の関係になるほど分化が進んでいると考えてよいだろう。

日本のオオルリシジミと大陸のオオルリシジミとは亜種の段階にまで分化が進んでいる。だからオオルリシジミが日本に移動してきた時期はリス氷期だと考えられる。そうなるとオオルリシジミもクララもリス－ウルム間氷期を乗り越えてきたということになる。

（5）リス－ウルム間氷期に草原は存在していたか

リス－ウルム間氷期には下末吉海進期のような温暖な時期が存在した。それは南関東や西南日本では、

図1－5　第四紀になって噴火した火山の分布
資料：中村一明・松田時彦・守屋以智雄『火山と地震の国』6ページの図をもとに作成。

この時期の地層から、ナンキンハゼ、コクサギ、ツゲ、サルスベリ属、アカガシ亜属（カシ類）、イヌマキ属などの花粉や化石が出土していることからもわかる（那須 1985）。この海進期は、その名前が示しているように、横浜市にある下末吉台地を生み出したが、同時に関東平野にある多くの台地も生み出した。

これらの台地は、それに相当する量の土砂が川によって海に運び込まれたことによってできあがった。そしてその土砂は、崖崩れを起こし土石流を発生させるような豪雨によって供給された。だからこの時期の日本は多雨で、高山を除いては森林で覆われるような気候条件であったと考えられる。

クララがこの時期にも生き続けられるには、草原の存続が必要だし、クララを食べ残す大型草食獣の存在が必要である。ヒトがアフリカ大陸を離れてほかの地域に広がったのは約４万年前と考えられている。だからリス－ウルム間氷期にも草原を存続させた要因はヒト以外に求めなければならない。

草原を存続させた最大の要因は火山活動だと考えられる。オオルリシジミの生息域は、本州では東北北部（青森、岩手、秋田）と福島、長野県とその周辺の群馬県、新潟県であり、九州では阿蘇・九重の高原地帯である。これらの場所をよく見ると、第四紀に火山活動が集中した地域とほぼ一致する（図１－５）。だからクララもオオルリシジミも、火山灰の堆積により植生遷移が抑えられた場所に生き残ったと考えられる。

(6) リス－ウルム間氷期に大型草食獣は生存していたか

次にリス－ウルム間氷期に大型草食獣がいたかどうかについて考えてみよう。日本の土壌は酸性なので化石が残りにくく、化石は石灰岩の洞窟など一部の地域にしか残されていない。それでも栃木県葛生にある葛生層からは、ナウマンゾウ、ジャコウジカ、ヤベオオツノシカ、ニホンムカシジカ、ニチキンカモシカなどの化石が出土している。この地層は最終間氷期から最終氷期の前半にかけて堆積したと考えられているので、これらの草食獣はリス氷期に日本に渡ってきて、間氷期の温暖な

コラム1-1

◎

馬の飼育が生物相保全に役立った

◎

種子の運び屋が絶滅したため繁殖できなくなったなど、本来の繁殖戦略が現在の環境に合わなくなってしまった例を繁殖戦略におけるアナクロニズムと呼ぶ。鷲谷・矢原（1996）は、その例として、モーリシャス島に生育するアカテツ科樹木 Syderoxylon sessiliflorum とドードーの関係を紹介している。この植物は樹齢300年を超える個体しか生えていず、幼木や若木はまったくない。この植物は、果実が大型のハト科の鳥ドードーに食べられた後、糞と一緒に排泄された種子が発芽するという繁殖戦略をもっていたため、ドードーが絶滅した現在は繁殖できなくなったと考えられた。そこで同じような丈夫な消化器官をもつシチメンチョウに果実を食べさせたところ、種子はうまく発芽した。

ではシチメンチョウを野外に放し、ドードーの代わりをさせてよいかというと、そうではない。野生化したシチメンチョウが貴重な在来植物を食害するなど、生態系に悪影響を与える危険があるからだ。またこの植物の果実を小屋飼いしたシチメンチョウに食べさせ、糞を野外に蒔く方法では別の問題も生ずるおそれがある。シチメンチョウを輸入穀物で飼育した場合には、糞由来の外来植物が野外に広がり、生態系を壊すおそれがあるからだ。

氷期に移動してきた大型草食獣とクララ、オオルリシジミの関係は、絶滅した大型草食獣の代わりに馬を導入することで維持されてきたが、これが生態系に悪影響を与えない方法であったことが長い歴史のなかで検証された結果になったのである。

時期を生き延びたということができる（那須 1985）。

岩手県花泉にある最終氷期の地層からは、オオツノシカ（キンリュウオオツノシカ）、ヘラジカ（オオツノシカのものと思われていた化石の一部は後でヘラジカのものと判明）、野牛（ハナイズミモリウシ）、シカ（ナツメジカ）、ナウマンゾウ（ワカトクナガゾウ）などの化石が見つかっている。ヘミオヌスウマの化石も本州から見つかっており、最終氷期のころの日本にはオオツノシカやヘラジカ、野牛（バッファロー）、ウマも渡ってきていたことがわかっている（那須 1985）。

したがってリス氷期からウルム氷期にかけての日本には、これらの大型草食獣が食べ残したクララが豊富な草原が各地にあったと考えられる。リス氷期に日本に渡ってきたオオルリシジミはこれら草食獣が食べ残したクララを生息の場にして、リス－ウルム間氷期を生き延びたのだろう。

5　街道や田んぼの造成と川の流れが秣場の生きものの移動を保障した

（1）秣場は不連続な空間

草地に生える植物は、ほかの草本植物と光をめぐって競争しなければならないため、春先にはできるだけ高い位置にまで芽を伸ばして葉を広げる必要がある。

この環境で生き残るには多年生という生活型が有利である。多年生草本は、その年に根や球根などの地下部に貯えた養分をもとに、翌春は高い位置まで芽を伸ばし、葉を広げることができるからだ。多年生草本では年数が経つほど貯蔵された養分が多くなるので、より高い位置で葉を広げることができる。63ページに述べた草地性の植物がいずれも多年生であるのはそうした理由からだ。

光をめぐっての競争は種子から発芽する段階ではもっと熾烈になるが、芽生えの高さは種子に含まれる栄養分の量で決まってくる。そのため栄養分に富んだ種子をもつ必要があり、必然的に種子は重くなってしまう。種子が重いということは、種子を遠くに飛ばすうえでハンディになるので、不連続な環境では不利になる。63ページに述べた草地性植物の種子散布方法をみると、綿毛をつけて遠くまで種子を飛ばすことができるのはイネ科のススキやキク科のオケラ、シラヤマギクだけで、それを除くと、長距離散布がむずかしい種ばかりであることがわかる。

長距離移動がむずかしい種がとる生残り戦術はクローン繁殖である。これらの植物の多くは、定着に成功すると、栄養繁殖で子孫を増やし、自分の周囲を子孫で固めてしまう。こうすると他種が侵入できないので、競争に勝つことができる。しかしこの方法で移動できる距離は種子より短いうえ、子孫はすべてクローンなので遺伝子の劣化は避けられない。

こうした植物の移動距離から見ると、秣場は不連続な空間である。それは秣場が樹木の侵入を防ぐため、毎年春に火入れされるからだ。そのときの類焼を避けるため、秣場は集落から離れた場所にまとめられ、村々入会の共有地とされる。そのため秣場は不連続になってしまうのである。

(2) 馬の使用によってつくられた草地のコリドー

動物が生存するには雌雄が出会うための移動が必要になるが、植物であっても近交劣化を避けるため、花粉を運ぶポリネーターが移動できなければならない。生きものが移動できるみちをコリドー(回廊)という。秣場は不連続になる環境だが、それでも秣場どうしを結び合せるコリドーはあった。そしてそのコリドーは馬の使用によってつくられていた。

秣場のコリドーの一つは街道脇の草地である。街道では宿場から宿場へ馬の背で人や荷物を運んで行き、帰りには馬に道ばたの草を食べさせながらゆっくりと帰ってくる。これが「道草を食う」の語源である。牛は反芻するので、ある程度の時間、餌を食べないでいられるが、馬は反芻できる胃をもっていないので、たえず餌を食べていなければならないからだ。宿場間を結ぶ街道の脇に成立したこの草地がコリドーの役割を果たしてきたのだと考えられる。

もう一つのコリドーは宿場と集落を結ぶ道沿いの草地である。前述したように牛久宿に隣接する茎崎村では、明治43年の茎崎村概況によると、当時は200頭を超える馬が飼われていた。したがって宿場と集落を結ぶ道沿いにも、馬が食べることによって、帯状の草地が存在していたはずである。そして、この風景は白沢宿のある奥州街道をはじめ、ほかの街道沿いでも普通に見られただろう。

江戸時代には、道路交通規制として、街道筋に馬つなぎ柱を立てて馬をつないだり、その綱を長くして馬をつないだりしておくことを禁止し、馬をつなぐ縄の長さも六尺にとどめるようにとの触れが出されている（河内町誌）。綱を長くして馬をつなぐことは通行の邪魔になることは確かだと思われるが、それが触れを出してまで禁止されているのは、その行為が各地で頻繁に行なわれていたことを示している。そしてこの行為は道端の草を食わせるために馬子が行なっていたものと考えることができるのではないだろうか。

街道では宿場ごとに馬を確保する必要がある。そのことが秣場を街道に沿って一定の間隔で配置させ、道草を食わなければならない馬の習性が秣場間に草の帯を連続させ、移動力の弱い植物を生き残らせてきたと考えられる。

(3) 田んぼによってつくられた草地のコリドー

秣場に暮らす生きものにとって、谷津田を囲む斜面にある草地もコリドーとして機能している。谷津田の両脇にある斜面は木が茂ると田んぼを日陰にしてしまう。そこでそれを避けるため、田んぼの持ち主がいつでも草を刈ったり木を伐ったりすることができるよう、斜面の一定の幅を田んぼの持ち主が所有していた。また持ち主が違う場合でも、「日向二間、日陰三間」というように、斜面の草や木を田んぼの持ち主が田んぼから一定の幅（2間から3間程度）まで刈り取ることができるようにする慣行があった。こうした慣行の結果、谷津田を囲む斜面には一定の幅の草地の帯ができる。この草地の帯がコリドーの役割を果たしていたのである。

牛久駅近くの秣場のうち、図1-3（67ページ）に記載されているのは高崎原のみで、稲荷原は区域からはずれている。この地図の区域を左上方向に拡大してみると、稲荷原があり、そこは高崎原から切り離されたかたちで存在していることがわかる。稲荷原の東脇には谷津田が接しており、そのすぐ下流が図の左端にある谷津田である。この谷津田には、図からわかるように、高崎原に入り込んでいる枝谷があり、そこは高崎原を水源としている。そこで田んぼ脇の斜面につくられた草地を通すと、稲荷原と高崎原はつながってしまう。つまりこの草地の帯は秣場と秣場を結ぶ草地のコリドーになるのだ。田んぼに日をあてるという行為が田んぼ脇の斜面に草地を連続させたのである。

ところで斜面の下部は田んぼになっている。そこは帯状に長く続く水辺なので、草地にすむ草花やチョウなどは移動できない。でもそこには水辺を横切る草地のコリドーがつくられていた。畦畔がそれで、田んぼに水を溜めるためのものだ。

山間地の谷津田では畦畔の幅が広く、草地になっているところが多い。でも緩傾斜地の谷津田でも、そこを横切る草地の帯がある。それは人が歩くためにつくられた小道である。茨城県南地方の谷津田は緩傾斜だが、人が歩ける道となった幅の広い畦畔があり、この地域ではそれを「オオナ」と呼んでいる。図1-3でも田んぼを横切る小道がたくさん見られる。こうした小道は人が歩いて踏み固めているので、土がしまっていて、小道の両脇はチカラシバなどが優占する草地になっている。この草地も田んぼが日陰にならないよう、こまめに刈り取られるので丈が低くなり、草地性植物が生育できる環境になる。

田端（1997）は、草甸の植物に相当する種が畦畔にも生えていること、さらに山地の岩礫地《がんれきち》のものだと考えていたニワフジが畦にも生育していることなどを明らかにしている。このことは畦畔が草地性植物の生息地として役立ち、コリドーとしても役立っていることを示している。

谷津田のコリドーは梯子《はしご》に似た構造をしている。谷津田の両脇の斜面にある草地を梯子の両側の柱と見なすと、谷津田の畦畔が足を乗せる横棒になり、この両方が補完しあってコリドーの役割を果たしているからだ。

畦畔はヒョウモンチョウ類のすみ場所になっている。ヒョウモンチョウ類はスミレ類の葉を食草にしている。スミレ類は種子がアリによって運ばれ、分布を拡大していく。だからスミレやヒョウモンチョウの移動を保障するコリドーは、アリが歩いて移動できるよう、乾いた土地の連続が必要なのである。

私は「1」で、農村に生きものが豊富なのは、そこが田や畑、里山などさまざまな環境から成り立っており、それぞれの環境に特有な生きものがすんでいるからだ、と述べた。田んぼはそのなかの一つ、水辺という環境である。畦畔も田んぼの一部なので水辺環境として扱われる。でも均一と思われる田んぼのなかも、より詳しく見ると、畦畔という乾いた草地の環境が存在するのである。

私はまた、環境がさまざまな要素から成り立っているということは、それぞれの要素が不連続になってしまうということを意味する、と述べた。だが谷津田では、田んぼに日をあてるという行為が、田んぼ脇の斜面の草地を畦畔にも連続させた。この連続が日向を好む植物やチョウの移動を保障し、それらの生存に大きな役割を果たしてきたのである。だから田んぼ脇の斜面の草地や畦畔の管理は、草地性の植物やそれに依存するチョウなど（生態的指標種）を含む生態系を生き残らせるキーストーンの役割をもっていたと言えよう。

（4）水の流れによって移動した植物

山地性植物の多くが行なうクローン繁殖は移動には不向きだが、それが長距離移動に役立つ場所がある。河川がその場所で、根の塊が土ごと運ばれるからだ。クローン繁殖した植物は株立ちになり、根が絡み合って塊となる。この塊は洪水に揉まれても簡単には崩れない。だから洪水流で運ばれても、植物は流れ着いた場所で定着できるのだ。「1」でクルミが種子の大きさを生かして川沿いに広がっていくと述べたが、根の塊が大きいことも水による移動の際、定着先でより広い面積を専有できるので有利に働くのだ。

67ページの図1-3左側にある谷津田を下っていくと牛久沼に出る。牛久沼には台地の末端が半島状に突き出している（図1-6）。この台地の斜面には、コクサギやキツネノカミソリなどの山地性植物が生えている。牛久沼の西側には田んぼが広がっているが、そこは小貝川に沿った沖積低地で、そこにも台地末端が半島状に突き出している。そしてキツネノカミソリはそこにも生えている。

この低地の西端（図1-6の取手宿の北側）には取手市貝塚沼があり、この沼やその周囲の雑木林には、ミズオトギリ、クサレダマ、ヤマトリカブト、キツネノカミソリ、ヤマジノホトトギス、カタクリ、オケラ、カシワバハグマ、ウワバミソウ、コクサギ、チダケサシ、イカリソウ、サラシナショ

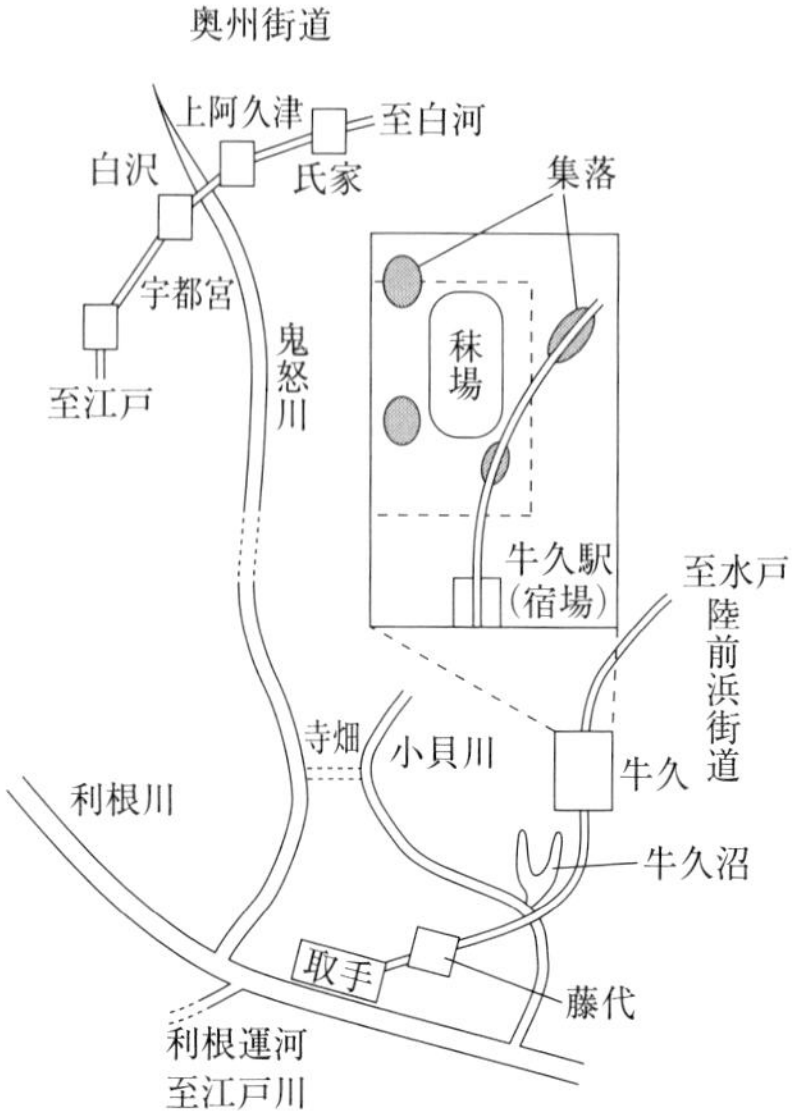

図1－6　陸の移動経路（奥州街道と陸前浜街道）と水の移動経路（鬼怒川と利根川）

注：四角い囲み内の点線で囲まれた部分は図1－3に対応。寺畑地区の下に描かれた鬼怒川と小貝川の間の点線は瀬替え前の鬼怒川の流路を表す。

ウマなどの山地性植物が生えている。

一方、昭和30年代の牛久沼には、ヒツジグサ、ジュンサイなど、山地池で見られる水生植物が生育していた。これらのことから、いずれの植物も鬼怒川によって運ばれたと考えられる。それは鬼怒川が、江戸時代の初めまでは、つくばみらい市寺畑地区の南で小貝川に合流し、小貝川低地を流れていたからである（図1－6）。

鬼怒川が流れる小貝川低地は、約6000年前の縄文海進期のとき、海になっていた。海は鬼怒川が運んだ土砂を受け止め、平らな沖積低地をつくっていった。この平らな沖積低地が現在の田んぼである。

縄文海進期の頃、この辺りの台地はスダジイ、ヤブツバキ、タブノキなどの海岸植物で覆われていた。そしてその末裔が現在も台地上に散見される。スダジイなどの海岸林は常緑で、林内は一年中暗い。だから林床に生育する山地性植物は生きられない。また台地斜面の裾は海水に接していたから、その塩分の影響で山地性植物は生きられない。このようなことからこの地域の台地斜面下部に見られる山地性植物は、約５０００年前に海が後退してこの低地が淡水化して以降、鬼怒川によって運び込まれたものだということができる。

ヒツジグサは鬼怒川が決壊したときにできた常光寺沼（旧石下町）にも生えている。このことも牛久沼に生えていたヒツジグサが鬼怒川によって運ばれたものである可能性を示唆している。そして「２」で紹介した荒川河川敷のサクラソウも、河川によって上流から運ばれたと考えられている。

（5）利根川は鬼怒川がもっていた種供給機能を引き継ぐ働きをした

現在の鬼怒川は小貝川から分離され、利根川に合流している。この瀬替えは寛永年間初頭（１６２０年代後半）までに完成し、それにより鬼怒川から小貝川低地への植物供給の道は絶たれてしまった。ところが江戸時代初期に開削された利根川は鬼怒川が供給してきた植物を小貝川低地に供給する役割を引き継いだと考えられる。

利根川河川敷の草地は現在、ヨシ群落などに変化しているが、そこには山地性植物であるノハナショウブが生えていた。このノハナショウブが運ばれて定着したのは江戸時代以降のことと考えられるので、新しくつくられた河川であっても、河川敷の草地は上流から運ばれてきた植物を受け止める働きをしていたことがわかる。

迅速測図を見ると、利根川河川敷には広大な草地が広がっている。この草地は「3」で述べたように、チガヤ群落などの丈の低い草地だと考えられ、この場所がこの時代になっても秣場として使われていたことを示している。

利根川河川敷のこの秣場が山地性植物を小貝川低地に供給することができたのは、谷津田につながっていたからである。この谷津田は台地内部まで樹枝状に入り込んでいて、小貝川沿いの谷津田の先端に近くなっている。多くの山地性植物が生えている取手市貝塚沼とその周辺の林はこの小貝川沿いの谷津田にある。だから利根川河川敷の秣場に流れ着いた山地性植物は、谷津田斜面の草地のコリドーを通し、小貝川沿いの谷津田に生育する山地性植物に新たな遺伝子を供給することができたと考えられる。

ちなみに「2」で紹介した荒川河川敷のサクラソウ自生地、尾久の原、浮間ヶ原、田島ヶ原も、かつては秣場だった。

(6) 鬼怒川や那珂川などの河川は街道間での種供給を結びつける働きをした

キツネノカミソリやカタクリは鬼怒川の上流、奥州街道の白沢宿があった宇都宮市周辺にも多く生えている。そして上記の山地性植物はさらなる上流域に多く見られる。牛久沼や貝塚沼にある山地性植物は鬼怒川によって運ばれ定着したと考えられるので、鬼怒川は奥州街道沿いの南のコリドーと陸前浜街道沿いの南のコリドーをつなぎ合わせる働きをしていた。そしてその働きは、鬼怒川が瀬替えされた後は、利根川によって引き継がれたと考えられる。

このことは植物の遺伝的多様性を守るうえでとても重要である。なぜなら奥州街道と陸前浜街道はともに東日本を縦断して東北地方に延びているが、両者が接する場所は出発点の江戸を除いては存在しないからだ。

大きな河川は舟運に向いているので、河川と陸の街道が交差する場所には宿場ができ、陸路の輸送と水路の輸送をつなぐ場となる。そこでそうした宿場町の近くの河川敷には広大な秣場がつくられ、上流から供給された山地性植物を受け止める場所となる。「３」で述べた奥州街道は白沢宿と氏家宿の間で鬼怒川を横切るが、この場所に上阿久津があり、ここは河岸と宿場を兼ねていた（図１－６）。奥州街道によって会津方面から運ばれてきた米などは、ここで舟に積み替えられ、江戸に運ばれたのだ。そしてその上阿久津は白沢宿の秣場だったと考えられる鬼怒川河川敷の草地に接しているのである。

奥州街道の次の宿場町喜連川から佐久山、大田原、鍋掛、越堀、芦野までの栃木県内の宿場町と福島県内の宿場町白坂は那珂川の上流域にある。そしてこの川の下流には水戸周辺の宿場町が存在する。このことから那珂川は奥州街道沿いのコリドーと陸前浜街道沿いのコリドーの中央部どうしをつなぎ合わせる働きをもっていると言える。そして奥州街道終点の宿場町白河は阿武隈川沿いにあり、その下流には岩沼がある。奥州街道沿いのコリドーの北端は阿武隈川によって陸前浜街道沿いの北のコリドーに結びつけられているのである。だから東日本を縦断して流れるこれらの河川は、奥州街道沿いのコリドーと陸前浜街道沿いのコリドーを各地でつなぎ合わせる働きをしていたと言えるだろう。

里山の植物には山地性の種が多く、そのほとんどは北方系の種である。これは里山の管理方法がこれらの植物の生育に適しているからである。それと同時に、河川が山から運んできた植物を河川敷の秣場が受け止め、街道沿いの草地や田んぼ脇の斜面の草地、さらには小道として使われる畦畔をコリドーとして移動させ、種多様性と遺伝子の多様性を支えていたからだと思われる。

6 ものの流れで環境をつなぎ合わせる

(1) 厩肥を田んぼに入れることはケイ酸（Si）を植物プランクトンに供給する働きをした

川は広域の単位で山地性の植物を低地に運ぶ働きをするが、ほかにも運んでいる「もの」がある。それはケイ酸（Si）や鉄（Fe）などのミネラルである。

ケイ酸や鉄は山から水の流れを通して海に移動して海底に沈殿し、プレートの下に潜りこんでマグマの一部となり、火山噴火によって再び地上に供給されるという循環をする。このミネラルの移動を山→河→海という水の流れを通してみてみよう。するとそこには里山という土地利用、田んぼという土地利用がこうした広い空間単位、長い時間単位の物質循環を支えてきた様子が見えてくる。

ケイ酸と鉄は火山の噴火によって地表に運び出される。火山活動は日本では第四紀に活発になり、その噴出物である火山灰土はススキを優占種とする草原を発達させた。第四紀には氷期が何度も地球を襲ったが、氷期には日本は乾燥した気候になり、ススキ草地は面積を広げたと思われる。

約1万年前に最終氷期が終わり、日本は湿潤で森林が優占する気候に変化した。この変化のなかでススキ草地は火山周辺に残ったほか、焼畑跡地という人間活動の場にも生育の場を広げていった。こうしてできたススキ草地が萱場で、なかにはわざわざススキを植栽して萱場をつくるところもあった。

「萱場をつくるには、山野を焼畑にしてから植えつけるのが本来の方法である。萱は種子を播くよりも野生の萱の根を掘ってきて植えつけるほうがよい。上荻村、下荻村、小滝村、金山村、太郎村にはいずれも萱場がある。これらの村々では昔から焼畑をしきりに行ない、桑、漆、そば、大根などが栽培できない場所はできるだけ萱場にするよう努めてきたのである。」（『北条郷農家寒造之弁』日本農書全集、18）。

この文書には、本来の方法ではないとしながらススキの種子を蒔く方法も書かれている。実際その方法は1950年代になっても岐阜県大野郡白川村の御母衣《みほろ》と萩町で行なわれていた（野本 1984）。ここではナギ（焼畑）跡地を萱場にする場合、3年〜4年の焼畑耕作後に「ただ放棄して萱山にするのではなく、別の萱場で萱を刈ってから、穂についている実をしごいて篭に集め、輪作を終えて放棄するナギ（焼畑地）へ蒔く習慣があった」〈御母衣〉。または、「実のついた萱を箒のように束にして、ナギの跡地の中を曳きずって歩いた」〈萩町〉などの方法が行なわれていたのである。

焼畑跡地につくられた萱場は秣場として利用されていた、そこから刈り取られたススキは馬の餌（秣）となり、厩肥となって田んぼの肥料になった。「3」で述べたように、とくに街道筋の農村では馬の飼育頭数が多かったので、大面積のススキ草地がつくられていた。

ススキはケイ酸をよく吸収するので、それを原料にした厩肥には多量のケイ酸が含まれる。イネもケイ酸をよく吸収する。こうしてススキが吸収したケイ酸は肥料として田んぼに入れられ、イネに移行するという流れができた。

農業が始まる前と焼畑農耕の段階では、ケイ酸の流れは火山灰土が直接河川に流れ込むかたちか、ススキに吸収され、そのススキが枯死、分解した後に河川に流れ込むかたちのいずれかであった。しかし稲作が始まってからは、これらのケイ酸の流れに加え、ススキが厩肥にされて田んぼに入れられ、そのなかのケイ酸がイネに吸収され、そのイネが枯死、分解されたのち、河川に流れ込むという流れが加わったのである。

ケイ酸は水に不溶なので、海に運ばれたケイ酸の大部分はケイソウに利用されることなく海底に沈むと考えられる。しかしススキやイネはケイ酸を多量に吸収し、葉身や茎などに沈積させる。もしこれらの植物が枯死して分解されたとき、ケイ酸を含んだ細片となって海に運ばれ、長期間表層に浮遊するならば、そこに含まれるケイ酸はケイソウに吸収されやすくなるだろう。だから厩肥を田んぼに入れることは海のケイソウの増殖にかかわっている可能性が出てくる。

(2) 刈敷を田んぼに鋤き込むことは鉄(Fe)を海の生きものに供給する働きをした

鉄もケイ酸同様、里山から海へ、肥料を通して供給されていた。ただし鉄を供給する肥料は、刈敷や落ち葉を使った堆肥である。

地上の鉄の多くは火山灰に含まれている。関東ロームの赤い色は酸化第二鉄の色で、水に不溶なため、土のなかにいつまでも赤い色として残されているのである。関東ロームは富士山などの噴火によって地上にもたらされたものなので、そのなかの鉄も火山由来のものであるといえる。でも赤い台地の谷間につくられた田んぼでは、土に赤土特有の赤い色はみられず、深いところは青白くなっている。関東ロームも田んぼのように嫌気的な状況に置かれると、鉄分は還元され、2価の鉄(酸化第一鉄)になる。田んぼの土の深いところが青白くなっているのは酸化第一鉄の色だ。でももっと深いところの土を見ると、ほとんど真っ白な色の部分がある。酸化第一鉄は水に溶けるので、土の中から溶け出してしまったからだ。

土から溶け出した2価の鉄(酸化第一鉄)は水の落ち口に流れ出してくる。水の落ち口は空気に触れているので、2価の鉄は酸化されて3価のかたちになる。3価の鉄は水に不溶なので赤い沈殿物となって水の落ち口に溜まる。水の落ち口に赤い沈殿物が溜まるのはそのためだ。

赤い沈殿物が溜まった谷津田の水の落ち口付近に、クヌギの若葉をよく揉んで置いてみよう。するとクヌギの葉の回りの水は濃い紺色に変色し始める。この濃い紺色はクヌギの若葉に含まれているタンニン酸が水中の3価の鉄イオンと結びついてできたタンニン酸鉄の色である。

この色は青インクの色で、かつての青インクはヌルデの虫こぶ（五倍子＝ぶし）からとった没食《もっしょく》子酸《しさん》（タンニン酸）と酸化第二鉄を混ぜてつくっていた。タンニン酸鉄は、青インクを見てもわかるように、水によく溶け、しかも安定な化合物である。

ところでクヌギの新葉を水の落ち口に入れる実験は、5月の中下旬、新芽が大きく開いた時期に行なうとはっきりと青い色が生まれるが、盛夏のころの堅くなった葉では水は青くならない。新葉は虫の食害を防ぐためにタンニンをもつ必要があるが、堅くなった葉は虫が食べづらくなるため、タンニンをつくる必要がなくなるためではないかと思われる。

実はこのクヌギの若葉を水の落ち口に置くのに有効な時期は刈敷を入れる時期と一致するのである。山梨県北西部の北巨摩地方では刈敷（この地方ではカッチキと呼ばれる）の施用が昭和初期まで行なわれていた。山口（2006）によると、ここでは田んぼに水を張った後、やわらかな新芽を伸ばしているクヌギの枝を伐って田んぼに敷き、この新葉が分解されたころに田植えを始めた。刈敷にコナラよりクヌギが好まれたのは、新葉は大きく開いてもやわらかく、樹皮がコナラより厚いうえ、枝が多いからだそうである。

クヌギの若葉を水の落ち口に置いた実験の結果から考えると、刈敷の投入では、若葉に含まれるタンニン酸が土壌中の鉄イオンをタンニン酸鉄にして、海に供給するという働きをしていたと考えられる。酸化第二鉄は水に不溶なので、海に供給されることなく沈殿してしまうと考えられるが、タンニン酸鉄は水に溶けるので海まで運ばれ、植物プランクトンに吸収されるだろう。だから田植え前に刈敷を入れることは理に適った方法なのである。

なお、つくば市周辺の里山ではクヌギが少なくてコナラが多い。そこでこの地域ではコナラの若葉を刈敷に使っていた。これを「ナラッパこき」と呼んでいた。

雑木林の落ち葉も堆肥にされ水田に投入される。堆肥中には多量の腐植酸が存在し、鉄イオンをトラップする。腐植酸は水溶性ではないが、植物体の細片と一体となって海の表層を浮遊できるならば、落ち葉堆肥の投入も、植物プランクトンを殖やす働きをするのではないだろうか。

わが国では焼畑を放棄するとき、樹木を植えて森林の回復を速める技術が存在した。そのなかで特記すべきはハンノキ属植物を植える技術である。ハンノキ属植物は、共生する根粒菌により窒素固定ができるので、焼畑の休閑期間を短くすることができるからだ。

ハンノキ属植物でもっとも広い地域に植えられたのはヤマハンノキで、山梨県南巨摩郡早川町奈良田、神奈川県足柄上郡山北町玄倉、静岡県静岡市大間、同磐田郡水窪町大野、同榛原郡川根町栗原、石川県石川郡白峰村、高知県吾川郡池川町椿山などで植栽されていた。またヤマハンノキ＋キリの植栽が、岩手県下閉伊地方、岐阜県大野郡丹生川村、同吉城郡河合村で行なわれていた。

さらにオオバヤシャブシ＋ハチジョウススキの植栽が八丈島で行なわれていた。その様子を農林省山林局（1936）はつぎのように報告している。「八丈島に於ける焼畑は……切替期に達せる一二、三年生のヤシャブシ林を伐採して之を焼き払い、灰を掻き均して耕したる後、里芋又は甘藷を作るのである。而してこれと同時に所謂八丈秣の原料たるカヤを植え付け、尚ほ同時にヤシャブシの植栽をなす……尚ほ植栽せるカヤは五～六年間刈り取ることができる」（山林局 1936）

ハンノキ属植物の多くはタンニン酸を豊富に含んでいる。ヤシャブシやヤマハンノキの実はヤシャ（矢車と書き、その形から名づけられた）と呼ばれ、酸化第二鉄と合わせ、絹を黒く染める染料となっている。ヤシャブシのブシとはヌルデの虫こぶ（五倍子＝ぶし）のことで、ヌルデのぶしは鉄と一緒にしてお歯黒の染料とする。これらの黒い色はタンニン酸鉄の色である。

焼畑跡地では、このほかに、タンニン酸を多く含むブナ科植物も植えられていた。その一つ、クリは静岡県磐田郡水窪町草木、奈良県吉野郡大塔村篠原で植栽されていた。また静岡県榛原郡川根町長島では、コナラの播種が行なわれていた。「長島の大石為一さん（明治36年生まれ）は子どものころ祖母につれられて焼畑跡のアラシ山におもむき、祖母がコナラの実を山に蒔いて歩いたのをみた覚えがあるという」（野本 1984）

先に述べたように、クヌギの若葉は刈敷に好んで用いられてきたが、クヌギは焼畑跡地にも植えられた。クヌギを植えた地方は、福島県、栃木県、群馬県、埼玉県、神奈川県、滋賀県、兵庫県、徳島県、愛媛県、福岡県、長崎県、宮崎県、茨城県筑波郡、同東茨城郡など、全国に及んでいる（山林局 1936）。焼畑跡地にタンニン酸を多く含むハンノキ属植物やブナ科植物が植えられていたことは、焼畑耕作が海にタンニン酸鉄を供給する役割を果たしていたということができるのではないだろうか。

雑木林の落ち葉にもタンニン酸が含まれているので、それらが堆肥にされ水田に投入されると、タンニン酸を含む腐植酸が鉄イオンをトラップすると考えられる。腐植酸が植物体の細片と一体となって海の表層を浮遊できるならば、落ち葉堆肥の投入は植物プランクトンを殖やす働きをするのではないだろうか。

（3）農業の変化でケイ酸や鉄の供給量は減っていないか

1955年から1970年にかけての時代、農村では機械化が進み、農耕用の牛馬がいなくなった。その結果、ススキ草地からの堆厩肥の生産は減り、この間に堆厩肥の投入量は3分の2に減少した。しかしこの時代には、それを補うようにケイ酸肥料の投入量が増えている。高橋（1987）によれば、1970年の堆厩肥の投入量は1955年に比べ600万t（ケイ酸量で30万t）減少しているが、1970年には100万tのケイカル（ケイ酸カルシウムを主成分としたケイ酸肥料）が投入されている。この量はケイ酸にして27万5000tになり、堆厩肥の減少で減ったケイ酸量を補うかたちになっていると高橋は述べている。

ケイ酸石灰の毎年の生産量は統計資料として残されている。図1-7は『ポケット肥料要覧　2004』（農林統計協会、2005）に掲載された統計資料の数値をグラフ化したものである。残念なことに生産されたケイ酸石灰のうち、どれだけが散布されたかの資料がない。生産量が減少していた時代には在庫が増えていたはずなので、生産量を散布量とすると、河川などに供給されたケイ酸量を過大評価してしまうおそれがある。そこで生産が伸びている1960年代のうちは生産されたケイ酸石

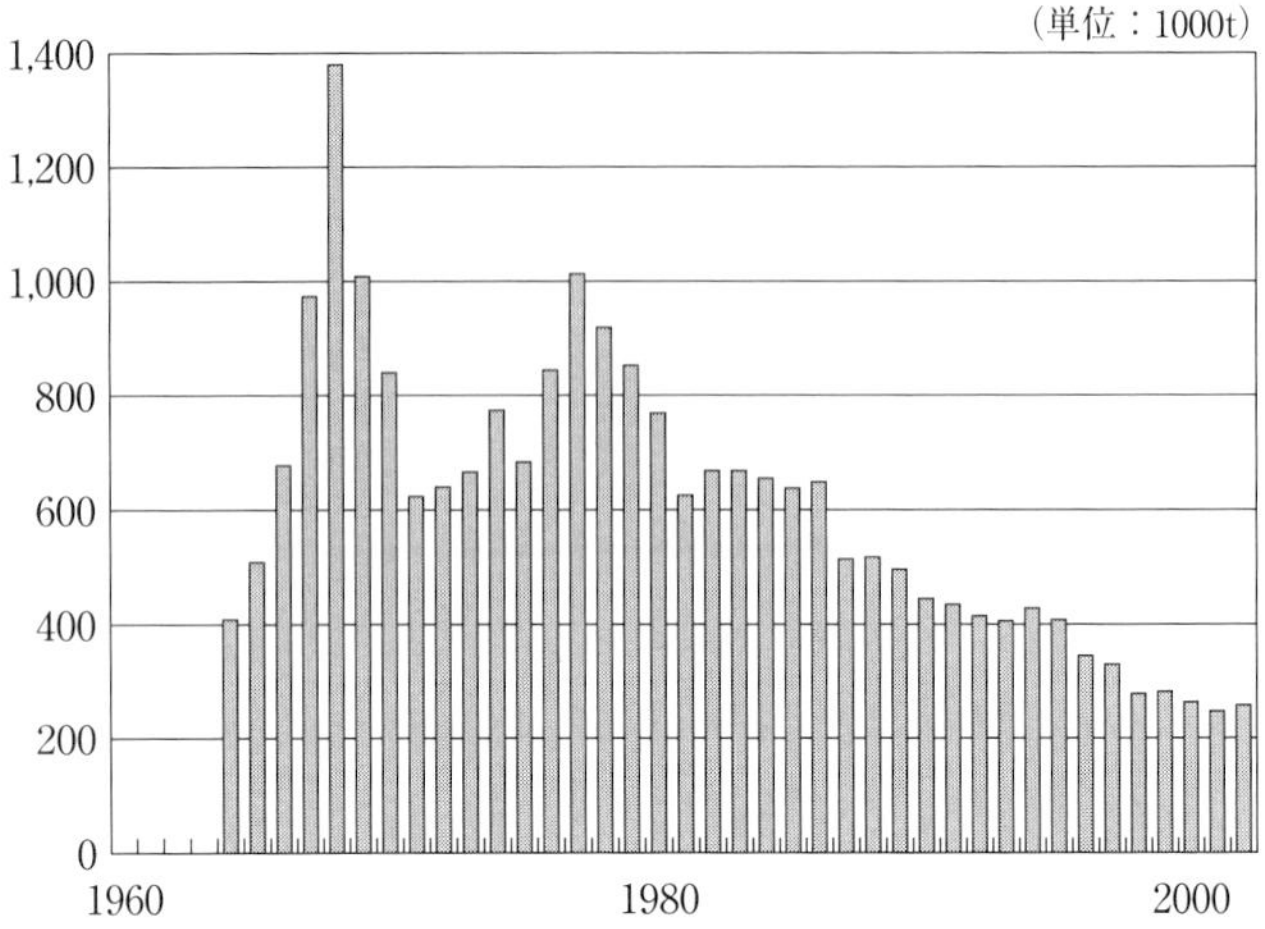

図1－7　ケイ酸質肥料（ケイ酸石灰）生産量の年次変化
資料：『ポケット肥料要覧　2004』（農林統計協会 2005）による。

灰はすべて使用されていたと仮定し、生産量を散布量として、環境に供給されたケイ酸量を計算してみた。

散布量に等しいと仮定した生産量は196８年の138万3000ｔである。ケイ酸石灰の生産量はその後も増えているので、この年生産されたケイ酸石灰はすべて散布されたと考えてよいだろう。そのなかのケイ酸含量は高橋（1987）により25％、34万5000ｔとした。またこの年に投入された堆厩肥は高橋の1970年の数値を用い、そのなかのケイ酸含量は５％とした。こうして得られた数値は表1－1に示したとおりである。

この数値を1926年、1955年の堆厩肥供給量から推定されたケイ酸供給量と比較してみると、ほとんど変わっていないことがわかる。ケイ酸肥料の投入が堆厩肥の減少で

表1－1　水田へのケイ酸投入量の変化

（単位：1000 t）

	1926	1955	1968	1985
堆厩肥（含稲藁）	20,000	18,000	12,000	6,000
（ケイ酸含量）	1,000	900	600	300
ケイ酸石灰（生産量）			1,383	639
（ケイ酸含量）			345	159
ケイ酸投入量合計	1,000	900	945	459

注：1．堆厩肥投入量は高橋（1987）に、ケイ酸石灰（生産量）は農林統計協会（2005）による。
　　2．肥料中のケイ酸含量は高橋（1987）により、堆厩肥は5％、ケイ酸石灰は25％として計算。

減ったケイ酸量を補うかたちになっているとの高橋の指摘は正しいといえよう。一方、1985年のケイ酸供給量はそれまでの供給量の半分になっている。

水田へのケイ酸肥料（ケイカル）の投入は、多肥多収をめざした稲作が直面したイネの倒伏を防ぐためのものであった。その後、イネは草丈を短くして倒伏しないようにする品種改良が行なわれたので、ケイ酸肥料の投入はほとんど行なわれなくなった。また堆厩肥も稲わらを含めて投入量が減り、1985年の投入量は600万t、1955年の3分の1になっている。これは水田に投入されるケイ酸量も3分の1に減ったことを意味する。現在は堆厩肥や稲わらの投入量がさらに減り、25万t前後になっている。

古生代、中生代などの古い地層を流れる河川では、水中のケイ酸濃度は約10ppmである。10aの水田に1作当たり1500tの灌漑《かんがい》水がかかるとすると、このケイ酸濃度の灌漑水によって供給されるケイ酸量は10a当たり15kgとなる（高橋 1987）。

この水田に1970年までのレベル（堆厩肥の投入量は65

0kg／10a）でケイ酸が投入されるとすると、その量は10a当たり約33kgとなるが、1985年のレベルでは約11kgとなってしまう。河川水には水田を通る水がかなり多く流入するので、この変化はケイ酸供給量の少ない河川では影響が出るのではなかろうか。

鉄の供給についても同様の影響が考えられる。刈敷採集が行なわれなくなっても、ごく最近まで雑木林の落ち葉で作った堆肥が水田に入れられ、そこから出る腐植酸が水田土壌中の鉄を表層に浮遊しやすいかたちで海に供給する役割を果たしてきたことが考えられる。

落ち葉堆肥の水田への投入も、現在はほとんど行なわれなくなっている。このことは植物プランクトンが利用できる鉄の減少をもたらしているのではないだろうか。また西日本では、使われなくなって放置された雑木林は、モウソウチクの侵入によって竹林に変化している。イネ科はタンニン酸をほとんど含まないので、竹林への変化も植物プランクトンが利用できる鉄の減少をもたらしてはいないだろうか。

現在、海ではケイソウが減り、赤潮藻類やアオサが増えるという変化が各地で起こっている。その原因としてN、P濃度の増加が考えられているが、農業の変化によるケイ酸や鉄の供給量の変化についても考える必要があるように思われる。もしケイ酸や鉄の供給量の変化が海中の植物相に影響を与えていることが明らかになれば、ケイソウは生態的指標種になり、秣場からススキなどを刈り取り、馬に踏ませて厩肥とし、それを施用する行為や、刈敷を田んぼに敷き込む行為は、キーストーン行為になる、ということができるかもしれない。

コラム1-2

◎

現在の水田もケイ酸の供給源になっている

◎

現在コンバインが普及し、ワラのほとんどは水田に残されるようになった。水田10ａ当たりのイナワラの平均収量は500㎏で、そのうちのケイ酸含量は75㎏である。日本の水田面積は260万haだから、その全部にイネが作付けされ、コンバインで刈り取られたとき、ワラの分解によって環境に戻されるケイ酸量は78万ｔになる。この値は1955年のケイ酸投入量の87％に相当する。

減反政策により、水田の約４割はイネが作付けされなくなった。それによって環境に戻されるケイ酸量は31万ｔ減少する。いっぽうケイ酸質肥料（ケイ酸石灰）の最高生産量は1968年の138.2万ｔである。そのうちのケイ酸含量を25％とすると、このときのケイ酸量は34.5万ｔになる。だから減反によってワラから環境に戻されなくなったケイ酸量は最高生産時のケイ酸質肥料のケイ酸量にほぼ等しくなる。

水田10ａ当たりの収量は、平均でワラ500㎏、モミ500㎏で、モミ500㎏のうちモミガラは100㎏である。ワラ500㎏のうちのケイ酸含量は75㎏、モミガラ100㎏のうちのケイ酸含量は20㎏だから、モミガラに蓄えられたケイ酸量はイネ全体のケイ酸量の５分の１に相当する。

モミガラは腐りにくいので農家は処分に困り、焼却しているが、モミガラは腐りにくいことから暗渠排水の資材として水田中に埋設されることがある。モミガラ暗渠はイネへのケイ酸供給には役立たないが、海へのケイ酸供給に役立つ可能性があるのではないだろうか。

7 「田んぼの学校」、エコツーリズム、エコミュージアム

――地域の再生をめざした取組み

(1) 子どもに総合的な思考の力をつけさせる場――「田んぼの学校」

「5」まで、私は里山の歴史を述べてきた。それにより、里山の生物多様性の危機が「自然に対する人為の働きかけが縮小撤退すること」によって生じていることがわかっていただけたと思う。

この危機を解決するには、自然に対する人為の働きかけの歴史を学び、それを復元していく必要がある。それには人も自然科学の対象とし、人と生きものを同列に扱う見方が必要になる。そしてこの見方を身につけるには総合力を身につけることが必要になる。

小さいときに田んぼの水路で魚とりをしたことがある子どもは、唱歌「春の小川」を歌ったとき、「メダカや子ブナの群れ」というくだりで、イネが茂った田んぼや水路の風景を思い出すだろう。田んぼに水を入れたときや雨が降ったときは、田んぼで温められた水が水路に流れ込む。そのとき、コイやフナが田んぼに入って産卵するが、そこで孵化して育った稚魚は水路にくだって生活する。水路の「メダカや子ブナの群れ」はそんな魚の姿である。このような説明を聞いたとき、その風景を目にしていれば、理解は早いだろう。経験を通してそれぞれのつながりを理解していくこと、それが総合力を養うことになるのであり、それを学ぶ場が「田んぼの学校」なのである。

「田んぼの学校」は、平成10年度に、国土庁、文部省（いずれも当時の役所名）、農水省が行なった合同調査「国土・環境保全に資する教育の効果を高めるためのモデル事業」のなかで始まった事業である。それは「古くから農の営みの中でかたちづくられ、今では農村の自然環境の重要な要素となっている水田、水路、ため池、里山等を遊びと学びの場として活用し、農業農村の有する多面的機能を利用して環境に対する豊かな感性と見識を持つ人を育て、これを都市と農村の共生、人間と自然の共生につなげる」ことを目的にしている。

「田んぼの学校」は、このように、農村の環境の成り立ちと、そこにすむ生きものとの関係などを総合的に学ぶ場である。田んぼは里山や川などとセットになって存在しているうえ、子どもたちの遊びも、夏にはカブトムシとりやセミとり、秋にはクリ拾いなど、いろいろな環境を季節に合わせて使い分けて行なわれる。しかもその遊びは景観や文化と深い関係にある。だからそれらの遊びは景観や文化までを総合的にとらえることにつながっていくのである。

ものごとを総合的にとらえる力を子どもたちにつけさせるには、ものごとを総合的にとらえ、総合的に説明できる先生が必要になる。それには農村のお年寄りを先生にするのがいちばんである。それはお年寄りが、子どもの頃の遊びや、自分たちの体験などを通し、ものごとを総合的に判断する力を身につけてきたからだ。総合力は新しい発想を生むうえで重要である。子どもの頃からの経験もその訓練の一環と考えることができるのではないだろうか。

（2）活動の始まりはヨシが茂る放棄田

では「田んぼの学校」とはどのようなものか、私たちの経験をもとに述べることにしよう。私たちが「田んぼの学校」を開催している場所は、茨城県つくばみらい市（旧谷和原村）の古瀬にある放棄田である。古瀬は小貝川のかつての河道（蛇行部）で、江戸時代に小貝川から切り離され、水田として使われてきた。しかし河川とつながっているために川の増水時には水をかぶり、川の水位が下がると水の汲み上げが必要になるなどの問題があるため、1970年代以降放棄されてしまった。その結果、土手は笹薮で覆われ、水田にはヨシが茂り、水路は泥で埋まって水のない状態になっていた。

この活動の中心となった寺畑地区（図1-6、88ページ）の住民（農業者が中心）は平成10年から地先の古瀬の土手の笹薮を刈り払ってヤマザクラやクヌギを植え、翌春10aと13aの2枚の湿田と、そこと川をつなぐ水路（長さ1km）を復元した。その結果、コイやフナが川から水路に入り、水田に上って産卵するようになった。水田にはアメリカザリガニも大発生したが、すぐにゴイサギの大群が現れ、それをほぼ食べ尽くした。それればかりかこの群れは土手を覆っている樹林（エノキ-ムクノキ林）にすみつき、そこに繁殖コロニーを形成した。みんなはこの成果に自信をもち、「古瀬の自然と文化を守る会」（以下「古瀬の会」）を結成した。

（3）昭和30年代の葛飾を復元、葛飾区民でにぎわう田んぼ

古瀬に復元した環境は昭和30年代の葛飾区の姿そのものであった。そこで葛飾区立郷土と天文の博物館と相談し、この古瀬で「田んぼの学校」を開催することにした。それにより葛飾区民は50年前の葛飾にタイムスリップできるようになった。

都市住民が自分たちの地域の過去に戻ることはできない。しかし農村部に都市の過去の環境が復元され、そこにすむ生きものやその環境を昔の状態で維持管理してくれ、昔の状態を教えてくれるお年寄りもいると、都市部からの参加者は自分たちの地域の昔にタイムスリップして体験学習することが可能になる。

「田んぼの学校」を始めてから10年以上経過し、現在は毎回１００名以上の参加者が３台の大型バスで来るほどの盛況である。参加者の増加に合わせ、現在はさらに2枚の放棄田が復田されている。この運動が成功したのは、地域主導で事業を進めた結果、地域のまとまりができ、地域住民が自信をもって都市の人を受け入れたからである。その情景については『現代農業』２００９年11月増刊号を参照していただきたい（守山 2009）。

（4）学習の場を拡大し経済効果を生む

都市住民は無農薬栽培の米を求めるので、都市との交流が始まると、農家の側もその期待に応えようとする。寺畑地区でも「田んぼの学校」が軌道に乗るにつれ、水田での無農薬栽培が始まるようになった。その結果、そうした水田にはムナグロをはじめ多くのシギ・チドリ類や希少種のチュウサギが飛来するようになり、イチョウウキゴケなどの絶滅危惧植物もよみがえった。そこで「田んぼの学校」では無農薬栽培の水田も学習の場に含められるようになり、米の安全性を認識してもらえるようになった。この米は人気が高く、年間契約者も増えている。里山では直接の経済効果は望めないので、田んぼとセットにして経済効果を生むとよいだろう。

ここで学習がもつ経済効果について考えてみよう。農家とすれば米が10kg3000円で売れればよいと仮定する。今、日本人1人の米消費量は年60kg、一月当たり5kgだから、各家庭の一月の米消費量は、子どもが2人いる家庭で20kg、年寄り2人の家庭では10kgになる。

そこで各家庭が生きものの保護などをうたった特別な米を送ってもらって食べると仮定すると、10kgの発送費は約1000円かかるから、米の値段は10kg4000円となってしまう。生きものの保護をめざしたとしてもかなり高くつく。しかし子どもたちが「田んぼの学校」に参加すると、上記の例からもわかるように、生きものの保護が進むし、米を買って持ち帰れば、生きものの保護にかかわっていながらも、米の値段は10kg3000円のままですむ。「田んぼの学校」へはバスなどで行くので米の持ち帰りが可能だ。これが学習による経済効果の一つである。

もう一つの経済効果は教育費や娯楽費が米の値段に含まれると考えることによって生まれる。子どもの教育費として月500円程度ならどの親もそれほど負担を感じないで出すだろう。そして大人も、農村に出向くことが健康維持や娯楽のために必要と考えれば、その費用として1人につき月500円程度は惜しいとは思わないだろう。農村での教育費や娯楽費などは米の値段に含まれている。そう仮定すると、それら（２人で１０００円）を除いた値が真の米の値段になるので、10kg２０００円とかなり安くなる。これも学習による経済効果であると考えられる。

（５）都市に出前授業の場をつくる

「田んぼの学校」は不特定多数の人を対象に開くことはむずかしい。だからといって都市の参加者を絞ってしまうと、新たな参加者が増えないという問題がある。これを解決する一つの方法が出前授業であると私は思っている。私たちの「田んぼの学校」は、古瀬の田んぼでは年６回行なわれているが、博物館前に造成された田んぼでも出前授業が年６回行なわれている。この出前授業は新しい受講者の発掘に大きな力を発揮しているからである。

出前授業で使っている葛飾の田んぼにはタロベエモチを植え、昔の葛飾の田んぼの様子を再現している。タロベエモチは江戸時代には東京（葛飾など）・埼玉・茨城・千葉にかけて広く栽培されていたモチ品種で、「タロベエモチの収穫が終わらないうちは、その年のモチゴメの相場が決まらない」といわれたほど主要な品種だった。しかし草丈が高く、倒伏しやすいので、機械化が始まってからは途絶えていた。「古瀬の会」では農水省のジーンバンクに保存されていた種子を栽培し、食用にできる規模にまで生産を拡大していた。この米を使った餅はねばりがあり、おいしいので、「田んぼの学校」の目玉の一つになった。

この出前授業はタロベエモチの遺伝子を守るうえでも大きな力を発揮している。イネのモチ遺伝子は劣性なので、モチ品種をウルチ稲の間で継代していくと、ウルチ稲の花粉からウルチ稲の遺伝子が入ってしまい、ねばりのないモチ米になってしまう。ところが葛飾は都市で周りに田んぼがまったくない環境だ。だからここで栽培したモチ稲は純系を保つことができる。私たちはここで純系のタロベエモチを継代し、できた種籾を翌年古瀬の田んぼで栽培する。こうして大量に増やしたタロベエモチを葛飾の収穫祭に持っていき、餅にして、葛飾区民に昔と同じ味を堪能してもらっている。

(6)「田んぼの学校」をステップアップさせ、大人の学びの場へ発展させる

「田んぼの学校」は総合力を養う場になりうるのに、子どもの遊びの場だと見られがちだ。そのため私たちの「田んぼの学校」でも、参加者は小学生が多く、中学校に入ると「田んぼの学校」を卒業し、農村に来なくなってしまう。それとともに父母も来なくなる。これではせっかく身につけ始めた総合力をそれ以上に発展させることができなくなる。

でもサポーターになってくれた人の多くは継続して参加してくれた。この人たちの多くは高齢者で、古瀬に復元した昔の田んぼや林を目の前にして、子どもの頃にしていた遊びを思い出し、とても懐かしがっていた。そして昔の遊びを「田んぼの学校」に参加した子どもたちに教えてくれた。このことから「田んぼの学校」は、定年退職後の余暇を過ごす場としても機能しうると私は考えている。

農村には子や孫にふるさとの環境や文化を伝えるという役割もある。都市には地方から出てきた人が多く住んでいる。この人たちが子や孫にふるさとの姿を伝えるには里帰りすることがいちばんだが、

ふるさとに親兄弟が残っていない人ではそれがむずかしい。でも自分のふるさとに近い風景を残した農村があれば、そこにふるさとの姿を見出し、子や孫を連れてそこに帰り、自分の子ども時代の体験を伝えることができるだろう。そして この目的ならば、子育て中の若い人も参加してくれるだろう。

(7)「田んぼの学校」からエコツーリズムへ

2006年、谷和原村は伊奈町と合併し、つくばみらい市となった。この年、「古瀬の会」は茨城県の呼びかけに応え、都市住民を対象にグリーンツーリズムを行なった。このツアーの範囲は牛久沼を含め、その西側に広がる福岡堰の受益地のエリアで、そこはつくばみらい市の範囲に一致する。そしてツアーのテーマは、最終氷期に鬼怒川が掘った谷がいかにして谷原三万石と呼ばれる水田地帯になったか、人はその景観形成にどのようにかかわったか、その2万年の歴史を旅するというものであった。

さらに2011年、鬼怒川上流域で活動するNPO法人「グラウンドワーク西鬼怒」と連携してエコツーリズムを行なった。このエコツーリズムで重視した点は、鬼怒川による山地性植物の供給と定着であった。そのため城山の会が管理している里山もコースに加えた。それにより河川が生きものの供給に果たしてきた役割（「5」）を明確にすることができ、それぞれの場所に定着した生きものを保護すべき理由も参加者に理解してもらえた。その一方で、範囲の拡大は1日のツアーでは回りきれないという問題点も浮かび上がらせた。

この問題点は街道を旅するツアーと同じように考えると解決できよう。街道を旅するツアーは人の移動を中心にしたツアーであるが、私たちのツアーは生きものの移動を中心にしたツアーである。その点が異なるだけだ。街道を旅するツアーでは何回にも分けて行なうが、生きものの移動などを中心にしたツアーでも同じように行なうと、一日のツアーでは回りきれないという問題点は解決できるだろう。

(8) エコツーリズムからエコミュージアムへ、農村の地域おこしから都市の地域おこしへ

エコツーリズムを行なうことにより、地域の環境を短時間で広域的に学習できることがわかったうえ、地域の歴史も、そこに残されている断片から、過去2万年に遡って学習できることもわかった。さらにエコツーリズムの参加者はすべて大人であったことから、エコツーリズムは大人の学びの場として有効で、しかも不特定多数の参加を可能にすることもわかった。

エコツーリズムにはこのような利点があるにもかかわらず、短時間という利点は、参加者をお客さんで、外から眺めるだけというかたちにしてしまうという欠点にもなる。この欠点は大きな問題だ。なぜなら農の自然の楽しさは、外から眺めるのではなく、そこで昔の暮らしを体験することにあるからだ。

そうであれば過去にタイムスリップしてさまざまな体験ができるよう、昔懐かしい環境を復元する

コラム1-3

◎

農村のエコミュージアム

◎

農村のエコミュージアムには、コア-サテライト型とネットワーク型の二つが考えられる。

▩コア-サテライト型▩

この型のエコミュージアムでは中心的な施設（コア）をつくり、そこから離れた場所にコアを補足する施設（サテライト）をつくるタイプである。この型は特定の生きものの保護増殖、野外復帰などを中心課題とする場合に有効で、豊岡市で行なわれているコウノトリの保護増殖、野外復帰や、佐渡市で行なわれているトキの保護増殖、野外復帰はその例である。それはコアとしての保護増殖センターと、サテライトとしての野外の生息環境が必要になるからだ。またコアとしての保護増殖センターなどは飼育個体などを観光客に常時展示する場所として有効である。

▩ネットワーク型▩

この型のエコミュージアムでは中心的な施設（コア）はつくらない。そしてそれぞれの場所に独立した施設をつくり、それらを連携させて、そのエコミュージアムの主張（テーマ）を明らかにして展示する。この型のエコミュージアムにはつぎの利点がある。

・エコミュージアムの理念が「建物や施設に集約されるものでもなく、特別な場所におかなければならないものでもない」であることから、どの集落でもエコミュージアムをつくることができる。

・コア、サテライトといった上下関係がないので、それぞれの集落が対等の立場で取り組むことができる。

・農村の環境全体を学ぶためには複数の集落がまとまって連携することが必要になる。ネットワーク型エコミュージアムではそれが可能になる。

ことが必要で、その環境をエコミュージアムに発展させていくという活動が望ましいと考えられる。このエコミュージアムづくりの活動は「田んぼの学校」が子どもを主な対象とするのに対し、子どもから高齢者まで、幅広い年齢層を対象にすることができる。

エコミュージアムは地域住民と密接につながりながら、その地域の発展に寄与することを目的とする博物館で、住民の意思による地域づくりがその基本である。だからエコミュージアムづくりは地域の再生につながるのである。

8　里山・休耕地をとらえ直し、地域おこしにつなげるには

(1) 農の自然では、受益地・受益者が拡大すると、管理は入会制になる

里山の自然は農の自然の一部であり、そこには人と自然のかかわりの歴史(文化)が詰まっている。その自然と文化を次の代に引き継いでいく方法として、「7」で「田んぼの学校」、エコツーリズム、エコミュージアムを紹介した。そこで「8」では「地域の再生」の課題に入ることにしよう。

最初に里山から得られる利益と利益を得る人との関係を見てみよう。焼畑農耕時代には、そこに堆積した有機物がその場所での農業生産を支えていた。そして刈敷段階では若葉というかたちの有機物を里山から耕地に運んでいた。落ち葉かき段階では、落ち葉というかたちの有機物を堆肥にし

て耕地に入れていた。だからそこで利益を得る人は、それらの肥料を運び込める範囲に住む人に限られるので、受益地は集落の範囲に限られていた。

馬が飼育されると、馬は飼料用の草や肥料など運搬するうえ、厩肥を供給する役割ももつようになった。この段階での受益地は秣場を囲む複数の集落の範囲に広がった。

里山には林が貯えた水を下流部に供給するという役割もあるが、水は山地性の植物を下流域に運ぶほか、ケイ酸や鉄などのミネラルを供給するという役割ももつ。このミネラルの供給を里山の恩恵に含めると、受益地は流域単位から海までを含めた範囲に広がり、下流部に住む人も受益者になる。里山がもたらす恩恵の範囲（受益地の範囲）は、このように、里山から供給されるものとその利益を得る人によって決まってくるのである。

受益地の範囲が広がると、里山の管理には受益者全体がかかわる必要が出てくる。刈敷段階や落ち葉かき段階では、利益も管理も個人や家族のレベルに還元できるので、里山は個人所有でもかまわなかった。しかし秣場の段階になると、火入れによる管理が必要になるので、類焼を避けるため、複数の集落でまとまった草地をもつようになった。そして管理や利用は入会制のもとで行なわれるようになった。入会制は、土地の私有がないかわりに、そこを利用する人が利用権と同時にそこを管理する義務をもつという制度である。

水の管理と利用も入会制である。それは個人や家族のレベルで川から水を引き田んぼに入れることはできないからだ。水の管理と利用法に用水入会がある。中山間地の水田は下流から上流に向かって拓かれていったので、水を利用する権利（水利権）は古くからある集落（下流にある集落）のほうが大きい。一方、水源の林は上流の集落ほど利用しやすいが、そこが伐られてしまうと、下流の集落ほど水不足になりやすい。つまり上流で行なった行為の影響が下流に強く現れるのである。そこで水利権の強い下流集落が水源林の伐採禁止を強く主張することになる。このようなことから水源地帯一帯を流域の村むらの共同管理に置き、水源林の荒廃を防いだ。この共同管理が用水入会（島田 1941）なのである。

島田があげた用水入会の例は、長野・群馬両県の県境、四阿山山麓の２４００町歩（２４００ha）の山林の管理形態である。この山林はここを水源とする神川流域五七ヶ村の入会山である。通常の入会山は、村むらが入り会って肥料用の木の若葉や下草（刈敷）を採集する場所である。下流の塩尻村や神川村はここから直線距離でも４里半（18km）もあって、刈敷を取りに行くには遠すぎる距離にある。それにもかかわらず両村はこの山林の入会権をもっている。そしてこの山林が国有林に編入され、入会権が奪われようとしたとき、これら下流の村を含めた五七ヶ村が共同戦線を張って入会権を守ったのである。

(2) 新しいかたちの用水入会

現状では、上水の水源となっている水田（谷津田）が産業廃棄物の捨て場にされたとしても、上水を利用している下流の都市住民はそれを差し止めることはできない。自治体が異なるうえ、経済的不利益を狭くとらえているため、不利益が想定される範囲から離れているからだ。しかしそこから出た有害物質は、上水を通して下流部の都市住民に影響を与えることになる。

里山にはミネラルを供給する機能があるが、ケイ酸肥料の投入や刈敷、落ち葉堆肥の投入による腐植酸、タンニン酸などの供給は、その機能の肩代わりとして役立ってきた。しかし現在、ケイ酸肥料の投入はほとんど行なわれていない。河川水には水田を通る水がかなり多く流入するので、この変化はケイ酸供給量の少ない河川では影響が出るおそれがある。

水田に投入する肥料のこうした変化のもとで、上流の山林をスギ、ヒノキの植林地だけにしてしまうと、ケイ酸や鉄分の供給量が減り、海の漁業に影響を与えると思われる。でも海の漁業者は水田に投入する肥料や植林の方法についてクレームをつけることができない。

こうした弊害を避けるためには、里山がもたらす利益の範囲（受益地の範囲）をその影響が本当に及ぶ範囲に拡大すべきである。そのとき想定される受益地の範囲に住む人が上流の農村と提携して、そこにある里山や谷津田を保全するならば、それは用水入会の精神を現代に伝えるものになるはずである。

現在、海の漁業者が山へ広葉樹を植える活動を行なっている地域があるが、これは海の漁業者を受益者に加えた新しい用水入会そのものと言える。このミネラル供給を用水入会が守る利益に含めることができると考えれば、海の漁業者が農家と一緒になって古いイネ品種を復活させ、それを栽培する田んぼにケイ酸肥料を投入して海へケイ酸を供給するということも考えられる。

（3）新しい入会制の導入―受益者に都市住民が加わる

農村の歴史は人と自然のかかわり方を試行錯誤しながら築き上げてきた道筋であり、大きな教育財産である。この財産を有効に使うには、都市住民も受益者に加わる新しい入会制が考えられるだろう。この入会で都市住民が受ける利益とは、子どもに総合的な思考の力をつけさせること、都市住民が、自分たち個人を再生したり、他人との関係を再生したりすること、子や孫にふるさとの環境や文化を伝えること、地域の過去を知ることや環境復元にかかわる方法を身につけること、などである。「新・生物多様性国家戦略」のなかで生物多様性の危機の構造とされた「自然に対する人為の働きかけが縮小撤退することによる里地里山等における環境の質の変化、種の減少ないし生息・生育状況の変化」は日本国民が伝統的文化を継承する権利を失いつつあることにほかならない。

私たちが進めてきた「田んぼの学校」は、都市住民を巻き込んだ地域おこしに発展してきた。そしてその活動のなかで、私は新しいかたちの入会制の導入が必要であると考えるようになった。

都市住民を巻き込んだ地域おこしになぜ入会制が必要なのだろうか。私が考えた理由の第一は農村の環境を維持するためには、用排水路の藻刈りや土手・畦畔の草刈りのように、管理が必要だからだ。そしてその管理そのものが、里山では氷期の生きものを生き残らせ、田んぼでは洪水の肩代わりをするなど、日本の生物多様性を守る働きをしてきたからだ。そしてその維持・管理作業に加わることが農村の文化を学び継承できるという利益につながるからだ。

農村の環境を維持・管理する作業は集落住民が一斉に行なうが、その日をいつにするかは集落の代表の寄り合いで決められる。こうした管理の仕方や、それを決める合議制などを学ぶことは、都市に復元した環境を管理するうえでも役に立つ。都市住民が自分たちの地域の過去を知り、環境復元にかかわる方法を身につけるためには、合議制の学習が必要である。そのうえ都市住民に管理作業に参加してもらうと、損害保険に入ってもらう必要が出るので、不特定多数の参加者というわけにはいかなくなる。特定の人たちが管理作業にかかわるシステムは入会制そのものなのである。

（4）地域の環境復元に都市住民の参加を求めるときに必要な入会

都市住民を巻き込んだ地域おこしに入会制が必要だと私が考えた理由の第二は、地域の環境を改善する活動への都市住民の参加である。いままでの議論で、人の行為が里山の自然保護にとってきわめて重要であることがわかっていただけたと思う。この人の行為は農村環境が長い歴史のなかで培ってきた文化そのものである。だからその文化を担い、継承する役割と権利を都市住民にも分担してもらおうということである。そしてこの活動に参加することが入会そのものなのである。

地域の環境を改善する活動の中心はかつての環境の復元である。たとえば田んぼが放棄されたため、その脇の斜面が林になったところでは、草刈りを行なって草地の状態に戻すことが必要である。放棄田では脇の水路底がえぐれてしまったところが多く、そうした水路底はもとの状態に戻し、セキショウやショウブなどを植えて維持することが考えられる。

しかし環境改善の活動には、復元だけでなく、より新しい方向へ環境を改善していく活動も含まれる。たとえば中山間地や寒冷地などで湧水を水源にする田んぼは、水温が低いという理由で放棄されたところが多い。そうした放棄田では復田だけでなく、湿原に戻すことも考えられる。水温が低いので湿原植生の復元が可能だからだ。

(5) 都市住民に資源管理の必要性を学んでもらう

都市住民との連携による地域おこしに入会制が必要だと私が考えた理由の第三は、里山の自然を守るには人の働きかけが必要だが、資源管理も必要だということを都市住民に知ってもらうためである。雑木林を管理して貴重な(希少になった)山野草をよみがえらせると、すぐに盗掘されてしまう。それは日本人のなかに「自然は無主物だから誰がとってもかまわない」という考えがあるからだ。資源管理は希少な植物の保護だけでなく、山菜を収穫する場合でも必要だ。収穫してよい量を決めないと資源は枯渇してしまうのだ。各地に存在した里山の入会制を見ると、毎年春に各集落の経験者(お年寄り)が集まり、前年の生産量と収穫量をもとにその年の収穫量(山の口開けを何時にするかなど)を決めている。また山菜とりの場合でも、どこまで穫ってよいかというルールがある。だから資源管理の学習は生涯学習の重要な柱になるだろう。

放棄されて時間が経った草地では草地性の種が消えてしまっているところが多い。こうした場所で生態系復元を行なうには、昔生えていた植物を植え戻す必要がある。そのためには山野草の苗が必要になるが、その栽培場所としては放棄畑や放棄田が使える。そしてそこで栽培した苗を山野に植え戻すときに、都市住民に参加してもらって直接植えてもらうか、小さい苗を都市住民に渡して里親になってもらい、大きく育ててもらってから植え戻してもらう。こうした自然再生も資源管理の重要な柱であることはいうまでもない。

このような行事に参加した都市住民は、里山が人の手によって守られてきた場所であることを理解してくれるはずだ。その活動を伝え聞いた人も理解してくれるので、山野草を盗掘する人は減るだろう。

苗を栽培するのには別のメリットもある。山野草を庭に植えて鑑賞したい人には、栽培した苗を購入してもらうことができる。そうすれば、里山に自生する希少な山野草を絶滅に追い込むことはないし、地域経済にも役立つからだ。

（6）休耕地をとらえ直し、地域おこしの核にしよう

つくばみらい市では、城山を考える会が雑木林の管理を行ない、葛飾区の「田んぼの学校」サポーターが筒戸で竹林の管理を行なっている。それにより都市住民も過去にタイムスリップして昔の環境を学べるようになった。これらの活動は、古い環境を復元して後世に伝えていくという意味で、エコミュージアムづくりの重要な柱になりつつある。そしてこれらの環境復元活動に参加している都市住民は入会制の構成員そのものなのだ。

谷津田の谷頭の田んぼは生きものの生存にとって大切な場所である。でもそこは、区画が小さい、基盤整備ができていない、用水はしぼり水なので水温が低い、などの問題があるため、放棄が進んでいる。しかし生産性からみたこれらのデメリットは、生態系保全や教育学習の場という機能からみるとメリットになる。

たとえば区画が小さいというデメリットは、都市住民が遊ぶのにちょうどよい大きさというメリットになる。また圃場の基盤整備ができていないというデメリットは、昔の農業を学ぶには最適の場所というメリットになる。さらに用水はしぼり水なので冷たいというデメリットは、温水ため池をつくることができる、湿田として維持することができるなどのメリットになる。そしてにそのような田んぼは田植え時期を遅らせることもできる。だから新しい入会制を導入し、都市住民をその受益者に加えると、いままでデメリットと考えられてきたことをメリットに変えることができるのだ。

補論　震災対策に地域の歴史を生かす

現在、里山という言葉は市民権を得ているが、同時に、その言葉の響きからか、「ふるさと」という歌のせいからか、里山はメルヘンの世界、ノスタルジーの世界に祭り上げられてしまったような気がする。そんな危惧を感じていたとき、私は本書の分担執筆の話をいただいた。

原稿を書き始めたのは震災の前の年で、原稿は正月休みまでには書き上げていた。未曾有の大震災が東日本を襲ったのは3月だったから完成した原稿では震災についてまったくふれていなかった。

震災後、東日本の環境は激変してしまった。こうした状況のなかで里山の本を出すということは、「この非常時に里山などというメルヘンチックな話をなぜするのか」というおしかりを受けそうな気がした。でも震災から時間が経つにつれ、私が前から考えていたことを世に問う必要があると考えるようになった。それはこの本でなら里山、休耕地、地域おこしという課題を結びつけられるからだ。そこで以下の部分を加筆し、世に問うことにした。その部分とは、そのとき頭に浮かんではいたが、いずれ時期がきたら書こうと思っていた部分である。

(1) 舟運の復活

私は今までの文章のなかで地域の歴史を学ぶ必要があること、都市が農村と一体となって新しい入会制をつくる必要があること、を述べてきた。時期がきたら書こうと思っていた部分はまさにその点で、地域の歴史を学ぶ最大の目的は震災時の避難経路の確保であり、都市が農村と一体となってつくる新しい入会制の目標は避難場所の確保であると私は考えていたからだ。

「5」と「6」では河川を通しての生きものや物質の移動の話をした。その話を人の移動にまでふくらませてみると、それは舟運の話になる。生きものや物質の移動との相違点は、舟運では上流への移動が可能だということだ。

大きな河川は舟運に向いているので、河川と陸の街道が交差する場所には宿場ができ、陸路の輸送と水路の輸送をつなぐ場となる。「3」で述べた奥州街道は白沢宿と氏家宿の間で鬼怒川を横切るが、この場所に上阿久津があり、ここは河岸と宿場を兼ねていた。

明治23年、鬼怒川と利根川の合流点近くの谷津田に、ここを起点として江戸川までを結ぶ運河（利根運河）が掘削された（図1-6、88ページ）。その結果、鬼怒川-東京間の物資の輸送はずっと楽になった。この運河は鉄道や自動車での輸送が発達した時代になっても機能し、昭和16年まで両国と茨城県水海道を結ぶ蒸気船（通運丸）が運行されていた。

現在、この運河は利用されてはいない。しかしこの運河が復元され、かつて存在した寺畑河岸も復元できれば、寺畑と葛飾の矢切の渡しの間での舟運が可能になる。大地震が首都圏を襲ったとき、橋が落ちたりして道路網や鉄道網が寸断されるおそれがある。しかし利根運河を通しての舟の通行が可能になっているならば、多くの葛飾区民は舟運のルートを使い、少なくとも寺畑までは逃げることができる。さらにかつての鬼怒川の航路が復元できれば、鬼怒川の上流、上阿久津の辺りまで逃げることができる。また通運丸が両国まで運行されていたことを考えれば、この避難路を利用できる地域は東京湾沿岸の広い地域に拡大できるだろう。

震災で道路網が寸断されたら、道路網が発達していなかった時代の輸送法を参考にすればよい。それが歴史を学ぶ意味であり、現代に生かすことであると私は考えている。

この避難ルートを衆知させるには舟運の一部を復活させ博物館の行事として動態展示させる方法が考えられる。そうすることによりその舟運を学習や遊びの場として利用した人びとは実際の避難時にルートを頭に描くことができ、落ち着いて行動することができるだろう。歴史を再現する必要があるのはこの点である。

(2) 避難訓練は楽しさと結びつける

私たちはつくばみらい市の寺畑や筒戸で毎年キャンプを行なっている。参加者は葛飾区民だから、このキャンプは震災時の避難訓練にほかならない。しかしこの避難訓練は遊びとして行なっていることに意味がある。古瀬でのキャンプは楽しいイベントだから、こうした訓練をしておけば、実際に避難しなければならない事態になっても、キャンプ先での楽しさを心に浮かべ、不安感をもたないだろうからだ。

沖縄県にはサーターアンダギーというお菓子がある。このお菓子はドーナッツのような揚げ菓子で、作るのに油をたくさん使うので、普段はなかなか作れない。それを作るのは台風のとき、皆が家の中にとじこめられたときである。だから子どもたちは台風になるとサーターアンダギーが食べられるので、台風をあまりこわがらないとのことだ。古瀬でのキャンプも同じように考えられるだろう。

大人にとってもキャンプは楽しい。夜に農家の人と飲み会を行なえるからだ。サポーターがイベントの一週間前に泊まり込みで来るのもこの楽しさゆえだ。そしてこの楽しさが避難場所の確保につながるのだ。それはみんなが林の管理などに参加しているから、農家の人と顔見知りになっている。だから震災が起きたときでもつくばみらい市に安心して避難できるはずだ。

新しい入会制は災害保険にもなりうる。現在は震災のための保険があるが、保障の対象になるのは家屋など不動産に限られ、避難路や避難場所などを保障する保険はない。それらを保障する保険があるなら、その費用として年間2万円位なら出してもよいと考えるだろう。現在日本人のコメ消費量は年間60kg、2万円の保険料をコメの購入費に充てると考えると、コメの値段は10kg当たり3000円となる。

この値段は教育費を上乗せしたコメの値段（「7」）と同じである。その値段で避難路や避難場所などを保障する保険も掛けられるのである。震災が起きたときでも安心して避難でき、契約によって自分のためにキープされていたコメを食べて暮らすことができる。この方式は都市住民が参加する入会制の重要な柱になると私は考えている。

農の自然はさまざまな機能をもっている。その機能を掘り起こして加えていくと、機能が加われば加わるほど、個々の機能にかかる経費は少なくなるのである。里山の受益地の範囲は里山から供給される「もの」の性格によって拡大させることができよう。

日本の都市は大河川河口部の沖積低地に発達しており、かつては舟運を通し上流の地域とつながっていた。だからどの都市も、河川を通しての都市農村交流が可能になるのである。そして、その交流は新しいかたちの用水入会の柱となりうるのである。

（3）街道と秣場の新しいかたちでの復元

では街道と秣場はどうだろう。街道は広域に物資を運ぶ道だから、それに相当するのは高速道路である。今回の震災では支援物資の輸送のため、高速道路の必要性がはっきりした。とすると街道脇の秣場は高速道路の法面《のりめん》にある草地ということになる。そのうえ今度の震災では高速道路が津波時の避難場所になることもわかった。それを考えると、高速道路は土盛りして高くし、法面を緩傾斜にして草地にすると、高齢者でもそこを登ることができるので、避難場所として機能させることも可能になる。

道路法面を安全な避難場所にするためには、そこがチガヤ群落やシバ群落など丈の低い草地であることが望ましい。そのためには秣場と同じ管理（草刈り）が必要だ。この管理を受益者（そこを避難場所として使う地域住民）が行なえば、そこは入会秣場にほかならない。そうすればこの法面の草地を草地性の生きものの生息・生育場所とすることもできるだろう。

こうした道路で運びたい「もの」は草地性植物の花粉であり、それを運ぶウマに相当する動物はチョウやハナバチなどのポリネーターであるから、草地はそれらの生きものが移動できる間隔で配置する必要がある。でもかつての秣場が草地性植物とポリネーターの生息・生育場所になっており、街道がそれらの生きものの遺伝子多様性を保障するコリドーになっていたことを考えると、それを高速道路網で再現することは可能だろう。実際、「4」で述べたオオルリシジミは鉄道沿線の小さな草原に産する場合もあり（福田ほか 1972）、その可能性を示唆している。街道と秣場がもっていた機能も新しいかたちでの復元が可能なのだ。

59ページで述べたように、江戸期、尾久の原が秣場だったころ、ここは『江戸名所花暦』に紹介されたほどのサクラソウの名所で、たくさんの人が訪れる場所だった。このことを考えると、道路法面の草地はそうした方向へ発展させられるかもしれない。

(4) 地域を再生させるために

残念なことに震災と同時に原発事故も起きてしまい、放射能汚染により復興の道筋は見えなくなった。この事故から大気汚染などの環境問題は県の単位を越えた広域を対象に考えなければならないことがはっきりした。しかしそれでも河川の上流と下流の関係は重要である。河川を通しての物質移動は放射性元素でも起こるからだ。

放射能汚染から人の健康を守るため、ホットスポットを見つけ出し、そこをなくす努力が各地で始まっている。セシウム137の半減期は30年、だからこの再生事業は気が遠くなるような時間がかかるだろう。でも未来の日本のために、地域を再生させる活動を私たちは始めようではないか。

引用文献

浅見佳世・服部保(1996)河川堤防/河川敷の植生。奥田重俊・佐々木寧『河川環境と水辺植物』ソフトサイエンス社、142~149ページ。
福田晴夫・久保快哉・葛谷健・高橋昭・高橋真弓・田中蕃・若林守男(1972)『原色日本昆虫生態図鑑Ⅲチ

ヨウ編』保育社。

古島敏雄（1974）「近世日本農業の構造」『古島敏雄著作集』第三巻、東京大学出版会。

早武基好・清水敏道（2009）田園環境に生きる希少な蝶の保護回復。農村環境整備センター『田園自然再生―よみがえる自然・生命・農業・地域』農山漁村文化協会、68～71ページ。

日浦勇（1971）日本産蝶の分布系統。日本鱗翅学会特別報告5、73～88ページ。

環境省編（2002）『新・生物多様性国家戦略』

河内町教育委員会（1982）『河内町誌』ぎょうせい。

茎崎町史編さん委員会（1993）『茎崎町史編さん資料』

中村一明・松田時彦・守屋以智雄（1987）『火山と地震の国』岩波書店。

那須孝悌（1985）先土器時代の環境。『日本考古学２　人間と環境』岩波書店、51～１０９ページ。

野本寛一（1984）『焼畑民俗文化論』雄山閣。

農林省山林局（1932）『樹木名方言集』

農林省山林局（1936）『焼畑及切替畑ニ関スル調査』

守山弘（1988）『自然を守るとはどういうことか』農山漁村文化協会。

守山弘（2009）放棄田の復元で昭和三十年代の葛飾区にタイムスリップ。『現代農業』２００９年11月号、耕作放棄地活用ガイド、農山漁村文化協会、１４６～１５１ページ。

島田錦蔵（1941）『森林組合論』岩波書店。

白水隆（1947）従来の日本蝶相の生物地理学的方法の批判、及びその構成分子たる西部支那系要素の重要性に就いて。松虫２（１）：１～８ページ。

田端英雄編著（1997）『里山の自然』保育社。
高橋英一（1987）『ケイ酸植物と石灰植物』農山漁村文化協会。
宇都宮貞子（1982）『植物と民俗』岩崎美術社。
鷲谷いづみ・矢原徹一（1996）『保全生態学入門』文一総合出版社。
鷲谷いづみ（1998）『サクラソウの目』地人書館。
山口進（2006）「米が育てたオオクワガタ」岩崎書店。

第2章　草原利用の歴史・文化とその再構築

1　森林の国日本の草原

(1) 森の国に広い草原があるわけは

草原をわたる心地よい風、波打つススキのざわめきや可憐な野の花は、人の心を癒してくれる。そんな自然にふれると、素直に「いいなあ」と感じる私たちは、もともと「草はら(草地・草原)*」が好きなようである。それは、果てしない海につながるものがあるのかもしれない。

*草原《そうげん》：「主に草本植物で占められている植物群集」を草原と呼ぶ。草地《そうち》：草原のうちで、「人によって利

用・管理されている」農用地としての草原をいう。草地には、野草地（半自然草原）と牧草地（人工草地あるいは改良草地）とがあり、その利用方法によって採草地、放牧地、放牧採草地などに分かれる（詳細は、『生態学事典』361〜363ページを参照。塩見 2003）。そういうむずかしい定義はさておき、たとえば、「阿蘇くじゅう地域に広がる草原」のように、大きな面積で広がる草本群集を草原と呼ぶといったほうが一般にはイメージしやすいであろう。

……………………………

このような癒しの場所にもなっている日本の草地の多くは、人びとの農林業の営みによって維持・管理されてきた。ススキ、ネザサ、シバなどのなじみ深いイネ科植物が優占する草本群落は、森林の多いわが国では希な景観と思われがちだが、実は、昔からどこの農村でも「茅場《かやば》」や「秣場」として草地環境はあり、農業や生活をするうえで欠かせないものであった（第1章参照）。秋の七草に代表されるススキ草地の草花は、万葉時代の詩歌にも詠み込まれており、古くから身近な存在であった。また、奈良時代には「牧《まき》」と呼ばれる牛馬の放牧場が全国各地に広がっていたという。

近世以降でも、明治・大正時代には国土面積の10％以上を草地（荒れ地など）が占めていたと言われている（氷見山 1995）。その当時の古い地図や写真を見ると、林齢の異なる里山林や水田、ため池周囲などに小規模で集落近くに点在する草地と、一つにまとまって大規模に広がる草地の二つの形態を見ることができる（氷見山 1995／守山 1997／小椋 2010）。

たとえば前者の場合、森林の伐採跡地も刈払いを繰り返せば草地になり、水田の畦畔やため池の土手、周囲の林に接する斜面（「すそ刈り草地」などという）なども頻繁に刈り取られるので、草本群落として維持される。一方、クヌギやマツなどの背の高い樹木はそのままに、下草刈りだけ繰り返すと、草地環境を林床にもつ雑木林になる。また、焼畑によって二次的に生じた草本群落も、このような範疇に含まれるであろう。すなわち、里山環境における雑木林、低木林、草地などの二次植生は、人による利用の仕方や頻度、時期の違いなどによって生じた発育段階の異なる植生タイプで、互いに行ったり来たりし合う動的な関係で存在する。

また、農耕・運搬牛馬の飼料用の干し草や屋根葺き材用の茅材のように、大量の草資源を確保する必要のある場合には、主に集落の共有地や入会地として広い面積の草地が展開していた。これらの草地は、火山地帯や扇状地、河川の氾濫原など、自然の攪乱が生じやすい場所、また、耕作には不向きな黒ボク土に覆われた場所に分布することが多いが（Shojiら 1999／須賀 2008, 2010）、平野部や都市近郊の里山地帯にも見受けられた（第１章参照）。このような広大な面積の草地を維持するのに最も効果的な方法として、火入れ（野焼き）が行なわれる場合が多く、そのための作業はたいていが集落全戸による「むら体制」の共同作業であった。

（２）日本の草原の特徴と成り立ち

降水量が多く温暖な日本では、草本群落はやがて常緑広葉樹林や落葉広葉樹林などの森林群落へと遷移していくのが普通である（宮脇 1997）。ところが、森林ではなく、身近にススキ群落、ササ群落、シバ群落などの「草原（草本群落）」を見ることができる。これらの草地の多くは、面積の大小はあるものの、火入れ、採草、放牧などを継続し、樹木の侵入を防ぎ、草本群落から森林群落へと遷移していくのをとどめてきた結果できたもので、一般には「半自然草原（二次草原）」と呼ばれている。

その一方で、日本では地史的な時間スケールで、このような植生の遷移や退行が繰り返されてきた歴史がある。雨が多く、温暖な現在の日本の気候条件は、概して樹木の生長に適し、自然の状態で草原環境が維持されることは希である。しかし、1万年の単位で時間を遡れば、寒冷で乾燥した気候のもとでステップのような草原が日本列島の広い範囲を覆っていた（西脇 1999）。

数百万年から1万2000年前くらいまで、地球は何度も氷河期に見舞われていたが、最も寒冷な氷河期（約2万年くらい前）には、九州と朝鮮半島は陸でつながり、いろいろな生きものたちが大陸から移動してきた。氷河期が終わり、温暖化・湿潤化が進むと森林が分布域を広げてきたが、地下水が停滞する場所や火山活動・氾濫などの自然攪乱が生じやすい場所、さらに、狩猟や採取のために人が頻繁に火を放って樹木を焼き払った場所では、草本群落が長く維持されてきた（鷲谷 2010）。

もともと、このような草原生態系の維持に重要な役割を演じてきたのは、ナウマンゾウ、古代ウマなどの大型の哺乳動物であったと言われる（西脇 1999）。これらの草食動物が、草や樹木の実生を食べ、草の種子を分散し、植生を踏み付けることで草原が維持された（西脇 1999／鷲谷 2010）。間氷期（氷河期と氷河期の間の比較的温暖な気候の時期。現在は第四間氷期にあたる）に温暖化が進んだこと、あるいは、狩猟目的の人による乱獲の犠牲になって、大型哺乳動物はその多くが絶滅したと考えられている（鷲谷 2010）。

しかし、その後も、人が家畜として野に放った馬や牛による採食・踏付けが、また、さまざまな用途に利用するために草を刈り、火を使って植生を管理する人の行為そのものが、樹木の侵入と生長を抑え、草原環境を保ってきた。すなわち、ここ1万年近くの間は、草原が維持されるには不向きな日本列島の気候条件（温暖・多雨）のもとで、火山活動や河川氾濫などによる「自然の攪乱作用」に、草原の植物資源を利用するための「人間の活動」が加わって、草原が維持されてきたのである（鷲谷 2010）。

（3）古来より生活を支えた草原［狩猟から稲作、火入れから放牧、採草へ］

それでは、火山山麓や河川敷に攪乱で生じた草原的環境を、どのように人間は管理し、利用してきたのであろうか。過去の情報を探る方法としては、年配の方に聞き取る、古い地図にある記号を判読する、古い絵図や古文書の記述を調べるなどの方法がある（水本 2003／小椋 2006, 2010）。しかし、古文書が編纂される前の時代は不明な点が多く、過去の植生やそれに対する人為などを知るうえで、土壌中に残されている植物の遺物（炭の破片、花粉、珪酸体など）が重要な手がかりになる（コラム2－1参照）。

たとえば、阿蘇外輪山の土壌堆積物中の植物珪酸体の分析により、阿蘇で最初に人びとが暮らし始めたとされる約3万年前からササ属が優占し、外輪山北部では縄文時代早期後半にあたる８０００年前以降にネザサを含むメダケ属を主体とする草原植生が連続したことが示されている（河野ら2009）。また、外輪山東部では、縄文時代草創期に近い1万5000年前を境にして、ススキ属を主体とした草原が存在し続けている（宮縁・杉山 2006）。このような草原植生の存在は、土壌堆積物中の植物炭化物（微粒炭）の存在よってても裏づけられており（小椋ら 2002／河野ら 2009）、当時の草原の維持に火事が何らかの役割を果たしていたことがわかる。阿蘇だけに限らず、中国地方や関西、信州、東北地方など日本各地の土壌堆積物においても、植物炭化物（微粒炭）が見出されており、場所によっても異なるが1万年から数千年前頃から長期にわたり植生に火が入ったと考えられている（井上ら 2001／小椋ら 2002／富樫ら 2004／高原 2009）。

一般には、縄文時代の社会においては、人間が自然に与えるインパクトは小さいと見られていたのであるが、草原性植物の花粉やススキ属の植物珪酸体、植物炭化物（微粒炭）の存在から、火の使用を伴う植生の改変が頻繁で、当時は草原的な環境が全国各地に広がっていたことがうかがえる（細野・佐瀬 1997／宮縁・杉山 2008／高原 2009／岡本 2009／小椋2010）。このことから、縄文時代には獲物を確保するために火を使って恒常的に草原を維持し、後世の焼き狩り（図2−1）のような粗放的な狩りを行なっていたことが想像できる。オーストラリアにおいても、先住民のアボリジニは、枯れ葉が大量に蓄積される前にこまめに野焼きをして、壊滅的な大火事を防ぐと同時に、林床の光環境を改善して草食獣を増やしていたと言われる（小山 1992）。

また、日本各地のまとまった面積の草原域には黒ボク土が広大に広がっている（小椋 2010／須賀

図2－1　阿蘇下野狩図・部分（阿蘇惟之氏所蔵、阿蘇神社 2006より）

中世の頃に行なわれていた野火を伴う焼き狩り（阿蘇品 1999）は、現在の阿蘇の野焼きのルーツとも言われる。

2010）。この黒ボク土は草原的な環境で生成され、また、草原が火で焼かれた証拠であることが示唆されている（細野・佐瀬 1997／岡本 2009／小椋 2010）。とくに、1万年前頃から以降は、それ以前の時代に比べて火事が多発していることから、人間活動による火入れと関連が深いと考えられる（高原 2009）。このような火の痕跡が、目的をもって人為的に火入れをしたものか、それとも失火による山火事だったのかを容易には結論づけられないが、人による自然への干渉が意外に多かったことは確実である（高原 2009／湯本 2010）。

わが国で放牧が広がったのは、古墳から牛馬の埴輪や馬具が出土する5世紀以降と考えられている（須賀 2010）。8世紀初頭に制定された大宝律令にある牛馬の飼育に関する制度「厩牧《くもく》令《りょう》」には、正月以降に野焼きをして草を一面に生やすよう定められており、その頃にはすでに草原を維持するために火入れが行なわれていた（岡本 2011）。また、平安時代に編纂された「延喜式《えんぎしき》」には、全国各地に「牧」（牛馬の放牧地のこと）が存在したことが示されている。その多くは河川敷か火山山麓に位置しており、また、黒ボク土の分布と重なっていること（須賀 2010）などから、古墳時代から平安時代まで、放牧地はほぼ同じ場所に存在していた可能性が高いという。

人口と耕地面積が大きく増大した近世以降は、刈取りによる肥料などの資源利用が半自然草原の維持に大きな役割を果たすようになった（須賀 2010）。平安時代末期からは、社会経済の発展に伴って田畑に入れる刈敷《かりしき》（緑肥・草肥のこと）や堆肥材料の需要が増し、資源を巡る紛争や山野（森林と原野）の囲い込みが起こるようになってきた（水本 2003、須賀 2008）。とくに近世初期（17世紀頃）には、人口と耕地面積の増大に伴い山林原野に対する利用圧力が高まり、資源の安定的な利用をはかるため、山野の多くは入会地として村落共同体により管理・利用されるようになった（須賀 2008）。

江戸時代になると、それ以前の時代に比べて、文書や絵図などの資料が格段に多くなり、当時の植生を推定するためのヒントが数多く見出される。水本（2003）は、日本各地の古文書、絵図などから、農山村における人びとの生活と山野の姿との関係を整理し、草肥取得という生業のために草山（草地）が広がっていたことを指摘している。また、中国地方の石見銀山領内の村でも、木材や炭などの森林資源を得るための山林だけでなく、いわゆる農畜産に必要な資源を得るための草原が、

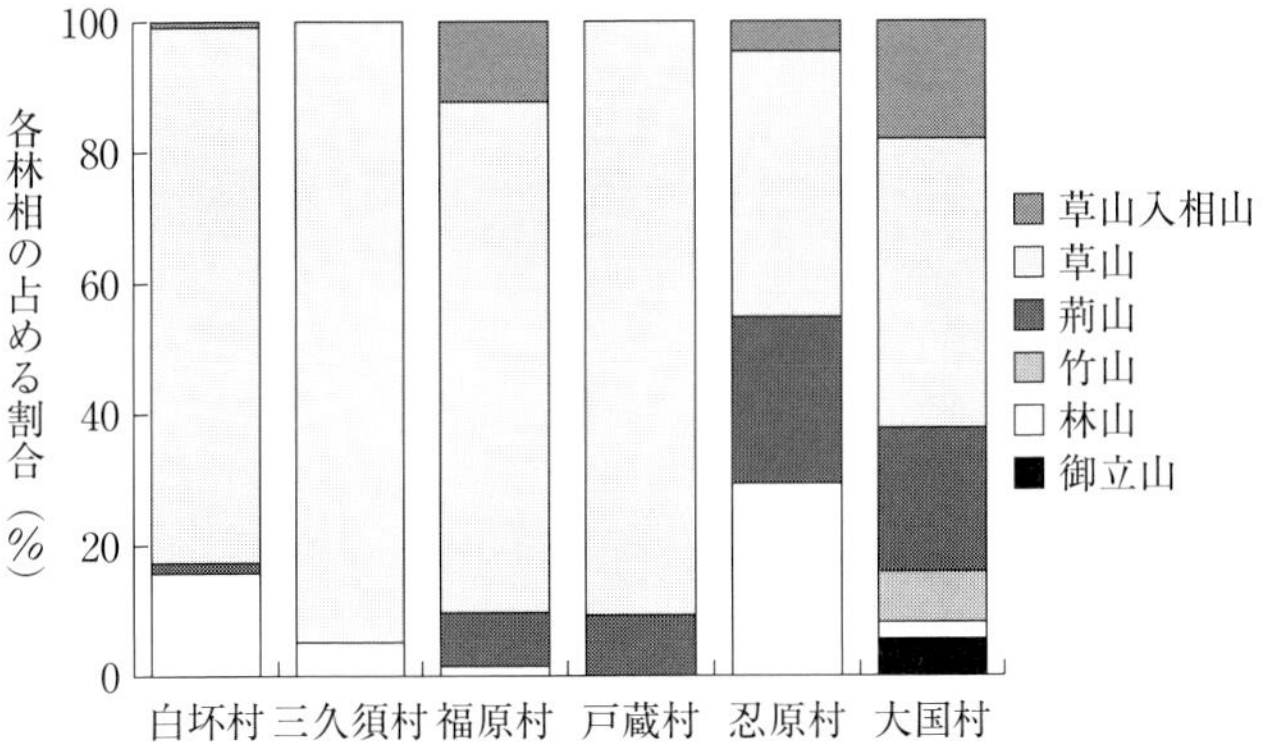

図２－２　石見銀山領内における土地利用の例

資料：仲野（2007）より作成。

相当の範囲に広がっていたことが古文書から明らかにされている（図２-２、井上 2011／仲野 2007）。

その一方で、地域によっては資源の過剰利用による自然の劣化も生じている。とくに、瀬戸内地方や滋賀県南部、京都府南東部、大阪府北東部では、花崗岩や粘土層といった地質的要因もあって、明治時代から１９５０年代頃まで、はげ山やそれに近いまばらな低木林となっていた。また、江戸時代には商品作物の導入により、里山の自給的な性格が失われた地域も多かった。しかし、黒ボク土などに覆われ、表層土が厚く、降水量に恵まれた多くの場所では、自然資源を管理する仕組みや厳格なルールもあって、はげ山にはならずに落葉広葉樹の二次林や二次草原（半自然草原）が広がり、水田とともに奥山近くまで里山のたたずまいを見せていた（中村 2005）。

このような、主に水田耕作と結びついた草地環境の形成と草本資源の利用は、途中には過度の利用やそれを克服するガバナンスの成立を繰り返しながらも、それぞれの時代の要請に応えてさまざまな恵み（生態系サービス）を提供してきた。もともと草食動物を主食とはしなかったわが国では、草の用途はきわめて多様なものがあり、家畜のえさや堆肥などの農用的利用にとどまらず、茅葺き材、炭俵の材料、紙の原料、燃料など、人びとの生活にはなくてはならないものであった。かつての家畜は使役や堆厩肥の生産を通じて耕作地と山野（草地と森）とをつなぐ存在で、自然資源の物質循環に大きな役割を果たした。肉や乳の利用を目的とする家畜飼育に特化していた欧米の草地利用とはこの点で趣を異にする。

（4）草の利用が育んだ多様性の文化

草地は、絶えず人手が加えられることで、草本主体のほぼ一定した環境が保たれる。つまり、農業や生活のために草を利用することにより、森林へと進むはずの植生遷移が、途中の状態（半自然草原）にとどめられてきた。早春の草地では火入れ（野焼き）が行なわれ、炎が枯れ野を真っ黒に焼きつくし、そして新たな草の芽吹きを促す。火入れによって、草刈りや放牧の障害となる低木類の繁茂を防ぎ、火に強いススキなどのイネ科植物の比率が高まる。春から秋にかけては牛馬を放牧し、秋には草を刈って冬場の飼料や敷料（牛馬の寝床に敷く草やワラのこと）に使い、糞尿と敷料が混ざり腐熟してできた厩肥は田畑の肥やしになった。

この営みが延々と繰り返され、草地は農業や生活と有機的につながり、人と牛、馬に守られてき

コラム2-1

◎

古代の森林や草原の姿を知る

◎

長期間にわたる植生の変遷を明らかにするためには、堆積物や土壌中に含まれる植物の化石を調べる必要がある。なかでも、植物の微化石である花粉や植物珪酸体の種類や量を調べて、堆積物や土壌の鉛直方向における変化から、過去の植生を明らかにする方法がよく使われる。

植物が繁殖目的で生産する花粉は、外皮が化学的に安定な物質で構成されているため、長期間保存されやすい性質をもっている。とくに、泥炭や湖底堆積物のような嫌気的環境では、より長く保存されるために、これらの堆積物が花粉分析の試料とされる場合が多い。

また、ススキなどイネ科植物は、細胞や組織の隙間に珪酸という物質を蓄える性質があり、細胞を鋳型としてできた珪酸の固まりを植物珪酸体（プラントオパール）と呼んでいる。ガラスの固まりである珪酸体は分解されにくいので、堆積物や土壌中に長く残ることになる。とくに、花粉が分解されやすい好気的環境や酸性土壌でも、この珪酸体の保存状態は良好なため、草原の存在を傍証するのによく使われる。

さらに、火事などによって植物が燃焼すると、大小さまざまな炭ができる。炭も分解されにくいので、堆積物や土壌中に残ることになる。日本各地に分布している黒ボク土には、この微粒炭が多く含まれることが多く、黒ボク土が草原環境で形成されたことを考慮すると、草原の維持に火入れが関与していたことがうかがわれる。

堆積物や土壌中には、このようなさまざまな痕跡が残されており、これらは、いわば自然がつくった古文書のようなものである。この自然の古文書を読み解くことで、過去の森林や草原の姿を解明することができる（佐々木 2011）。

た。このような伝統的な草地管理の歴史は、草地に付随する技術、農具、慣習の伝承、持続的な草利用をはかるための集落の決まり事などを通じてつむがれ、また一方では、地域の自然に根ざした生活文化や風景を生み出してきた。「催合《もやい》」や「結い・手間代え」のような相互扶助の慣行、「野分け」「口開け」のような資源の持続的管理の制度も、このような伝統的草利用を背景に確立されてきたものが少なくない（大滝 1997／湯本 2010）。

移りゆく四季のなかで咲き誇る風情のある草花、広々とした丘を駆け抜ける風、草むらで秋を奏でる虫の声などは、森林とは違ったやすらぎ感やすがすがしさを与えてくれる。そして、この風情は、外来牧草の生える人工草地やゴルフ場のそれとは全く異質なものである。身の回りに森林の多い日本人にとっては、草地の開けた空間は希な風景というだけでなく、アメニティ空間としても貴重である。たとえば、都市住民が自然に対して求めるやすらぎ感は広々とした草原や疎開林で最も高く、極相植生である照葉樹林の評価は最も低い（品田 1980）。しかも、放牧家畜のような動物が視野に入ることによってやすらぎ感は一層高くなると言われている。

このような風情は、さまざまな文学創作の題材となり、独特の農耕祭事を生み出すなど、地域固有の文化をかたちづくってきた（熊本県ら 2007）。日本最古の和歌集「万葉集（7世紀から8世紀にかけて編纂）」には、キキョウやオミナエシなど草原性の植物も多く詠み込まれ（大貫 2005／須賀 2010）、中世以降も、秋の七草をはじめとする野の花の咲き乱れるススキ草地を「花野《はなの》」と呼び、秋の季語として用いられている。また、採草地（草刈り場）を彩る野の花を「盆花《ぼんばな》」として墓前に供える風習、火や狩りにまつわる神事・祭事も各地に残されている（大滝 1997／グリーン・パワー編集部 2011／岡本 2011）。

２　いま、日本の草原があぶない

(1) 草のいらない暮らしが草原と社会を変える

前節で述べたように、数万年以上もの歴史をもつ日本の草原（主に半自然草原）は、主に人による自然への干渉によって今日まで維持されてきた。そのうち、近世以降の人と草原のかかわりは、農耕の歴史や生活様式の変化のなかでとらえることができる。

近代においても、金肥（代金を払って購入する肥料の総称）や化学肥料が使われる以前の稲作には、水田１反当たり２～５反の草山（草原）が必要とされた。また、荷物を運んだり、農地を耕したりする労働力としての家畜や、肥料源となる糞尿を供給する役割をもつ家畜として牛馬が飼われていた明治・大正期には、国土の11％が草原だったという統計もある（氷見山 1995）。このことから、当時は水田面積より広い草原が里山のいたるところにあったことが想像できる。しかし、現在では草原の分布域はきわめて限定されており、国土のわずか１～２％を占めるにすぎない（Shojiら 1999／高橋・中越 1999／小椋 2006）。

近年、草原がここまで減少した理由としては、スギやヒノキの植林が行なわれ、宅地や農地、工場地へ転用されたこと、畜産において多頭飼育化にシフトしたことや生産性向上のために外来の牧草種を播いた人工草地に変えられたことなどが原因としてあげられる。しかし、それ以上に、生活習慣が様変わりし、人による干渉がなくなったことが大きな要因である。

衣・食・住のどれをとっても、かつては草が生活の必需品だったこと。これが、草原が国土の1割以上を占めていた理由である。ところが、戦後暮らしがどんどん近代的になるにつれ、草は利用されなくなり、人と草原は離れていった。耕耘機などの農耕機械が広まると、役畜としての牛馬は役目を終え、集落から家畜が消えるとエサをとるための採草地はいらなくなり、化学肥料の普及も緑肥を得るための草刈りの減少に拍車をかけた。みるみるうちに草原からは牛の姿が消え、春の火入れの風景が消え、刈取りをする人の姿が消えていった。

草原から人間が手をひけば、絶妙に釣り合っていた「自然の力」と「人間の活動」のバランスは崩壊する。その結果、草原は荒れ地や丈の低い林へと移り変わっていく。変わり果てた草原はもはや無用の土地になり、それならほかのものに使えばいいと、人工林へ、宅地へ、ゴルフ場へと変わっていった。最近の数十年間における草原の減少は、過去においてもっとも激しいものとさえ言われている。

また、国立公園や国定公園には、広大な草原の景観が評価されて公園に指定された地域もある（瀬田 1995）。そこでは火入れ、採草、放牧などの利用・管理がなくなると、本来の美しい景観が消滅することになる。日本一の広大な草原景観を誇る阿蘇地方では、草原は観光や農畜産業など重要な経済基盤であるが、過疎と高齢化による人手不足のために、野焼きができない場所が増えている（山内・高橋 2002）。草原が減ると同時に植林地が増えることで、輪地《わちき》切りと呼ばれる５～10ｍ幅で草を刈り取った防火帯の長さが延長され、野焼きはますます困難になっている。また、美しい草原景観が大山隠岐国立公園編入の指定根拠であった島根県三瓶山においても、今では草原は少なくなり、ほとんどが森林になってしまっている（小路ら 1995／内藤・高橋 2002）。

（２）すみかを失う生きものたち

草原で暮らしている野生生物たちは、いま深刻な状況におかれている。火入れや採草、放牧が行なわれなくなったことで、かつてはどこでも見られた草原の生きものたちが急速に消えつつあるのだ。植物種のレッドデータブック（環境省 2000）を見ても、オキナグサやフジバカマ、キスミレ、ヒゴタイなどの植物が全国的に減少していることがわかる。また、九州の阿蘇地方に集中的に分布しているヒゴタイ、ヤツシロソウ、マツモトセンノウなどの満鮮系植物（大陸系植物）の多くも、生育地である草原がスギ等の植林地や農耕地、人工草地へと変えられ、あるいは残った草原も野焼きなどの管理が放棄されて、今では絶滅の危険にさらされている。

また、植物だけでなく小動物や昆虫の生息環境としての役割も機能しなくなってきた。たとえば、オオルリシジミというチョウは、九州の阿蘇地方を除く全国各地で絶滅状態である。このチョウの食草であるクララは有毒で牛馬が食べないため、放牧場ではレンゲツツジやスズランなどとともによく生え、採草地でも意識的に刈り残される（石井ら 1993／芹沢 1995）。しかし、牧野が放棄され、野焼きや放牧・採草が実施されなくなるとほかの植物が繁茂し、クララとともにこのチョウも衰退し始めている（村田ら 1998）。

現在、わが国で絶滅に瀕している昆虫には、オオウラギンヒョウモン、ウスイロヒョウモンモドキ、ヒメシロチョウなどの草原性のチョウ類が数多く含まれており、いずれも採草、放牧の中止や土地利用の変化による草原の変質・消失が衰亡の原因とされている（環境省 2006）。しかも、草原性のチョウたちの多くは、大規模な草原ばかりでなく、農耕地周辺の里山環境に普通に見られたために（「第1章」参照）、とくに関心をもたれることなく気がつけば姿を消していた。

そのほかにも、放牧地で牛の糞を摂食するコガネムシ類、いわゆる糞虫も放牧家畜の減少とともに少なくなり、とくに、ダイコクコガネなど牛の糞に依存する種の絶滅が懸念されている（鈴木 1994）。さらに、カヤネズミやノウサギなど里山や河川敷の草原をエサ場やねぐらにしている動物、そしてそれらを餌にする猛禽類など大型の動物にとっても、草原環境の減少は大きな問題である。

（3）絶滅危惧種が集中する「小さな草原」

近年、わが国の田園風景においてもっとも失われたのは、草地と湿地だと言われている（図2−3）。一方、森林や田畑は、その中身には変質があったものの（たとえば、植林により針葉樹が増えたなど）、総面積としては大きな変化がみられない（氷見山 1995／矢原・川窪 2002）。このような事実を反映

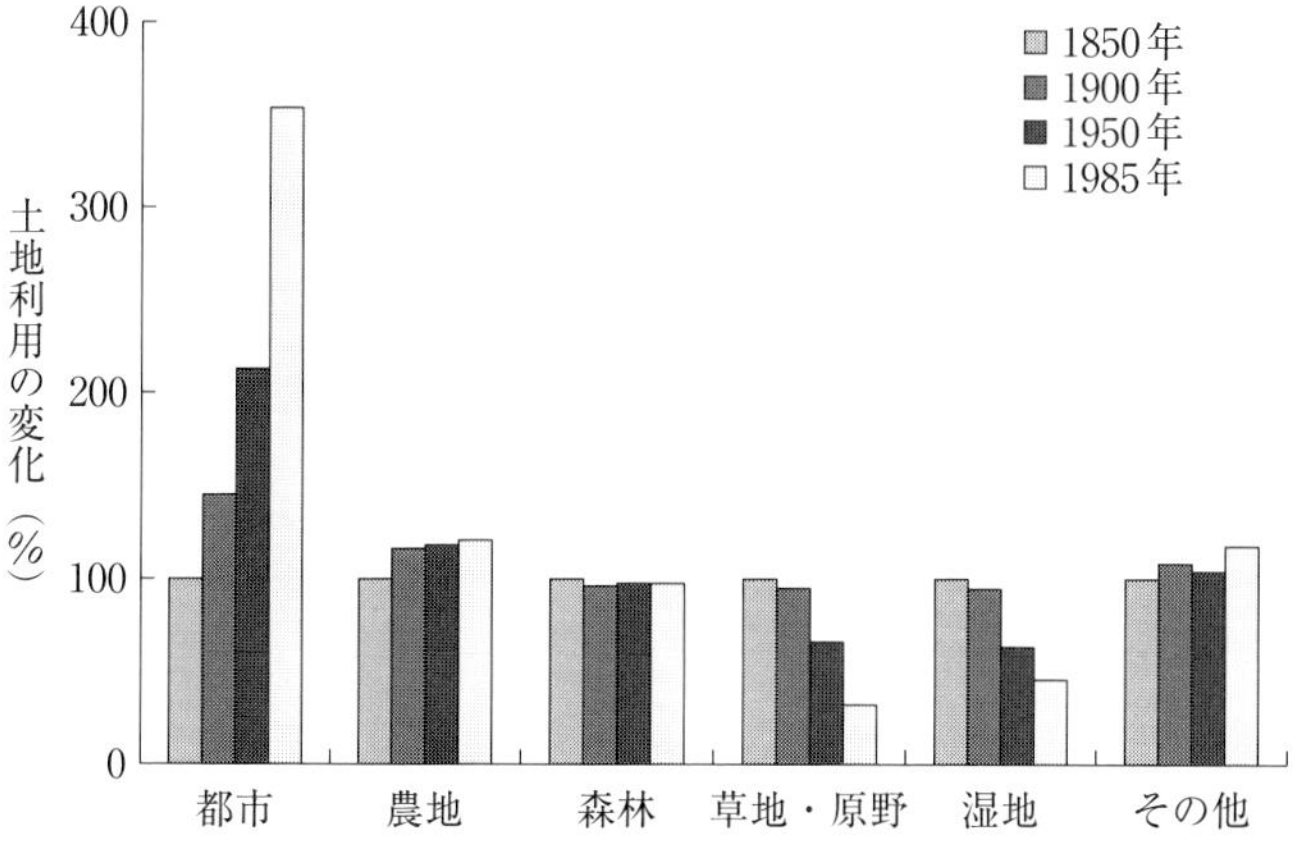

図２−３　1850年から1985年にかけての日本の土地利用の変化

資料：矢原・川窪（2002）より引用。

してか、環境省の維管束植物レッドデータブックでも、絶滅危惧植物は草地や湿地に多い（環境省2000）。面積的にみても希少性の高い草地だが、そこに生活しているキキョウ（写真２−１）、ヒゴ

写真２−１　秋の七草として親しまれるキキョウも絶滅危惧種に

古くは万葉に詠われた秋の七草のうち、最新のレッドデータブックにはフジバカマとキキョウが名を連ねている。このままでは、生活を彩る文化的要素の一つである秋の七草が「秋の五草」になりかねない。

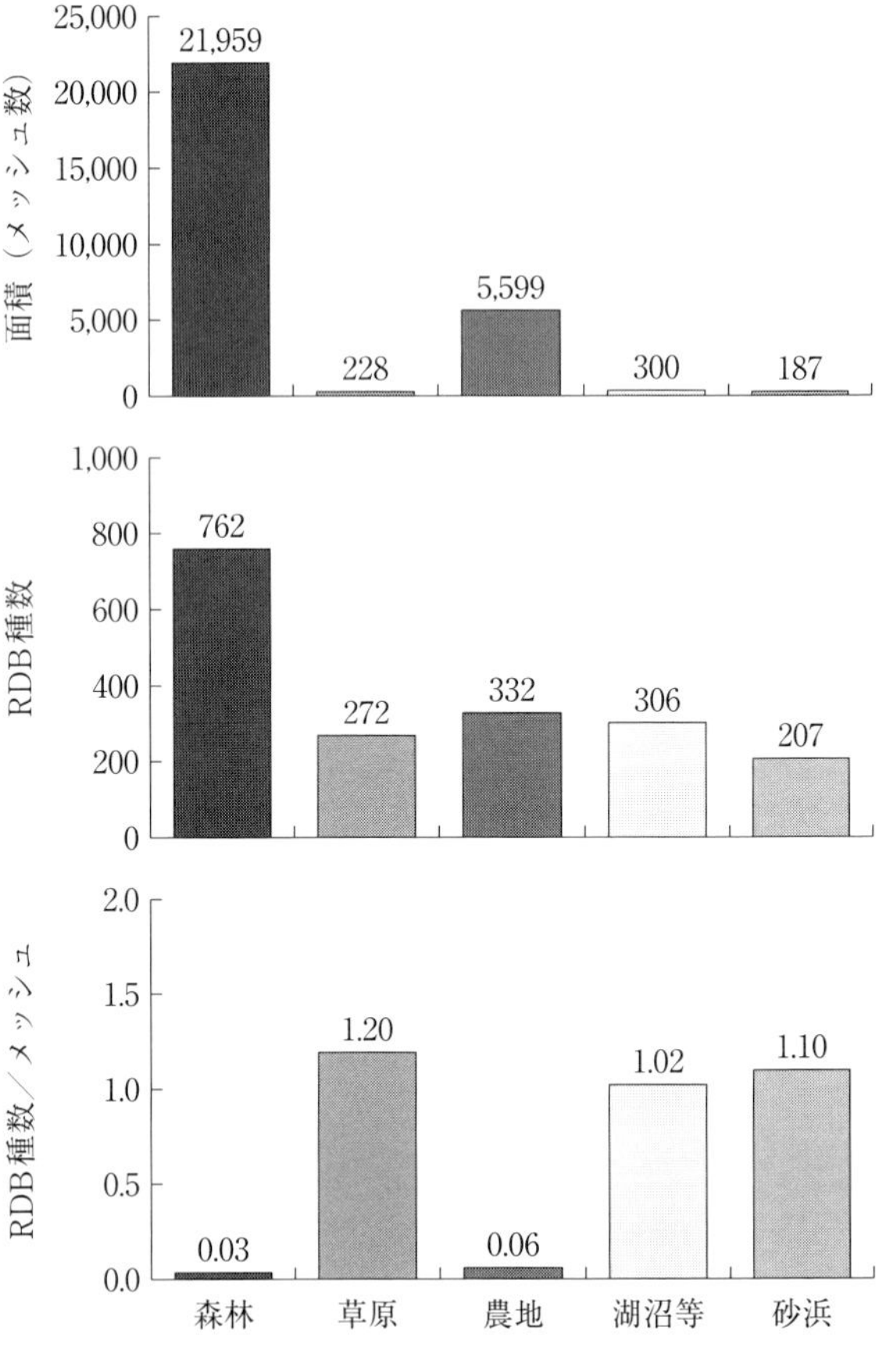

図２－４　中国地方における生育環境別の絶滅危惧植物種数

資料：兼子ら（2009）より。

タイ、オキナグサなどの絶滅危惧植物の存在によって、保全的価値は一層高いものとして認識されるであろう。

ちなみに、筆者が住んでいる中国地域は昔から和牛の飼育が盛んで、また、たたら製鉄などの木炭生産と運搬に牛馬が必要だったことから、もともと、里山の採草地、奥山の放牧地、疎林の下草刈り場などが数多く分布していた（Itow 1962／中村 2005）。現在でも、保全すべき希少な生きものが限られた草原域に残されており、草原の再生・復元への期待が高い地域でもある。

そこで、絶滅危惧植物の生育環境が記載されている中国5県の県版レッドデータブックと環境省の植生データを用い、各生育環境別に維管束植物の掲載種数を集計し、分類してみた（兼子ら 2009）。その結果、面積の大きな森林に生育する種の数がもっとも多かったが、単位面積当たりで重みづけしてみると、草原や湿地において希少な種の数が多いことがわかった（図2－4）。

すなわち、今残存している草原域が、まさに地域の生物多様性保全の重要な役割を担っているのである。その一方で、小さな面積の草地を維持することで多くの絶滅危惧種が守れ、しかもわずかな努力とコストでそれが達成できる。残り少ない草原を健全なかたちで保全管理することは、地域・県レベルでの生物保全にとってとても重要なことがわかる。

（4）見直したい持続的な草原の利用

日本の半自然草原のなかには、阿蘇のように１０００年以上もの長い歴史をもっているところもある。世界的に見れば、これほど長期にわたって同じ場所で草の恵みを受けて、固有の文化を発展させたという例は、他に類をみないようだ。自然との共生をはかり、循環型システムの利用により自然の恵みを将来にわたって享受し、環境への負荷を最小にする「持続可能な社会」をめざすうえで、いい見本となると言ってもよいだろう。雨が多く温暖なわが国の高い自然回復力を強みとし、草原を長く維持し、賢く利用してきた先人の知恵には驚かされるばかりである。

草原や里山こそが「サスティナブル・ユース（持続的利用）」の典型ではないのかという、新しい観点での指摘もある。資源を使い尽くす近代的な農法や生活様式とは異なり、土地や自然を緩やかに利用しながら、豊かな生態系を展開できる。そして何よりも、草原は適切に利用するなら繰り返し利用できる「持続的に利用可能な」自然であり、しかも、利用することで地域の自然や文化が守れる、という論理は魅力的で、共感を呼ぶ。森林も同様に、持続的に利用可能な自然生態系であるが、利用の周期（伐期）は十数年から数十年、数百年に及び、その間は利用する場所を移動しなければならない。その点、草地は毎年同じ場所を利用できることがもっとも大きな特徴と言える（中坊 2006）。

農業や畜産の分野では、これまで放ったらかしにしてきた野草や野草地（半自然草原）の価値が見直され、資本投資を必要としない軽装備で低コストの地域資源として、再び脚光を浴びている（大滝 2001／小倉 2010／西脇 2010）。また、有機農業や環境保全型農業が見直されるなか、高品質な野菜や花を生産する農家にとっては、刈り取ったススキが有機肥料源として土づくりに不可欠な材料になるので、地域での草の流通も行なわれている。さらに、伝統的建造物の資材としての茅の不足から、茅場を復活させ、質のよい茅の生産を地元産業として育成しようという試みも見られる（大窪・土田 2000／財団法人日本ナショナルトラスト 2003／グリーン・パワー編集部 2007）。生産性の高いススキなどの長大草本については、木質系資材と同様にバイオマス利用への関心も高まってきた（坂井

1998／Van Zanten 2001／山田 2009)。

草は現代でも十分通用する貴重な資源であり、そして草原は国民共有の資産でもある。しかも、その持続的な利用・管理のノウハウは、私たちの祖先が築き上げた草原・里山の伝統技術や文化のなかにある。今ならまだ、その知恵を学ぶことができるが、あと数年もすれば消滅しかねない。忘れ去られた草原をよみがえらせるのに、私たちに残された時間はあまりにも少ない。

3　伝統的草地管理の三大技術

(1) キーワードは「持続性」

前節で紹介したような「半自然草原」以外にも、わが国には二つのタイプの草原がある。一つは、高山帯や風当たりの強い場所（風衝地という）、河川の氾濫原、海岸の砂浜など、木が育たない過酷な場所にまったくの自然の状態で存在している「自然草原」と呼ばれるもの。もう一つは、家畜生産性の向上のみを目的に、森林伐採したあとや半自然草原を耕起し、特定の種類の外来牧草を栽培している「人工草地」（改良草地とも呼ばれる）である。自然草原は面積的にはわずかなものなので、一般に私たちが目にしている草地の多くは半自然草原と人工草地である。いずれも人為的攪乱を受けることによって成立しているものであるが、攪乱の度合いは大きく異なっている。

環境との折合いが問題に

近年、農業や観光・ツーリズムなどの経済的側面からのみならず、生物多様性や景観保全、環境保全などの多面的な観点から、草地・草原に対する関心が高まっている。一般に、草原に求められる多面的機能の多くは、半自然草原の健全な利用と管理が担っている（井上・高橋 2009）。わが国の半自然草原は農・畜産業が主体とはいえ、複雑な立地条件や利用管理（火入れ、採草、放牧）に伴う必然の結果として、多様な環境と機能、文化を有している。それは、さまざまな生きものとネットワークに支えられているものであり、そこでのモノカルチャー的な発想の人工草地（栽培草地）が果たす役割はきわめて小さい。

人工草地は、耕起、播種、施肥という栽培管理下で既存の植生を極力排し、主に北方型の外来牧草（イタリアンライグラス、オーチャードグラスなど）を導入して生産力を上げようとするもので、戦後の酪農振興策を背景に、全国各地の山林や半自然草原に造成されてきた（西村 2003）。生態学的に見ると、むしろ耕地生態系に近く、「牧草畑」と言われる。一般に生物相は貧弱で、集約度が高まるほど生きものの数は減り、単調な植生になりやすい（今江 2001／山内・高橋 2002）。さらに、土壌改良や肥培管理により富栄養化した土壌には強害雑草が繁茂しやすく、それらの防除や更新作業のための補助金だよりの状況が恒常化するなど、新たな環境コストを生み出している。

また、肥培管理を伴う人工草地では、つねに環境との折り合いが問題になる。本来、北海道を除くわが国では、施肥なしに人工草地を維持するのはむずかしいが、地下水の硝酸態窒素の環境基準値から窒素の負荷量を試算すると、家畜頭数の多い人工草地では化学肥料が施肥できない場合も想定されている（西村 2003）。さらに、それ以上に、放牧している肉用繁殖牛に対しては栄養の過多とアンバランスが問題となり、とくに蛋白の過剰が繁殖性に悪影響を与えていることが明らかになっている（渡邉ら 2008／近畿中国四国農業研究センター 2009）。

牧場以外にも、外来牧草は道路の法面や切り面の緑化に使われ、それらが逸失して野生化し、河原などの在来植生に大きな生態的インパクトを与えている（鷲谷 2000）。さらに、冬でも青い牧場の外来寒地型牧草がシカの越冬期にエサになり、その個体数を増加させ、農林業被害と植生破壊を助長しているという指摘がある（高槻 2001）。最近では、越冬中のイノシシがエサとして牧場の外来牧草を食べていることも明らかにされ、反響を呼んでいる（コラム2-3参照、上田ら 2008, 2010）。

このように、人工草地の造成・管理に付随する外来種（強害雑草を含む）の導入・繁茂、化学肥料の多用や放牧頭数の増加は、環境負荷を増大させる危険性すらある。多面的機能というのは、技術の進歩や多様化に伴い付加的に増大するものではなく、トレードオフの関係もそのなかに含まれる。さらに、長期的な視点の欠落から、ターゲットとして特定のサービス（人工草地の場合は牧草生産）に関しても持続的な利用がむずかしい。

自然の再生力を壊さずに利用

これに対して、半自然草原は自然の再生力の範囲内において、人間の適度な働きかけによって成立

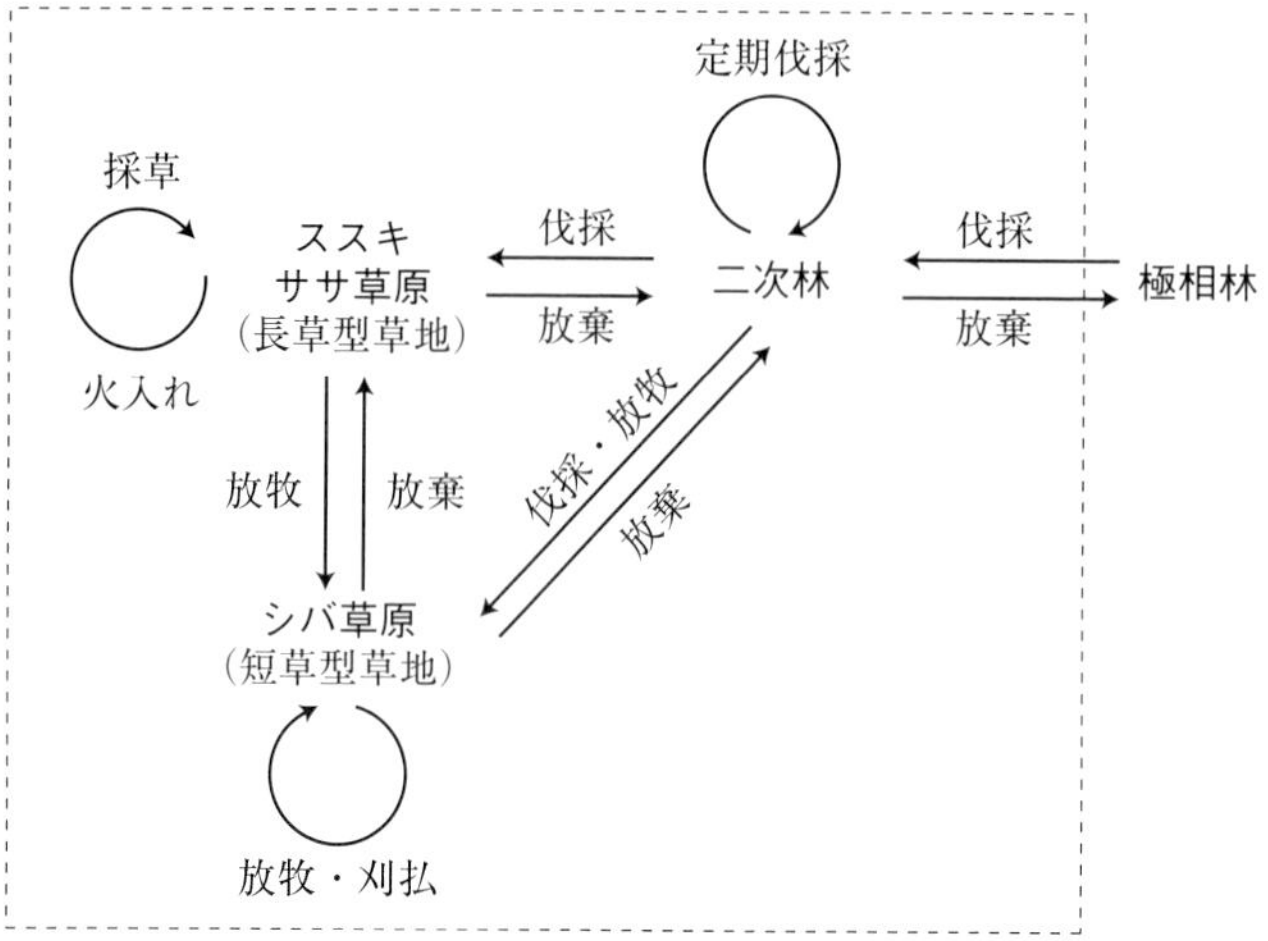

図2－5　半自然草原の利用形態と植生の概念図

した「草はら・はらっぱ」で、ススキ、シバなどの日本在来のイネ科野草が優占している。このような草原は、比較的貧栄養な条件下で安定しており、低投入で持続的な利用が可能なため、環境への負荷も少なくてすむ。

　また、半自然草原で保全される生きものも粗放的な管理下（放任ではない）で多く、秋の七草などの美しい花を咲かせる植物が豊富になり、景観的価値も増大する。ヒゴタイ、ヤツシロソウ、ヒメユリなどの大陸系遺存種をはじめ、半自然草原をすみかとする生きものの存在は、日本の植物相、動物相を豊かなものにしており（環境庁自然保護局野生生物課 1997／大窪・土田 2000）、そのなかには現在絶滅の危機に瀕しているものも少なくない（環境庁自然保護局野生生物課 1997／高橋・内藤 1997／大窪・土田 2000）。その意味からも、半自然草原の再生、

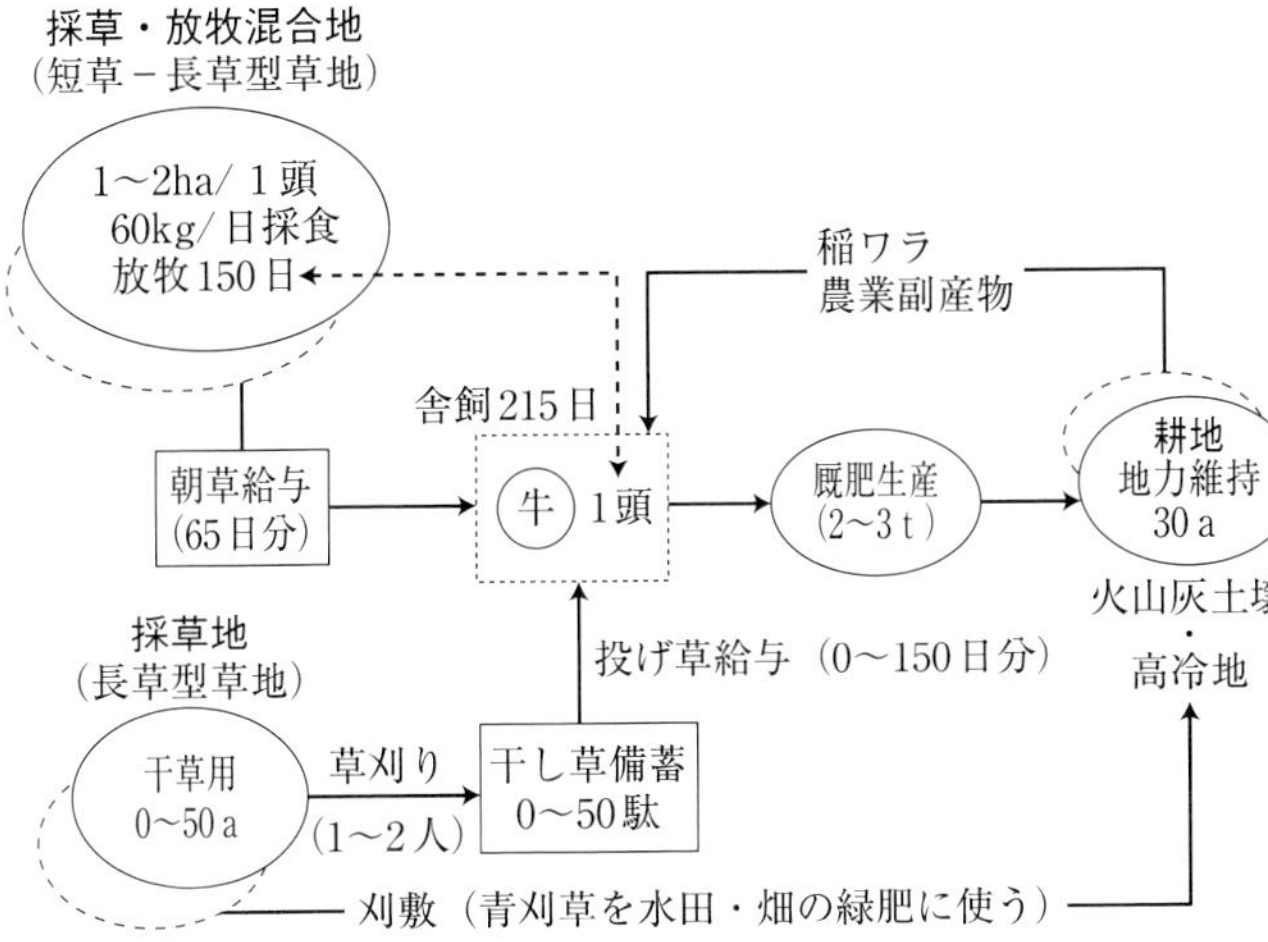

図２－６　島根県三瓶山地域における牛の飼育を媒介とした農耕維持の連鎖（1960年代頃）

三瓶山地域では多くの場合、採草地と放牧地が厳格に区分されていなかった。また、集落によっては干し草の備蓄を行なわないところもあった。

復元が強く要望されている。

本稿で扱う「草原・草地」というのはこの「半自然草原（二次草原）」のことであるが、このような「草はら」は極相林へと向かう植生遷移の途中相として成立しているもので、放置しておくと数年で次の遷移段階へと移り変わっていく。この遷移を阻止し、草原の状態に維持するのに大きな役割を果たすのが、火入れ、刈取り、放牧といった人為的な利用・管理である。要するに半自然草原は、「利用と管理によって守られる『草はら』」なのである。

草を利用するには「採草」と「放牧」の二つの形態があり、その行為そのことによって樹木の生長や侵入が抑えられ、草原環境の維持に役立っている。

また、草を利用するための作業ではないが、もっとも効果的で省力的な草原植生の維持・管理手段として「火入れ（野焼き、山焼き）」がある。火入れには多くの人手を必要とし、風を読み、火の勢いを熟知するなど細心の注意を払わなければならず（羅針盤 1995／大滝 1997／緑と水の連絡会議 2000／野焼きシンポジウム・イン・小清水実行委員会 2000／山内・高橋 2002）、年中行事の一つとして集落総出で行なわれることが多い（大滝 1997／今江 2001／大滝 2001）。このような管理手段が見事に組み合わさって、多様な草原の植生と利用形態、生活様式をかたちづくってきたのである（図2-5、2-6参照）。また、草の利用という観点を重視すれば、火入れと放牧、あるいは火入れと採草を草地管理のセットと考えるべきとの見方もある。

半自然草原を守るために、これらの伝統的管理技術（火入れ、採草、放牧）を見直そうとする今日的意義は、農的営みがつくり上げてきた伝統的景観や生態系を維持・保全するという側面と、新たな管理手段を講じることによって保全価値の高い草地生態系を創造するという二面性をもっている（高橋 2004）。いずれにせよ、継続的な管理が荒廃を防ぐために不可欠であることに違いはない。

(2) 火に強い草を残し、木を抑える

前に述べたように、火入れの歴史は相当に古く、旧石器時代〜縄文時代にかけても、狩猟目的で野に火を放ったと見られる痕跡が認められる（「1」を参照）。とくに過去1万年間は、それ以前の時代に比べると、火事が多発していることが明らかになっており、人間活動による火入れとのかかわりが

示唆されている（高原 2009）。ちなみに、里地里山を象徴する水田の生態系は、約２５００年もの歴史をもつといわれているが、半自然草原の火入れに比べればずっと新しいことがわかるであろう。

火は人の生活の基盤をなすものである。火によって食べものを調理し、暖を得、暗闇に灯りをともしてきた。こうした恩恵の一方で、火は私たちの命さえ奪いさる恐ろしいものであり、使いこなす苦労は並大抵ではない。春の訪れを告げる野焼きの炎は、見た目には壮大で幻想的な光景だが、農家の人びとが命をかけた農的営みの証なのである（大滝 1997）。

写真２－２　火に強いイネ科野草を残し、灌木を除去する（火入れ）

火入れの目的とその効能は？

半自然草原を管理するうえで、粗放ではあるがもっとも効果的な方法が、早春の頃に枯れ草に火をつけて焼く作業である（写真２－２）。一般に「火入れ」と呼ばれていることの作業は、ところにより言い方が異なり、阿蘇くじゅう地方で「野焼き」、中国地方では「山焼き」、また、霧ヶ峰では「野火つけ」と呼ばれている。

火入れの目的は、森林へ移行する第一段階である灌木や低木類（サルトリイバラ、ノイバラ、アキグミなど）を抑圧し、火に強く牛馬の飼料や肥料源になるイネ科植物など

	草地タイプ	INSPANによる指標種候補＊ 50≦IV	25≦IV≦50	合計種数	平均種数(no./m²)
Group 1 12カ所	放棄野草地ススキ型	ワラビ、ヤマノイモ、ススキ、フジ	シオデ、アオツヅラフジ、アキノタムラソウ、クマイチゴ、ヘクソカズラ、ミツバアケビ	37	9.3
Group 2 18カ所	野焼きのみ野草地ススキ型	オトコヨモギ、トダシバ、**カワラマツバ**、キジムシロ、ミツバツチグリ、ウマノアシガタ、シラヤマギク、スミレ、ミヤコグサ、**タカトウダイ**	**オミナエシ**、**サイヨウシャジン**、ニガナ、**アソノコギリソウ**、ハバヤマボクチ、ヤマハッカ、リンドウ、ヤマラッキョウ、メドハギ、オカトラノオ、アキノキリンソウ、**カワラナデシコ**、ヒヨドリバナ、ヒロハヤマヨモギほか6種	114	25.5
Group 3 17カ所	採草改良草地牧草型	メヒシバ、オオバコ、オオアワガエリ、スズメノヒエ、タチツボスミレ、ヨモギ、カモガヤ	オニウシノケグサ、ゲンノショウコ、ヤハズソウ、セイヨウタンポポ、ギシギシ、キンエノコロ	57	12.4
Group 4 2カ所	採草改良草地雑草型	アキメヒシバ、イヌビエ、シロツメクサ、キンエノコロ、アメリカタカサブロウ、カモジグサ、コゴメガヤツリ、コヌカグサ	キク科sp、セイタカアワダチソウ、オオバコ	15	11

＊太字は、夏季（7月、8月）に開花する顕花植物をしめす。

図2－7　阿蘇市S牧野における草原のタイプ分け

TWINSPAN法によるクラスター分けとINSPAN法による指標種の抽出を実施。野焼きの放棄（Group1）や草地改良（Group3, 4）により、出現種数や組成が貧弱になっている。

を選択的に残して、採草や放牧に利用しやすい草地をつくることである（大滝 1997／環境庁九州地区国立公園・野生生物事務所 1998／今江 2001）。炎の温度は燃料となる枯れ草の量によって異なるが、燃焼量の多いススキ草地の場合、地上2～15㎝では400～800℃にもなるのに対し、地表面では30～170℃、地下2㎝ではわずか5℃程度にまでしか上がらないことがわかっている（岩波 1988）。休眠芽（春以降の生長期のために準備されている芽のこと）が地上にある木本類は火によるダメージを受けても、休眠芽を地表下にもつイネ科草本類はほとんど火の影響は少ないわけである。

シバ草地では、ススキ草地よりも温度は低めでも、地下ではほとんど温度が上昇しない点は同じで、ヨシ群落、オギ群落、ササ群落でも、地上部の燃焼温度が数百℃に達しても地下の温度はそれほど高くなっていない（Tsuda 1996／津田ほか 2002／津田 2010b）。すなわち、地上部が勢いよく燃えても熱が伝わるのはごく地表に近いところに限られ、地下に潜む生きものや植物の地下部は生き残れる。一方、焼畑耕作の場合は、燃焼量が多く、また、比較的長時間燃え続けるために、地下部においても温度が上昇し（コラム2–2参照）、地中の雑草種子や害虫を死滅させるとともに、養分を吸収しやすくする効果が期待できる。火を使う目的によって、炎の性質も燃えている時間も、そして生きものへの影響も大きく変化することがわかる。

火入れという人為圧がなくなると、草原は優占種であるススキなどが巨大化し、腐りにくいイネ科植物の立枯れやリター（枯れ葉の堆積物）が堆積する。その一方で、ハギ類が灌木化し、ウツギなどの低木類が侵入し、やがては森になっていく。そうなると雄大な草原の風景は失われ、草を刈って利用することもできなくなる。また、既存の貴重な植物たちが抑圧され、草種構成は単純化してしまう（図2–7）。木本類の侵入をとどめ、草原を維持するには、刈取り（＋持出し）も有効な方法であるが、もし、草刈り作業だけで広大な面積の草生を管理しようとすれば、膨大なコストと労働力そして化石燃料が必要になってくる。

近年は火入れの継続が困難に

火入れは危険を伴う作業であり、最近では２００９年には由布市で、２０１０年には富士山麓で、火入れ作業中の死亡事故が起こっている。このように人命にかかわる事故にいたる可能性もあれば、山火事のようにコントロールの効かない火災に発展する可能性もある。火入れがごく普通に行なわれていた時代には、火をうまく管理する技術や知恵を地域住民が共有していたが、火入れの経験者が高齢化し、火入れの文化そのものが途絶えてしまいつつある現在、より一層大きな危険を伴う作業になっている。経験と人手を要する火入れの作業そのものが、各地で存続の危機を迎えているのである。

わが国で最大の草原域を有し、ヤツシロソウやヒゴタイなどの大陸系遺存植物をはじめ稀少な草本植物が集中的に分布している熊本県の阿蘇地方。ここでは、早春の風物詩である野焼き（火入れ）が、実に１万６０００haに及ぶ牧野で実施されている（山内・高橋 2002, 2010）。しかし、近年の農村をめぐる高齢化、過疎化と農家の担い手不足で、むら体制が弱体化し、「輪地切り」と呼ばれる防火帯づくりが困難になってきた（大滝 1997／環境庁九州地区国立公園・野生生物事務所 1998）。輪地切りの総延長は６４０km（熊本から静岡までの距離に相当）、面積は４４０haにもおよび、その担い手である牧野組合員の平均年齢は56歳（平成15年）に達している（山内・高橋 2010）。すでに野焼きが中止された草地の面積は、阿蘇郡全体で約１５００haにものぼっており（山内・高橋 2010）、組合員の減少や高齢化を考えると、今後ますます中止面積は拡大することが予想される。

このことは、となりの大分県久住高原や飯田高原、山口県秋吉台、福岡県平尾台など、火入れで維持されてきた比較的大面積の草地で発生している共通の問題で（羅針盤 1995／野焼きシンポジウム・イン・小清水実行委員会 2000）、観光資源でもある草地景観を維持するための対応策として、火入れや防火帯切り作業へのボランティア参加や行政支援を模索している。久住高原でわが国最初の「火入れ支援ボランティア参加」が実施されてから（羅針盤 1995／瀬田 1995）、三瓶山、秋吉台、阿蘇、雲月山など各地に広がりを見せ、現在阿蘇地方では年間に延べ２０００人ものボランティアが、輪地切りや火入れに参加している。当初は、かえって足手まといになると懸念された野焼き支援ボランティアであるが、今やなくてはならない存在となりつつある。

積極的に〝火〟で再生する例もある

一方、積極的に火入れを導入して、半自然草原植生を復元した例もある。北海道の小清水原生花園では、観光の目玉でもあるノハナショウブやエゾスカシユリ、エゾキスゲなどの草花が咲き誇る花畑を復元するために、かつての野火を模倣した人工的な火入れを行なっている（野焼きシンポジウム・イン・小清水実行委員会 2000／津田ら 2002）。その際、カラフトキリギリスという希少な昆虫への炎の害が懸念されたが、火入れ温度のモニタリングから、地下に産み落とされたカラフトキリギリスの卵への悪影響はないことを実証している（コラム２−２、津田ら 2002, 2010a）。もともとは、人間が管理する火入れなどという慣行はなかったが、あえて新しい管理手段として導入したもので、着実に成果も上がっている（津田 2010a）。

そのほか、秋田県の男鹿半島（澤田 2008）や徳島県の塩塚高原（吉田 2010）、広島県の雲月山（白川 2010／全国草原再生ネットワーク 2010）などは、美しい風景と貴重な草花・昆虫を守るために、また、大阪府の岩湧山、群馬県の上ノ原では良質の茅葺き材を生産するために（財団法人日本ナショナルトラスト 2003／グリーン・パワー編集部 2007）、長崎県対馬では地域住民の誇りであり、ツシマヤマネコの重要な餌場としての価値もあって（佐護区 2009）、草原環境を再生するための火入れが再開されている。熊本県阿蘇地方でも、使われずに藪化した牧野の一部で、ボランティアと地元住民、自治体の手により、野焼き（火入れ）が再開され、草原によみがえったところもある（全国草原再生ネットワーク 2010）。しかし、一般論として防災上の危険性を考えると、新たに火入れを行なうということはむずかしい状況にある。

また、火入れだけで侵入種や競合種の除去が完全になされるかと言えばそうでもなく、かえってヤマハギやキツネヤナギなどの低木類の繁茂を助長することもある（岩波 1988）。火入れの生態学的な効果は、刈り残された立枯れや堆積物を焼き払い、地表の光条件を改善して、春期における草本植物の出芽を促進する点にある。刈り残した植物枯死体やリター（地表の枯れ葉の堆積物）の集積を防ぐ意味からも、火入れは有効である。慣行的に野焼きが行なわれている阿蘇地方でも、もともとは、枯れ草の残る「古野《ふるの》」と呼ばれる、採草をしない休閑草地の草生管理が主目的だった（大滝 1997／今江 2001）。

火入れだけでは守れないことも

半自然草原には草地特有の野生生物が生育・生息しており、なかには火入れによって生活の場を確保しているものもある。たとえば、キスミレやハルリンドウなどの春咲き草本植物は、火によって地表の堆積物が取り除かれたところへ芽を出すのである。ところが、火入れがないと地表の堆積物によって出芽が困難になり、運よく芽を出しても立枯れのススキに埋もれてしまって、昆虫の訪花や種子繁殖がうまくいかない。また、火入れを行なうと、枯れ草が燃えてできる炭によって地面が黒くなり、直射日光を吸収して地温が上昇し、発芽や出芽が促進されるという一面もある（津田 2010a）。

しかし、西日本のように温暖で雨が多く、イネ科植物の生育が旺盛な地域では、火入れを繰り返すだけでは優占種（主にススキ）のひとり勝ちを招いてしまう場合が少なくない。このような草地では、夏・秋咲き草本植物の種類は意外に少なく、大陸系遺存種や秋の七草を見かけることも少ない（大滝1997／今江 2001）。ススキに埋もれて野の花が生育できなくなれば、それらの植物を蜜源や食草として利用している昆虫や小動物も少なくなる。

ところで、火入れそのものの影響は動物・昆虫の種類によって異なる。地面の下で越冬する小動物や昆虫では炎の影響は少なく、草むらで越冬する昆虫であれば火入れのダメージが大きくなる。地中の卵で越冬しているバッタやキリギリスは前者の例であり（コラム２−２参照）、地上部で成虫が越冬するタテハチョウの仲間や卵が地上部にあるカマキリなどは後者の代表といえよう（津田 2010b）。

いずれにせよ、草地の多様な草花、昆虫を保全しようとすれば、優占するイネ科植物を少し抑圧する必要があり、草の利用をかねた収奪を組み合わせることが重要と考えられている。茅刈りであれ、干し草刈りであれ、「採草」という行為と、刈られた草を循環利用するシステムがなければ、貴重な草花が守れない場合もあるわけだ。

メージを受けても、休眠芽が地下または地表近くにある草本植物にはほとんど影響がないわけだ。もちろん、地中で越冬する昆虫や小動物にも、火の影響が少ないことがわかる。炎が短時間で燃え尽き、移動していく草原の火入れの大きな特徴である。大量の燃料をゆっくりと時間をかけて燃やす焼畑の場合とは、この点で異なる。

燃焼温度や炎の大きさは、おおまかにいうと燃焼物（植物）の量に関係する。したがって、火入れを中止してしまうと、これまで適当なインターバルで燃えていた立枯れや地表堆積物が減らずに蓄積しすぎてしまい、いったん、火事が発生すると大火災に発展しかねない危険な状態になる。たとえば、阿蘇では「4、5年野焼きをしなかった草原に一度火が入ると、阿蘇の消防車がすべてきても火は消せない」と、野焼きを中断することに地元農家は危惧を抱いている（大滝 1997）。また、三瓶山では、来訪者の失火から大きな山林火災に発展したのを契機に、それ以降、毎年早春に野焼きが実施されている（内藤・高橋 2002／全国草原再生ネットワーク 2010）。管理された定期的な火入れは、大きな災害を防ぐ効果もあるのである。

わが国の草地に関する行政官や研究者は、草地管理について、まず火入れの中止を唱えてきたが、農民の多くはこれを聞き入れることなく火入れを続けてきた。欧米の書物で、火入れは植生を悪化させるとあるのを、雨量が数倍もある日本の草地にそのまま適用しようとしたところに問題があった。しかし、最近の研究の進展とともに、このように、よく管理された火入れは草地を痛めるものではなく、保護するものであることが証明されてきた（岩波 1988／津田 2010a, 2010b）。

コラム2-2

◎

草原の炎は意外にやさしい？

◎

火を使う人間活動というと「焼畑」がまず頭に浮かんでくる。焼畑の際の燃焼温度は、地表面では数100～1000℃、地表面から５cmの深さでも数10～100℃にのぼり、雑草や害虫を抑えるのには十分である（表２-1、津田 2008）。

ところで、草原に火を放つことは見かけによらず穏やかな攪乱であるというと、意外に思われるかもしれない。たとえばススキ群落では、燃焼時の地上の温度は数百℃に達しても、地下1㎝より深い場所ではほとんど温度が上昇していない。丈の低いシバ群落では、全体的に温度は低めとなるが、地下の温度上昇がない点は同様である。湿地のヨシ群落、オギ群落や海岸草地のハマニンニクの群落、あるいはササ群落でも、地上が激しく燃焼して数百℃に達しても、地下では温度上昇がほとんどない（表２-1、津田 2008）。

つまり草原の火入れでは、休眠芽の位置が地上にある高木や低木類はダ

表２-１　各地の火入れにおける燃料量と最高温度の関係

場所 植生	管生沼・小貝川 オギ	渡瀬遊水池 ヨシ	阿蘇・三瓶 ススキ	蒜山 ミヤコザサ	山北・三瀬 スギ林の焼畑
平均燃料量（g/m^2）	1,679	1,243	956	437	6,900
試料数	9	2	7	6	1
測定位置					
100cm	80-660	80-660	260-540	50-350	170-960
30cm	190-730	160-830	330-580	50-610	200-570
0cm	0-90	30-350	70-160	30-80	90-520
-2cm	上昇無し	上昇無し	上昇無し	上昇無し	40-420
-5cm	上昇無し	上昇無し	上昇無し	上昇無し	0-100
-10cm	上昇無し	上昇無し	上昇無し	上昇無し	0-120
測定数	11	3	3	4	7

資料：津田（2008）より引用。

（3）刈り取られて、草花も咲き誇る

もともと草は、晩春～夏にかけて放牧、田植え前は刈敷、夏～初秋は朝草《あさくさ》刈り、初秋～晩秋は干し草刈り（写真2－3）、冬期には茅刈りなど、用途や目的に応じて、利用する時期や方法が異なっていた（図2－8）。これらに火入れの有無も加わって、その結果、一見同じように見える草地も、利用の仕方を反映したモザイク状の多様な植生をなし、それぞれに性質も大きく異なった（Naito・Takahashi 2000／大窪 2001）。多様な動・植物種を維持してきた草地生態系の基盤は、「草資源を多目的に利用する」という生活行為によってつくられてきたのである。

写真2－3　草小積みは草原の秋の風物詩
（阿蘇、写真提供：大滝典雄）

「花野」を育んだ干し草刈り

干し草刈りは、冬期の牛馬の飼料や敷き料・堆肥源を得るために、だいたい秋期（9月中旬～10月下旬）に行なわれる（写真2－3）。この時期、イネ科などの多年生草本植物はすでに光合成産物の地下部へ転移が始まっており（図2－8）、盛夏期の刈取りに比べると影響が少なくてすむ。また、イネ科草本の多くが根から水揚げをしない時期に入っているため、良質の干し

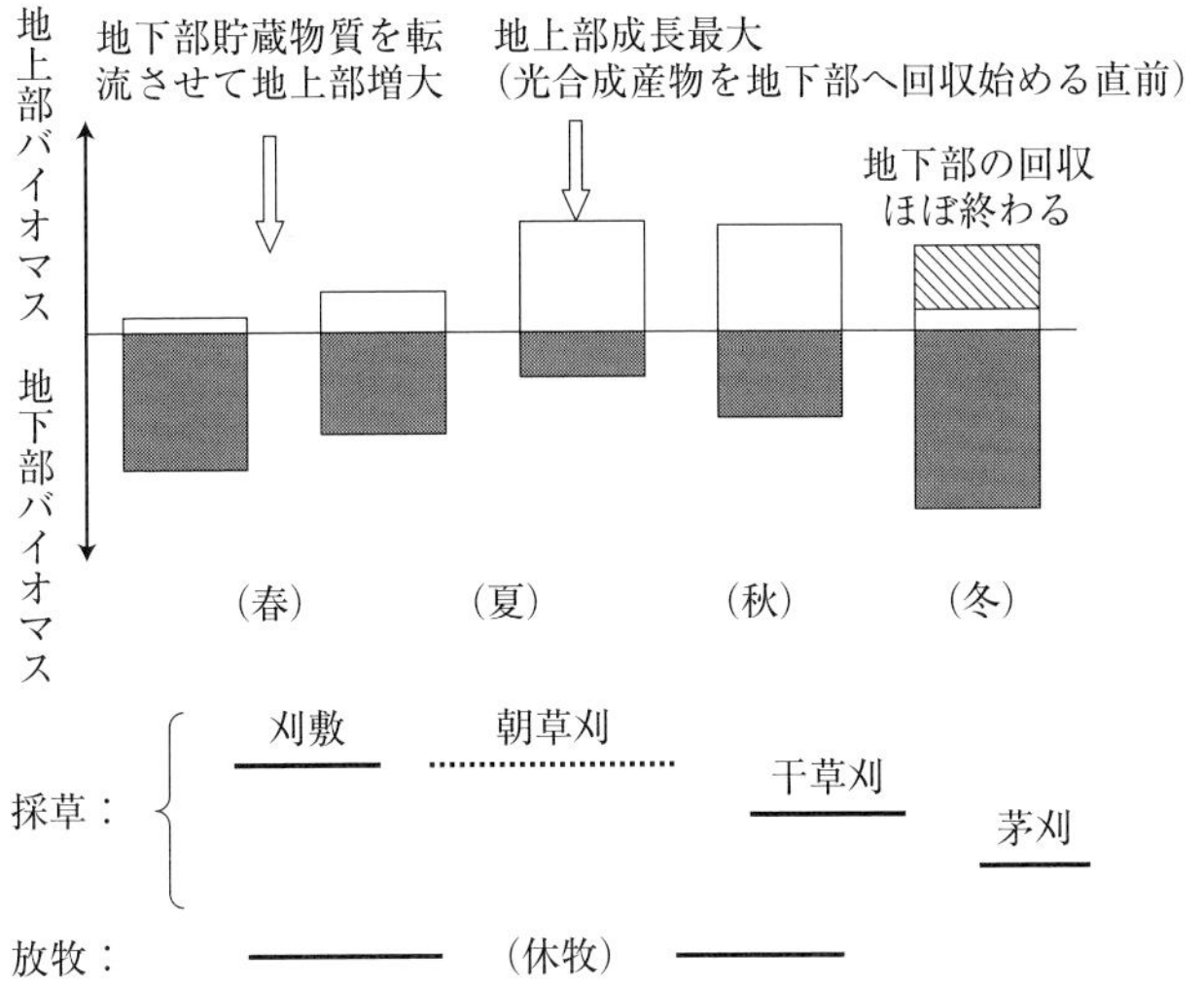

図2－8　多年生植物バイオマスの季節変動と伝統的な草の利用時期

資料：大窪（2001）を参考に作図。

草になる。やはり秋の彼岸前に刈った草は、水分が多いため後日「カビ」が発生しやすく、家畜の食べ残しが多くなったり、下痢などの原因になることがあり、「採草は彼岸過ぎから」というのが今でも基本になっている（大滝 1997／湯浅 2005）。草刈り場所の取決め方法は地域によって異なるが、草の生え具合や農家の規模、作業道からの距離、地形などを考慮して、草の利用が公平になるよう集落や入会集団の「厳格なルール」に則って農家に割り当てられた。

しかも、この時期にはカワラナデシコ、オミナエシ、マツムシソウなどの秋咲き草本植物の多くはすでに開花結実が終わっているので（今江 2001／大窪 2001）、刈取りによるダメージは小さく、例年美しい花を咲かせることができた。大陸系遺存種などの稀少な植物や秋の七草も、同様に、採草地（干し草刈り場）に生える植物であり（大滝 1997／今江 2001）、生物多様性を維持保全するという観点からも採草地の重要性が認められている。

かつて阿蘇地方では、立秋の頃にたくさんの花が咲いている野辺を「花野」と呼び、秋の七草（オミナエシ、カワラナデシコなど）やヤツシロソウ、シオン、アソノコギリソウ、サイヨウシャジン、タカトウダイなど可憐な花をつけた野草が咲き誇っていた。また、植物だけでなく、ヒメシロチョウやオオルリシジミ、ゴマシジミなどのチョウや、コジュリンやホオアカなどの鳥たちも、この「花野」を主な生息地としている。

盆花の風習は草原文化の一つ

夏場に畜舎の牛に与えるために行なわれた「朝草刈り」は、主に厩肥生産に重点をおいていたものである。梅雨明けから8月の半ばまで、土手や畦も含めて大量の草が刈り取られ、頻繁な利用がなされたため、だいたいが草丈の低い草地をかたちづくり、その分、野の花も多かった。刈った草はいったん厩舎に入れて牛馬のエサとなったが、毎年8月の盂蘭盆前になると、お盆にゆっくりと先祖の霊を供養できるように、厩舎の前や庭先には草の山が高く積み上げられた。

また、この頃には、採草地（干し草刈場や朝草刈場）を彩る野の花を「盆花」として先祖の墓前に供える風習が各地に残っている。かつて広島県比和地方では、ヒゴタイ（環境省　絶滅危惧Ⅱ類）

が盆花（この地方では「ぼにばな」と呼ぶ）として墓前に供えられていた。また、阿蘇地方ではヒゴタイ、コオニユリ、カワラナデシコ、オミナエシなどを主体に、多様な草原生植物が盆花として用いられてきた。とくに、ヒゴタイと阿蘇に固有のヤツシロソウの2種（写真2−4）は、「仏様も喜ばれることであろう（『新宮牧野組合史２００８』より）」と言われ、理想的な組み合わせとされた。

このような墓前に供える花を野でとる「盆花採り」は、8月の農家の仕事のひとつであり、阿蘇ではお盆前に、波野村（阿蘇東外輪に位置）から、野の花が阿蘇谷の集落におろされ、店頭を飾っていた。昭和30年代まであたりまえに見られたこれらの草花も、乱獲や盗掘、管理の放棄により減少して希少種となったものが多く、現在は採取が禁止されるものが多い。地元の人に「草原の希少な植物はどこに行けば見られますか？」と尋ねると、「そりゃ、墓場に行けば

写真２−４　かつての盆花の代表格ヒゴタイ（上）とヤツシロソウ（下）も今では絶滅危惧種に（阿蘇）

見られる」と返ってきたという笑い話もあるくらい。人びとの盆花に対する「想い」は今でも深いものがある。

〈阿蘇に一般的な盆花〉ママコナ、チダケサシ、コバノギボウシ、アソノコギリソウ、エゾミソハギ、オトギリソウ、コオニユリ、ノヒメユリ、サイヨウシャジン、カワラナデシコ、オミナエシ、シラヤマギク、サワヒヨドリ、ヤツシロソウ、マツムシソウ、ヤマトラノオ、コウライトモエソウ、シオン、サワギキョウ、ヒゴタイ、アレチノギク、アケボノソウ、サワオグルマ、ヒメヒゴタイ、ワレモコウ、ショウロン、タムラソウ、ヒオウギ

生活が織りなすさまざまな草地

屋根葺き材料のススキを収穫する茅場では、ススキの葉が枯れ落ちて茎だけになる冬期（12月～3月）に茅刈りが行なわれた（大滝 1997／今江 2001／大窪 2001）。「かやば」というぐらいであるから、ススキ以外の植物は決して多くはないが、この時期の刈取りも、いまだ地上部に生長点（冬芽）があり、資源ソースを蓄えている木本植物にとっては大きなダメージとなるため、茅場のススキ草地を維持するのには効果があった。ススキ自身は、この時期にはすでに地下部に養分を十分に蓄えており（図2－8）、翌年の生長への刈取りのダメージはほとんどない。

また、化学肥料が普及していなかった昭和の初めまでは、刈敷（かりしき、または苅敷）と呼ばれる緑肥源として草が利用された。当時は、代掻きのあと、田植え前の5月下旬頃に、若い草や広葉樹

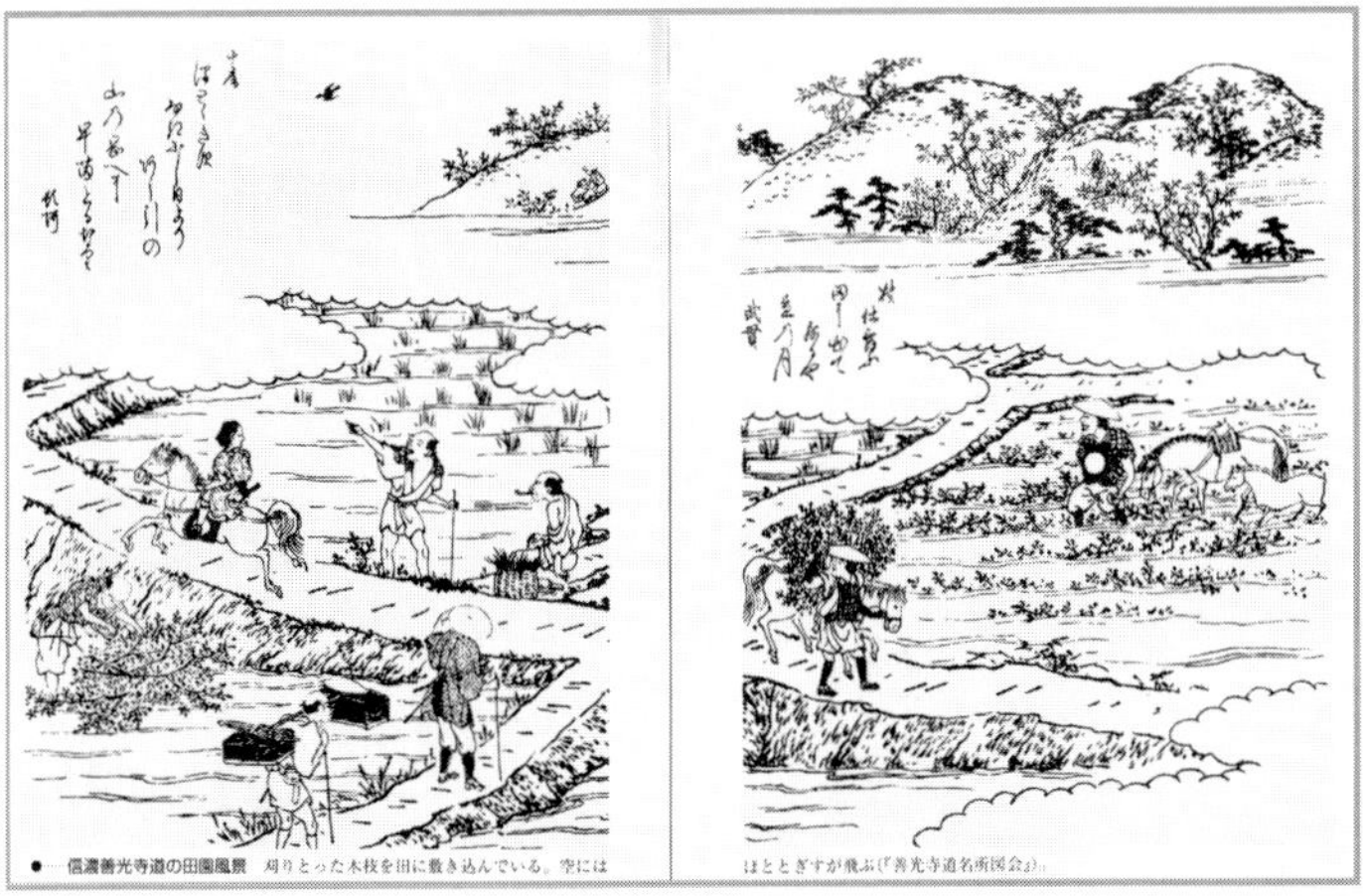

図2-9　刈り取った木々の若葉や草を刈敷（肥料）として田畑に鋤込む

資料：「善光寺道名所図絵」水本（2003）より転写。

の若枝を肥料として水田に撒き、人と牛馬で踏み込む刈敷農法が一般的であった。そのための草刈り場は水田の数倍もの面積が必要であったともいわれ、刈敷山（刈敷を採取する場所）は全国津々浦々にあった（水本 2003、図2-9）。

とくにリン酸肥料の効きにくい火山灰土壌で稲作を営むには、緑肥、堆肥・厩肥を生み出す採草地（草刈り場）が大きく寄与していた（松岡 2007／大滝 1997）。さらに、漏水田（三瓶地域では「ソーケダ」「フケダ」と呼ぶ）では、当て流し（常時灌水）なので、土壌中で徐々に肥効を発揮する緑肥や堆肥、厩肥のほうが、成分がすぐに流亡してしまう化学肥料よりも重宝された（松岡 2007）。そのために、どこでも草刈りの解禁日（「口開け」「鎌入れ」などと呼ばれた）をまって、競うように草を刈り、運搬を繰り返していた（写真2－5）。

秋吉台のカルスト台地上の草地に点在する窪地（ドリーネ）では、江戸時代から周辺の草を堆肥やマルチとして利用しながら畑作が行なわれていた（「ドリーネ耕作」と呼ぶ）。明治時代にはこのドリーネ耕作地は３８４か所にも及び、主に、ゴボウ、里芋、大根などの根菜類が栽培されたが（浜田 1953）、ドリーネ耕作がほぼ消滅した現在でも、ゴボウはこの地域の特産品である。

写真２－５　牛の三重連で、外輪山上の干し草刈場から草を運ぶかつての阿蘇の風景

（写真提供：大滝典雄）

そのほかにも、植林地の失火による延焼を防ぐために帯状に設けられた防火地は、刈取りによって草地群落が維持されていることが多く、絶滅危惧植物を含む草原生植物のハビタットを担っている例もある（Manabeら 1997）。また、適度に刈られる水田や畑地の畦畔もシバやチガヤなどの群落が成立し、それらひとつひとつは小さくとも、全国レベルでみると林縁とともに膨大な面積の「想像上の草地」が存在する（田端 1997）。とくに、伝統的な水田管理をしている畦畔には、フクジュソウ属、オキナグサ、カワラナデシコ、キキョウなど草本性植物の生育地として、地域の生物相を維持するうえで重要な機能を果たしているものも少なくない（高橋・内藤 1997／山口・梅本 1996／大窪 2002）。

（4）保全から生業まで、刈取りが鍵

植生管理の面からみると、刈取り（採草）は小面積の管理に対応しやすく、刈払い機さえあれば手軽に行なえる利点がある。また、刈取りに対する植物の反応はさまざまであり、実施時期や頻度、強度（刈取り高さ）などをうまく組み合わせれば、目的に応じた処理の効果が期待できる。それに、刈取りは市民やボランティア参加が容易にできるという点で、経済活動とは切り離して、草地の保全を行なえる。近年、広がりをみせている「市民による里山林管理」なども刈取りによる草地管理とよく似ている面がある（田端 1997／中川 2001）。

刈取りを種の保全に活用する

エヒメアヤメは西日本に点在する大陸系遺存植物で、中国地方では主にマツ林や採草型マツ疎林に分布する植物であったが、どの自生地も減少が著しく、一部は天然記念物に指定されている。国の天然記念物に指定されている山口県防府市西浦のエヒメアヤメ自生地では、ごく少なくなった個体群をもとに、増殖・移植などをいっさいせず、地元の有志が生育地の下刈りを行なうだけで個体数を10倍以上に増加させることに成功した（中越 1997／内藤ら 1999）。この自生地には、エヒメアヤメ以外にも、キキョウ、カキラン、エビネ、シュンランなどの稀少な植物が生育しており（防府市教育委員会 1998／内藤ら 1999）、早春に一度だけ下刈りすることでススキやネザサが優占するのを適度に抑

制し、同様の生育適地をもつ複数の絶滅危惧植物も一緒に保全されてきたのである。現在は、聞き取り調査から（防府市教育委員会 1998）、昔の管理施業を再現し、従来の早春期に加えて夏期の刈取りを実施した結果、エヒメアヤメの個体数の増加が認められている（内藤・中越 2001）。

山梨県牧丘町の乙女高原では、草原の美しい自然や景観を維持するために、市民と行政との協働により草刈りイベントなどを実施したりして、草原を守るための人材養成に力を入れている（乙女高原ファンクラブ 2006）。また、広島県北広島町（旧芸北町）の千町原湿原では、湿原保全のためにボランティアによる草刈り作業を毎年秋に行ない、刈り取った草を野菜農家の堆肥に利用してもらうことで、地域とのつながりを模索している。

写真2－6　オカトラノオを吸蜜するウスイロヒョウモンモドキの成虫

島根県大田市や岡山県新見市、新庄村などの半自然草原では、過放牧や管理放棄によって絶滅に瀕しているウスイロヒョウモンモドキという希少なチョウ（写真2－6）の保全活動が行なわれている。いずれの保護地も、幼虫の食草であるオミナエシが生育する草原を維持するために、ボランティアが草刈りを実施している。このチョウの幼虫は、地上10～20㎝位置に越冬巣をつくるので、火入れをすると越冬幼虫が死んでしまう。計画的に毎年火入れする場所を変えていくか、幼虫にダメージの少ない時期に刈り取って、食草の生長を促進しなければならないのである。

植物季節（フェノロジー）に合わせて

前にも述べたように、競争種または優占種（ススキ、木本類など）を抑圧するためには、生長最盛期（8月頃）の刈取りが好ましい。しかし、この時期に開花・結実する秋咲き草本などを保全種とする場合は、この時期の刈取りがダメージとなり、開花・結実がうまくいかないことになる。したがって、マツムシソウやオミナエシなどの秋咲き草本種の個体群が含まれる場合は、6月以前または9月中旬以降が刈取りの適期とされている（大窪 1991／大窪 2001）。

このように、保全対象種を含む群落構成種の植物季節（フェノロジー）や刈取りへの反応をまとめておけば、具体的な実施時期の検討に役立つ。このような情報は、放牧によって植物群落を保全する場合にも応用が可能であるが、刈取りや放牧への反応やフェノロジーは地域や立地条件によって異なるので場所ごとに情報を得ておくことが肝要である。

実際には、広い面積を画一的に管理するのではなく、一部は年1～2回刈りに、一部には年3回以上の刈取りを、また、一部では休閑する場所を設けるなど、ひとつの地域として生態系の多様性が高く維持できるような管理計画が望まれる。かつての、多様な利用目的に応じたモザイク状の草原群落を再現するというイメージである。

草資源の見直しを

貴重な生きものや景観を守るための手段として刈取りの効果を期待するもののほかに、草そのものの利用と兼ね、営農や地域の経済活動とリンクしながら、草地の生態系保護を試みている例もある。大阪府の岩湧山や岩手県の金ヶ崎地方、岡山県の真庭地方では、伝統的建造物の資材としての茅が不足しているので、茅場を復活させ、質の良い茅の生産を地元産業として育成しようと試みている。屋根葺き用の茅は比較的高値（kg当たり50～１２０円）で流通しており、ほかの費目（エサ用、堆肥用）に比べると優位性があるようだ。

広大な草原を抱える九州の阿蘇地方では、今でも、施設園芸農家を中心にススキなどの野草堆肥を使い、品質のよい野菜、花卉、果物を生産する農家が多い（大滝 2001）。国立公園でもある阿蘇の草原の再生に取り組む環境省では、野草堆肥を使用した農産物に特別に「草原再生シール」を貼り、消費者に草原再生活動をアピールすることで、地元での野草の利用と草原再生への参加を促そうという試みを開始した。また、地元のいくつかの集落でも、草原の野草を堆肥として利用した特別栽培米づくりが行なわれ、産直による米の販売や生産者と消費者の親睦をはかっている。

しかし、刈取りによる草地管理の一番のネックは、作業が多労で人手がかかり、コスト高になる点にある。今やブームと言われる市民参加型の里山林管理でさえも、管理面積はわが国の里山林のわずか0・03%にすぎないと言われる（恒川 2001）。刈取りを単に草原保全の手段として考えるだけではどうも限界があるようだ。

燃やせば灰にしかならない野草であるが、刈り取って利用すれば、厩肥源、有機質肥料、マルチ資材、建築資材、そしてエネルギー資材、工業資材などさまざまな用途と価値を生み出し、地域レベルでの資源循環を担う可能性をもっている。草地・草原を保全管理する場合には、このような草資源の多角的な価値を見直し、経済活動や循環型社会の実現へ向けた利用指針を提示することも重要である（「４」を参照）。

（5）放牧家畜がつくり出す多様な空間

阿蘇くじゅう地方やかつての東北地方、中国地方のように、背後に広い入会草原をもつ地域の農家は、農作業との競合を避け、放牧という省力的な手段を使って、牛や馬を飼養していた（写真2-7）。かつては、八十八夜（5月上旬）から半夏（7月上旬）までと、立秋（8月中旬）から秋彼岸（9月下旬）過ぎ頃までを放牧期間とすることが多く、真夏の間は畜舎飼いして、水田畦畔などの夏草の処理とともに大切な厩肥の生産を行なっていた。また、面積が狭い牧野では、秋の干し草の量を確保するために、夏以降の放牧は固く禁じられていた（松岡 2007）。そうすることで貴重な草を過剰利用することを防ぎ、草資源を平等で適切に利活用（ワイズ・ユース）してきたのである。

写真２－７　昭和30年代の吾妻山大膳原（広島・島根県境）の放牧風景

（写真提供：伊藤秀三）

牛馬がつくった庭園の群落

長年放牧が繰り返されると、家畜の採食や踏圧に強いシバやネザサが優占する日当たりのよい丈の短い草地になり、ミツバツチグリやスミレ類、ゲンノショウコ、ウメバチソウ、センブリなどの小さな草花が見かけられるようになる。そこには、これらの草花を食草とするチョウや家畜の糞を摂食するコガネムシ類（糞虫）も多く、ダイコクコガネ（写真2－8）のように絶滅危惧種として保護の対象となっているものも少なくない。

写真2－8　野草の放牧地に生息する糞虫　ダイコクコガネ

（写真提供：島根県立三瓶自然館）

放牧による草地の管理・利用の特徴的な点は、放牧家畜の採食行動に大きく依存することである。エサとなる草や木の好みは家畜の種類によって異なり、一般に牛はうるさく、山羊は無頓着であると言われる（福田 2001）。したがって、何でも食べてしまう山羊の放牧地には木本はほとんどなく、また、草本も採食に強いシバのような限られた種類だけになりやすい。見た目にはカーペットのようできれいだが、随伴種の少ない単純な植生は、むしろ「緑の砂漠」と言えるかもしれない。

また、旧来からの放牧地は、牛や馬の選択採食により、シバ草地の中にツツジやイヌツゲなどの灌木類が盆栽状に点在する庭園状の風景地となり（「庭園状群落」または「斑状群落」と呼ばれる）、ツツジの名所になっているところもある。彼らは「自然の造園師」とも言われ、有毒物質であるツツジなどは食べ残しており、そうした関係からレンゲツツジのことを方言で「ウマツツジ」とか「ベコツツジ」（ベコとは牛のこと）と呼ぶ地方もある。国指定の天然記念物である群馬県の「湯の丸レンゲツツジ群落」も、牧場という立地条件が生み出したもので、近年は放牧頭数の減少に伴い、レンゲツツジ群落の衰退が懸念されている（湯の丸レンゲツツジ調査委員会 1997）。

写真２－９　放牧地に見られる絶滅危惧植物オキナグサ

モザイク性が多様性を生み出す

長い歴史をもつ阿蘇地方や中国地方の放牧場には、毒物質を含むために牛が食べ残すオキナグサの比較的大きな個体群がまだ残されている（写真2－9）。一般に、放牧条件下のオキナグサ個体は、火入れ草地のものに比べて個体サイズのばらつきがあり、牛の糞や嫌いな植物に起因する不食地における個体のサイズが採食地のものよりも大きいことがわかっている（内藤・高橋 2002）。放牧地内に不食地が存在することが、家畜の採食や踏付けなどによるオキナグサ個体の損傷を軽減する役割を果たしているのである。

このほかにも、比較的緩やかな放牧条件下では、とげのある植物や糞の周りなど、家畜が食べ残した場所が点在し、草丈の高い場所と低い場所からなるモザイク状の植生が見られる（Naito・Takahashi 2000／Takahashi・Naito 2001）。このような家畜による干渉の強さの違いによってつくり出される不均一な空間構造は、土壌環境をはじめとするさまざまな環境要因の異質性を高めており、草地群集の種多様性維持に貢献することになる（小路・中越 1999／大窪 2002）。

とくに、カワラナデシコやオミナエシなど秋咲き草本の多くは、草丈が高くなるため、家畜に採食されやすく、より強く不食地へ依存する傾向がみられる（Naito・Takahashi 2000／内藤・高橋 2002）。さらに、かつてのような盛夏期の休牧・休閑は、放牧地内において不食地を拠り所に生存している秋咲き草本類にとっては、開花・結実をより確実にする好都合な環境条件にあったことは間違いないであろう。

放牧にも一長一短がある

放牧による植生管理は、永続的な管理が行なえる、労働コストが低い、家畜からの収入がある、傾斜地でも適用可能であるなどの利点がある（前中 1993／Takahashi・Naito 2001）。また、放牧強度を変えることで、管理の強弱に柔軟な対応もできる（Takahashi・Naito 2001）。しかし、過度の放牧は植生の単純化を招きやすく、種多様性を低下させるという指摘もあり（山本ら 1998／坂上 2001／山本 2001／内藤・高橋 2002）、逆に、放牧強度が低いと不食低木類が優占して、単純に放牧さえす

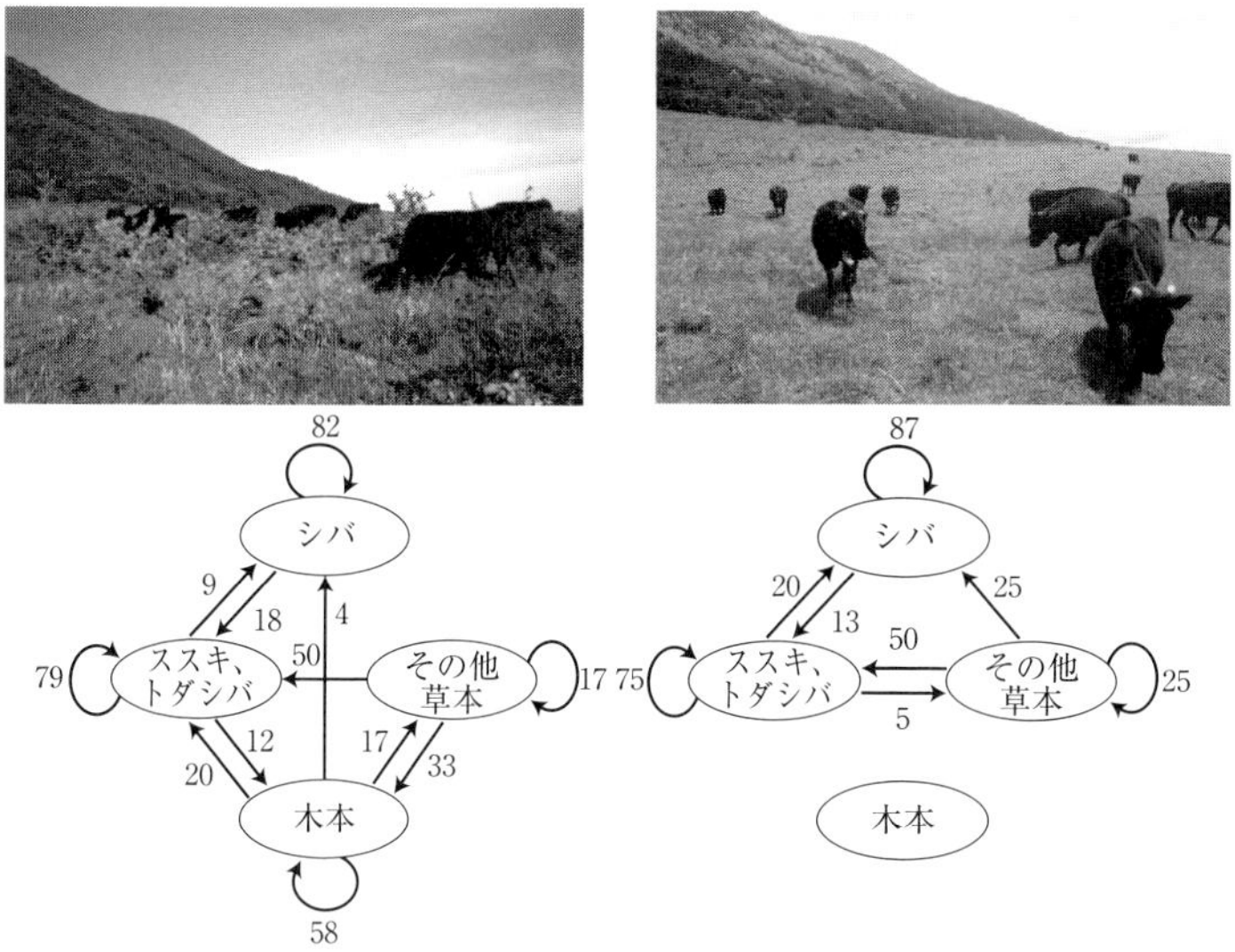

図２−10　三瓶山西の原における放牧再開後９年間の主要優占種の推移確率（%）

放牧を繰り返すだけでは、シバ優占の状態に変化する確率は小さく（移行率13%）、また、木本類などの自己回転率も高いため、なかなかシバ優占の状態には推移しない（左図）。刈払い（または火入れ）を組み合わせることによって始めて、木本類は抑圧され、シバ優占への移行率（45%）が高まる（右図）。

れば森林化が防げるというものでもない（図２−10参照）（西脇ら1993／山本ら1997／高橋ら2009）。

放牧地を含む伝統的草原景観を復元するため、島根県三瓶山では、市民、畜産農家、行政、研究機関が連携して放牧の再開が実現し、岩手県安家森では、美しいシバ草原やブナ林を取り戻すために林間放牧を復活させ、その維持管理費の一部は放牧サポーターが支援している。しかし、三瓶山では放牧による回復が期待されたオキナグサやレンゲツツジが、その後の過放牧の影響やイバラや灌木の繁茂によって減少してしまった。また、無計画な放牧の導入は、急速なシバの優占化とススキ草地の消滅を招き、オミナエシなどススキ草地の植物とそれらを食草とする昆虫類も減少している。現在は、厄介なイバラの刈り払いや火入れの作業にボランティアが参加して、保全管理がはかられている（全国草原再生ネットワーク 2010）。

このように、草地保全のための適正な放牧圧や放牧時期は、植物の組成や家畜の行動様式、地形などによって異なり、十分に明らかになっていない。絶滅危惧種などの保全対象種を含む草地では、極端な放牧強度を加えることは避けなければならないが、現状でのモニタリングを続けて、その結果を管理の方針変更や決定に役立てることが重要である（鷲谷 1997、1998／武内 2001／鷲谷 2001／内藤・高橋 2002）。

写真 2-10　秋吉台に導入されたモーモー火道切り（秋吉台では防火帯を火道と呼ぶ）

（6）放牧の時と場合を見極める

牛は荒廃農地の管理に適任

放牧に馴れた牛は「研ぐ必要のない草刈り鎌」と言われ、最近は、耕作放棄地、果樹園あと地の保全管理や森林の下刈り作業に盛んに貸し出されている（レンタル放牧、中国四国農政局・中央畜産会 2005／高橋 2007）。また、人手不足で里山の管理ができない現状のなか、野生鳥獣の被害を回避するバッファーゾーンの有効な管理手段としても、放牧が高く評価されている（中国四国農政局・中央畜産会 2005／高橋 2007／近畿中国四国農業研究センター 2009）。あるいは、草原の火入れ管理のネックになっている防火帯（輪地）切りに、放牧牛と持ち運びの楽な移動式電気牧柵をセットにして活用する方法（通称「モーモー輪地切り」）もあり（高橋ら 2003）、実際に島根県三瓶山、山口県秋吉台、熊本県阿蘇地方などで効果を上げた（写真2-10）。

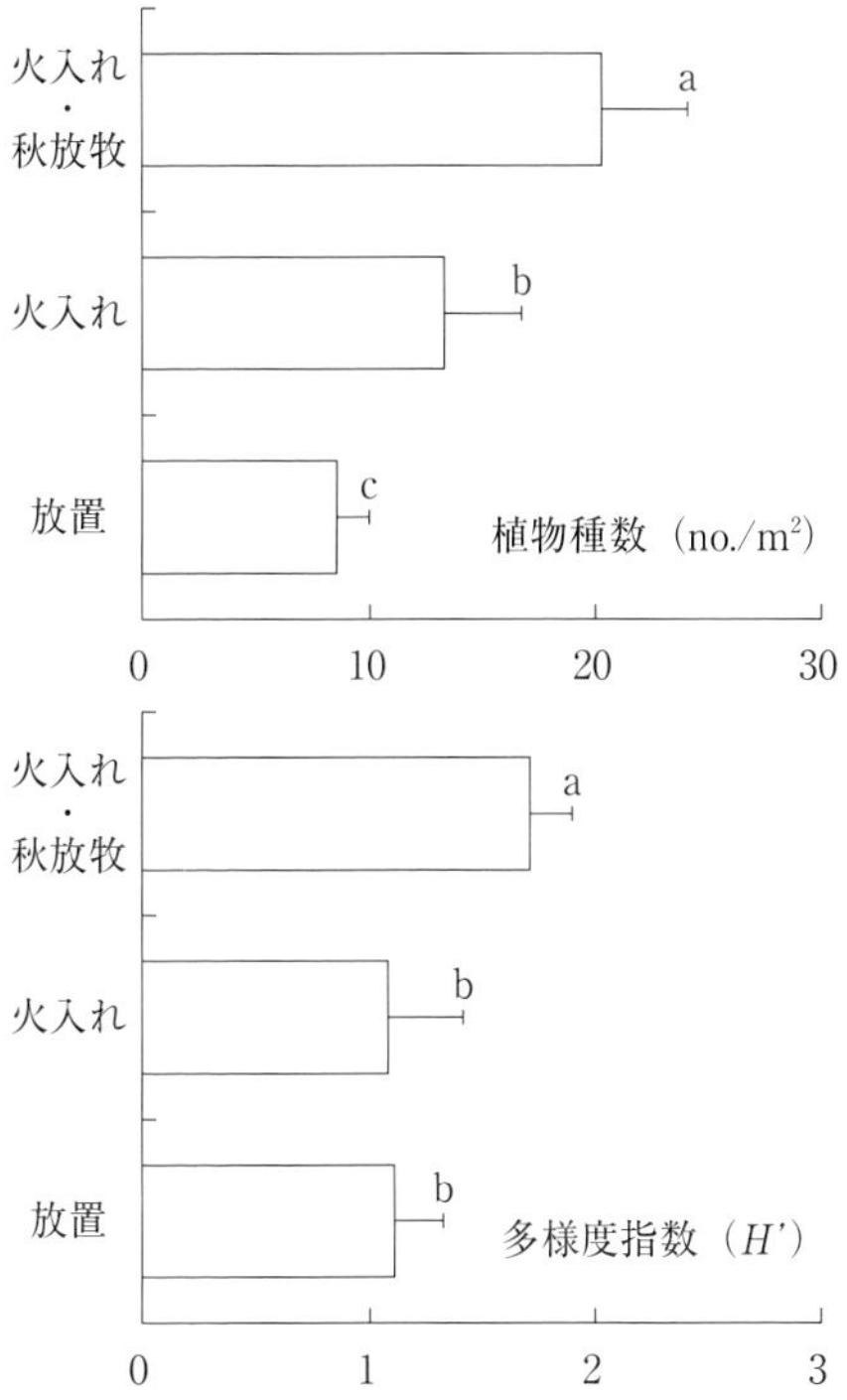

図２-11　火入れ草地における秋放牧（10～11月）の効果（三瓶）

各処理区とも処理開始以前は火入れで管理されていた。放牧は４年間、放置は７年間実施。異文字間には有意差あり（p<0.05）。

また、ススキが過繁茂し、植生が単純化した草原に、草花の開花・結実が終わった秋期にだけ牛を放し、採草作業を代用してもらえば、多様な植物種が共存できる草地植生をつくり出すことも可能である（内藤・高橋 2002）。さらに、木本の侵入を防ぐ火入れと組み合わせることによって、秋放牧は草地の種多様性維持に大きな効果が期待できる（図2－11）。草を刈ることがなくなった草原や急傾斜地の草原は、これからマンパワーに頼るよりも、牛を放牧して優占種（ススキなど）を抑えるほうが合理的な場合もあると予想される。

放牧する場合、牧柵の設置に多大な労力とコストがかかることがネックであったが、近年は設置の簡単な移動式電気牧柵の普及によって、気楽に取り組めるようになり、応用場面が広がってきた。従来は生産や観光に結びつくものであり、一般的な管理手段にはなりにくいと考えられていた放牧

なら、冬はイノシシにとって餌の少ない厳しい季節であるが、冬でも青々としている寒地型牧草地はイノシシの格好の餌場となっていたわけだ。

イノシシの農作物被害が発生しているところで、何の対策もせずに冬期に牧草を育てるということは、知らない間にイノシシの餌場をつくることになりかねない。牧草生産そのものの被害を減らすためだけでなく、周辺農地での被害を助長しないためにも、電気柵など侵入防止柵などの被害対策をする必要がある。もちろん、その分余分なコストがかかってしまうわけで、コストをかけてまで牧草地をつくるほうが得策なのかは、十分に熟慮して決定する必要がある。

このような問題はイノシシに限ったことではない。雑食であるイノシシでさえこれだけ寒地型牧草を食べているのだから、草食であるシカの場合には事態はもっと深刻になる。シカの生息している地域ではさらに注意が必要である。

コラム2-3

◎

冬の牧草地がイノシシの餌場になっている

◎

牛のためによかれと思い、わざわざ育てた冬の外来寒地型牧草地で、知らないうちイノシシなどの野生動物を養っているかもしれない。島根県大田市の牧草地（イタリアンライグラス）では、冬の間にたくさんのイノシシの糞が見つかった。イノシシがサツマイモやドングリを食べることはよく知られているが、「草」を食べることは意外に知られていない。

どのくらいイノシシに牧草を食べられているのか調べるために、金網の小さな囲い（保護ケージ）を牧草地に設置した。イノシシはケージの中にある草は食べられないので、ケージの中と外の草の量を比べれば、イノシシの食べた量がわかる。調査の結果、冬には牧草地全体の６割、春先には４割の草がイノシシに食べられていることがわかった（図２－12）。本来

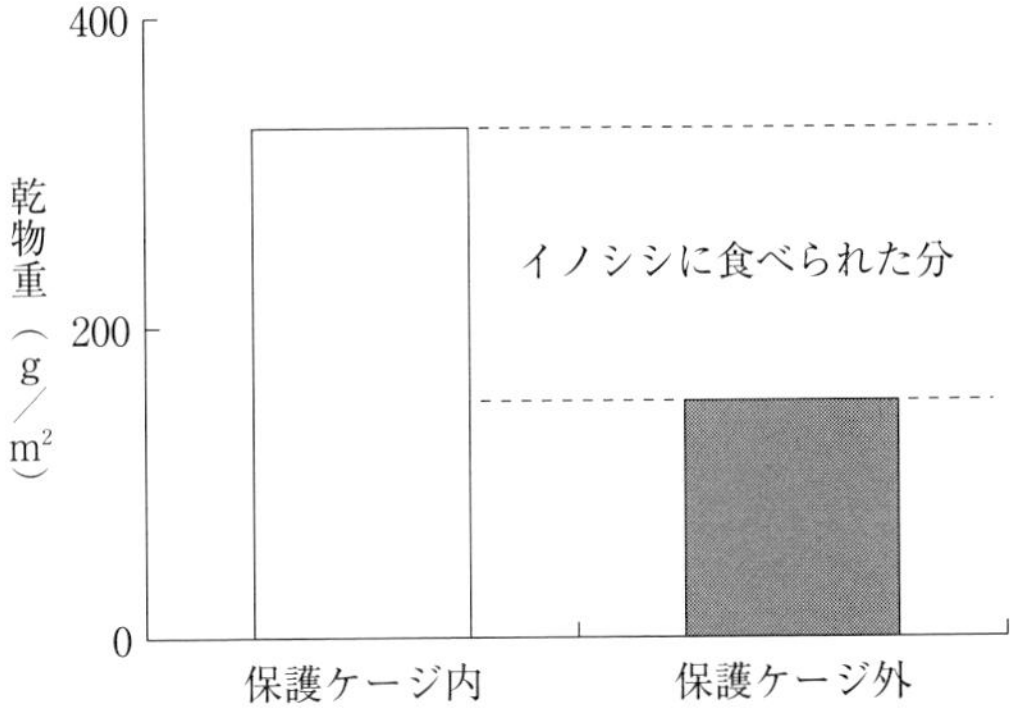

図２−12　イタリアンライグラス草地における
イノシシによる採食状況（2007年３月）

冬でも青い寒地型牧草地がイノシシの餌場を提供してしまう。

資料：上田ら（2008）より作成。

だが、今や小回りの利く実用的保全ツールとして活用できるようになった。

草の循環に根ざしたタイムリーな放牧

前にも述べたように、草地の利用形態には放牧と採草の二つの形態がある。放牧地では、その土地に生えている草を家畜が食べ、排泄して土壌に還元する、自然の仕組みに合致した理想的な循環が行なわれている。しかし、客観的に見てみれば、放牧においてほかの作目や土地利用との有機的連鎖を見出すことはむずかしいと言わざるを得ない。

また、「草を循環する」という仕組みのなかでの旧来の放牧形態は、多くの場合、盛夏期（主に7月下旬から8月中旬）には、厩肥生産のために休牧（禁牧）されていた（「3」参照）。春期と秋期に限られた、しかも粗放的な「放牧の原型」は、現在の長期間にわたる集約的な連続放牧とはまったく異質のものである。

夏の時期に牧野（半自然草原）を休閑させることにより、①イネ科植物は生育量を増し、地下部にも養分を蓄える、一方、②稀少植物を含む随伴種の多くは、この休牧期間中に花茎伸長させて開花・結実をまっとうし、また、③多年生のものは地下部に養分を蓄積して休眠期（秋〜冬期）に備えることができる。したがって、秋期に干し草刈りが行なわれても、ダメージは最小限にとどめられた。秋の放牧にしても、夏場の伸長により草量が確保されているため過放牧にはなりにくい。そのため、随伴植物種の多くも致命的なダメージを被らずにすんだ。

すなわち、草を利用した厩・堆肥生産という「土づくりの基本」に立脚した農耕維持連鎖（図２−６、１５５ページ参照）がおのずとできあがっており、意図的なものではないが、多様な種と生態系が保全されていたと言うことができる。

検証しながらツールメニュー作成

今後、景観や生物多様性の観点から草原保全をはかろうとする場合でも、昔からあった草原管理の慣行についての情報は、新たな管理方法を検討する際の重要な決め手になる。ややもすれば、保全のための技術的な方法論のみに終始しがちで、それを実現するための社会的枠組みにはあまり関心が払われていない。そのために、維持・管理コストを考えると対処療法的で持続性に欠けるといった課題が生じることも少なくない。

その一方で、現在の家畜の放牧飼養の多くは、肥培管理を伴う人工草地の造成・利用も含め、なるべく放牧期間を延長し、牧養力を高めることばかりに意識が集中している。そのため、どうしても過放牧になり、生きものの多くは牛が食べない灌木や糞の場所にできる「不食過繁地」に依存せざるを得ない（写真２−11、内藤・高橋 2002）。そういう状態で火入れを組み合

写真２−11　牛が食べない場所（不食過繁地）に草花が集中する

わせると、この不食地が焼き払われて、翌年以降はその効果が持続できなくなる（小路・中越 1999）。

　これに対して、かつてのように季節的で緩やかな放牧が行なわれる草原は、ススキなどの長大イネ科草本が優占したままで維持されるため、むしろ火入れをしたほうが枯れ葉やリターの蓄積を防ぐことになり、優占種を抑圧し、随伴種の芽生えや生長を促進することができる（内藤・高橋 2002）。また、火入れによって保全対象種の天敵生物を抑える効果もあるという（写真2－12、江田・中村 2010，中村 2010）。それらの結果として、生物種の多様性が高まることが少なくない。

　このように、放牧地の草生維持に不可欠な刈払いや火入れの作業も、条件や頻度によって保全面での効果が大きく変化するので注意が必要である。保全対象となる植物の花の数や時期などの「簡単な観察」でもかまわないので、できる限りモニタリングを続け、管理の効果があるのか、その効果が持続できているのかどうかを検証しておくことが大切である。

写真2－12　草原性の絶滅危惧種
オオルリシジミ
（写真提供：井上欣勇）

野焼き（火入れ）は，このチョウの卵に寄生するハチの発生を抑制する効果があるという（江田・中村 2010，中村 2010）。

4　理想的な野草の利用に五つのＦ

(1) 野草の利用価値を再評価する

昔から作物栽培は雑草との闘いが最大の悩みであったように、日本は温暖で雨の多い気候のため、草は豊富で、生育も旺盛である。かつては、その草資源を家畜の飼料や堆厩肥、茅葺き材として利用していたため、野草地（半自然草原）は人びとの生活に不可欠な存在だった（西脇 2006／高橋 2006）。また、このような草地は明るい環境を好む草花や昆虫、小動物の生活場所となり、地域の生物相を豊かなものにしていた（大窪・土田 2000／瀬井 2006）。今でも、自然に生えてくる野草を資源として考えると、さまざまな利用価値が見えてくる。

前にも述べたが、草利用の基本は「採草」と「放牧」であり、放牧は「自己循環型」、採草は「地域循環型」と言える特徴をもっている。最近は、家畜飼養管理の省力化の観点から放牧が注目されているが、放牧利用においてほかの作目や土地利用との有機的連鎖を見出すのはむずかしく、集落あるいは地域レベルで資源循環が行なわれるわけではない。一方、採草利用は、家畜の飼料、厩肥源、有機質肥料、マルチ資材、建築資材、そしてエネルギー資材、工業資材など多様な用途のなかで、広域の資源循環を担う可能性をもっている（中坊 2006／西脇 2006／高橋 2006）。これが、草の「多目的

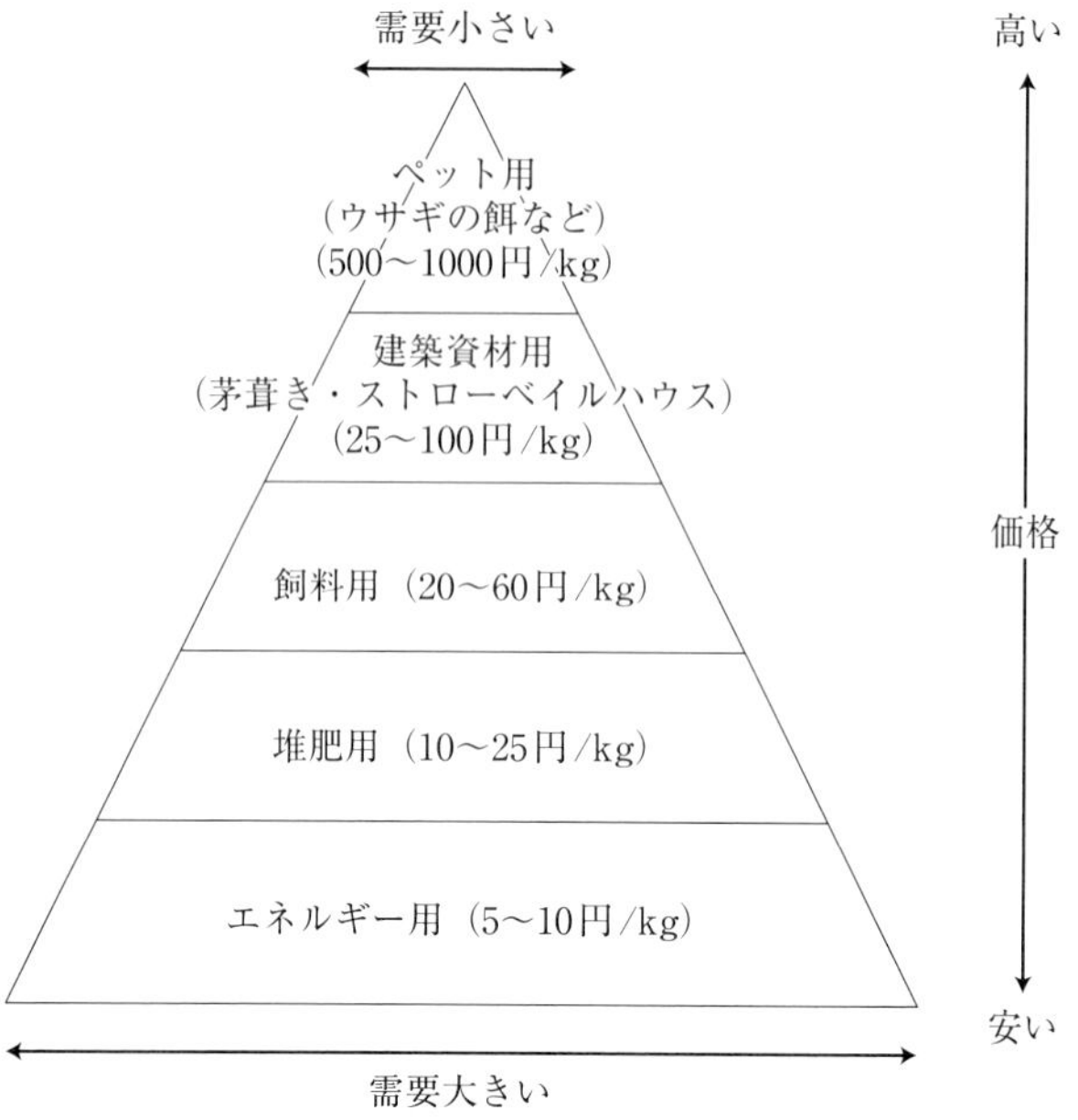

図 2-13 草の需要ピラミッド

資料：九州バイオマスフォーラム (2005) より作図。

表 2-2 草本系バイオマスの特徴

1. 面積当たりの生産量が高い (ススキは5～24t/ha、木材は3～5t)
2. 木質バイオマスに比べ乾燥しやすい (自然乾燥で水分含量15%以下)
3. 毎年、同じ場所で収穫できる (木質の場合、10年以上必要)
4. 傾斜地での収集・運搬が木材より簡便
5. 粗飼料や堆肥としても利用できる (収穫すればさまざまな活用方法がある)
6. 栽培コストが安い (野草の場合、自然に生えており、播種・施肥が不要)
7. 野草類は河川敷、スキー場、休耕地などどこにでも生えている (普及性が高い)

資料：中坊 (2006)、九州バイオマスフォーラム (2005) より作成

なバイオマス利用」（図２-13）である。

いうまでもなく、バイオマス資源の評価にあたっては、原料の栽培や利用に伴う化石燃料消費も考慮したエネルギー収支を考えなければならず、経済性の評価、地域での成立可能性など多面的に検討される必要がある。現状ではバイオマス利用が普及していないため、評価するのにデータは十分でないが、生産を化石エネルギーに依存しない野草資源の利用は、環境保全面からも今後重要視されてくるものと考えられる（表２-２）。

（２）欧米諸国におけるススキへの関心の高さ

意外なことだが、ヨーロッパ諸国においては、昔からエネルギー作物としてのススキへの関心が高い。１９９２年以降、英国ではススキ属のエネルギー作物としての潜在力を研究しており（Bullard 1996／Speller 1993）、日本からも相当数のススキの種子（遺伝資源）を持ち帰っている。栽培実験によれば、ススキの生長群落は11～12ｔ／haの生産力をもち、施肥や密度の影響は少ないことが認められている（Bullardら 1997／Christianら 1997）。

一方、地球温暖化の被害を最も深刻にとらえているオランダでは、２０２０年までに国内エネルギー需要の10％を再生可能エネルギーにより供給するという目標を設定している。人口密度の高いオランダでそれだけの量のバイオマスを栽培するのは困難を伴うが、試算によれば最大で13万haの土地がエネルギー作物栽培に転用可能である。ある試験例では（Van Zanten 2001）、エネルギー作物としてススキ、麻、ヤナギを用いて、電力生産効率を比較検討した結果、ススキを原料として使用した発電が費用対効果の面でもっとも優れていた。

そのほかにも、デンマーク、ドイツ、スウェーデンなどにおいてススキ属の育種ネットワークが盛んで、エネルギー作物あるいは繊維作物としての可能性を論じている。これらの研究で有望視されているMiscanthus sinensis 'Giganteus' は、「ジャイアント・ミスカンサス」とも呼ばれ、おそらくオギとススキの自然雑種であろうと考えられている（Greef・Deuter 1993）。１９３５年に観賞用として日本からデンマークに輸入され、現在ではヨーロッパ全域に広がっている（松村 1998）。冷涼なヨーロッパ地域では、ススキ属植物の多くが越冬性や種子生産に問題があるのだが、その点では日本は有利な条件にある。

ススキなどのC4タイプ（暖地型）の永年生草本は、栽培コストがかからず、穀類などの食料生産に適さない不良栽培環境下でも生育が可能で、また、地下部への炭素固定能力の高さや野生生物ハビタット（生育・生息地）としての機能なども見直され、近年は、米国やカナダでも大きな注目を集めている（山田 2009）。日本におけるススキやチガヤなどと同様に、北アメリカの草原地帯にはスイッチグラスというイネ科永年草が広く自生しており、セルロース系バイオエネルギー原料として有望視され、栽培・収穫・運搬から製造過程までの研究が大規模に進められている（Lewandowskiら 2003／山田 2009）。また、アメリカの一部では、わが国に自生するススキ属の草本植物がバイオマス資源作物として注目され、品種開発にも着手しているという（山田 2009）。

（3）わが国におけるススキの生産力

わが国では、ススキの生産力に関する文献は少ないが、近畿中国四国農業研究センター（標高20ｍ）では、利用時期（6、8、10、12月）を変え、9年間にわたってススキの生産量を調査している（余田ら 1987）。それによると、10月と12月に刈り取った場合には、乾物収量の年次に伴う低下が少なく、1000ｇ／㎡以上という高い生産性を示した。もともとの地力が高いことも影響したと思われるが、それにしても、肥培管理をしないでha当たり乾物10ｔを超える生産が、毎年達成されることには驚かされる。

しかし、寒冷地や高標高地では、ススキの生産力はかなり低下する。たとえば、長野県菅平（標高1300ｍ）では、乾物生産量は258〜347ｇ／㎡にすぎなかった（林 1994）。また、刈取りに対するダメージも高標高地や寒冷地で大きく、四国の善通寺市（標高150ｍ）での6、8月刈りでは、刈り取った翌年には約90％の回復が見られたが、標高の高い四国カルスト（標高1300）や塩塚高原（標高900ｍ）では再生量が30〜70％にとどまった（河野ら 1988）。一方、10月刈りの場合は、前述の近畿中国四国農業研究センターの結果と同様に、両調査地ともに前年と同レベルの乾物生産量を示した（河野ら 1988）。

このように、西南暖地においては、ススキはきわめて良好なバイオマス資源といえる。一方、寒冷地や高標高地では、優位性という点で木質資源などほかのバイオマス資源との比較検証が必要となるが、利用時期に応じた休閑期間を設けることによりススキの持続的な利用も可能になる。

しかしながら、わが国おいては、施肥なしでも高い生産力をもつススキなどの在来イネ科草本に対してほとんど関心が向けられなかった。多くは「雑草」としてぞんざいに扱われ、家畜の飼料用の草といえば外来種の牧草類に、また、エネルギー作物といえば食料と競合するトウモロコシや小麦などに政策が特化してきた。日本の環境条件のなかで長い年月の間に独自の進化をし、生き残ってきたこれらの在来野草の多くは、自国ではほとんど見捨てられ、遠く欧米諸国から大きな注目を集めているのは皮肉なことである。

(4) 草本バイオマスの利用形態

「草本バイオマス」(坂井 1998／森田ら 2003)の利用については、食料(Food)、繊維(Fiber)、飼料(Feed)、肥料(Fertilizer)、燃料(Fuel)という5Fをカスケード利用(多段階利用)することができれば理想的である(森田ら 2003)。草地畜産分野で取り扱う草本植物(野草、牧草、飼料作物)のカスケード利用について考察すると、直接の食料としては向いていない。また、繊維(材料)としては茅葺き利用が代表的であるが、需要はかなり限られており、カスケード利用の主体は飼料、肥料、燃料が考えられる(図2−13)。これらのうち、現在、飼料、肥料の利用はされているが、燃料利用はほとんど行なわれていない(森田ら 2003／中坊 2006)。

繊維材料としての利用

繊維材料としては、自動車部品、建築資材・断熱材などの用途もあるが（中坊 2006）、代表的なのは茅葺き屋根である。材料はススキが主体で、ほかにヨシ、ササ、カリヤスなどを利用する地域もある（財団法人日本ナショナルトラスト 2003）。この場合、刈取り時期を晩秋以降にすると、地下部に翌春の成長に必要なエネルギーが蓄積されているため（図２-８、１６７ページ参照）、収穫によるダメージは少なく、毎年同じ場所を収穫利用することが可能である（余田ら 1987／大窪 2002）。

価格はkg当たり50～１００円で流通されており、ほかの費目（飼料、堆肥用）に比べて高い。大阪府の岩湧山（大窪・土田 2000）、岩手県金ヶ崎町（財団法人日本ナショナルトラスト 2003）、群馬県みなかみ町の上ノ原（グリーン・パワー編集部 2007）では、茅場を復活させ、伝統的建造物の屋根葺き資材としての茅（ススキ類）の生産を地元産業として育成しようという試みも見られる。

本来、わが国には、茅葺き使用後の古茅をさらに肥料にするという、使い回しの形態があった（財団法人日本ナショナルトラスト 2003）。茅のカスケード利用という原点に立てば、需要の創出は決して不可能ではないだろう。

なお、ヨーロッパではヨシやクサヨシを使った茅葺き建造物が現在ブームとなっており、その保存体制には文化財的な意味合いのものと自由な経済活動として行なわれているものとがある。ブームの理由としては、ステータスシンボル、循環社会にマッチした地球環境への優しさなどが評価されているが、防火と断熱効果を考えた新工法も工夫されている（日塔 2000、2002）。

肥料・堆厩肥としての利用

古い時代には、草資源は日本の農業を支えていた（図2−6、155ページ）。時代の変遷のなかで「採草地—牛馬—農耕地」の有機的連鎖が消滅し、野草資源は見捨てられてしまった感があるが、実際には利用する価値は十分にある。近年、有機農業や環境保全型農業が見直されるなか、高品質な野菜、花卉、果樹生産農家にとっては、刈り取ったススキやヨシなどの野草は有機肥料源として土づくりに欠かせない材料であり、一部の地域ではすでに地域内流通が行なわれている（大滝 2001／九州バイオマスフォーラム 2005）。

たとえば、広大な野草地を抱える阿蘇地域では、優秀な耕種農家の多くがススキなどの野草を堆肥の原料として利用し、高品質の野菜、花卉、果物を生産している（大滝 2001）。それゆえに、野草を欲しているのである。高収益を誇る花卉農家などは「自分の休耕田をススキ畑にしたい」と言ってはばからないほどに隠れた需要があり（高橋 2003）、野草を混合した「刈干堆肥」を生産している自治体もある（九州バイオマスフォーラム 2005）。また、草原の野草を堆肥として利用した「かけぼし米」をつくり、北九州など各地の方と契約販売を行なっている集落もある。米の購入者に対して自分たちの牧野を案内することで、地域の水源や牧野に生育する草花などの自然環境について知ってもらうとともに、年に1回、生産者と消費者の親睦をはかっている。

また、埼玉県熊谷市周辺では、地域を単位としたリサイクルシステムをめざして、地域資源の河川敷野草を三混堆肥（畜糞・生ゴミ・野草）や和牛繁殖農家のエサとして循環させ、有機的農業生産に役立てる試みが行なわれている（財団法人農村開発企画委員会 2002）。

家畜の飼料としての利用

本来TDN45～50％程度の野草類の栄養量で十分な肉用牛繁殖牛に対し、過剰栄養の寒地型牧草を提供することの弊害はこれまであまり論じられてこなかった。また、戦後の草地改良事業の背景には酪農振興が色濃く、多大な投資をして人工草地がつくられたが、その結果、多額の経費や維持管理費が公共的牧場の赤字のもととなった例は、枚挙にいとまがない。

しかし、最近は畜産分野でも、野草や野草地（半自然草原）の価値が見直され、資本投資を必要としない軽装備で低コストの地域資源として評価が高い（西脇・横田 2001）。肉用牛繁殖牛にとって、シバやススキは栄養的にも申し分ないエサ資源である（コラム2-4参照）。筆者らの研究によれば、放牧地の野草の飼料成分は肉用繁殖牛の要求量にほぼ合致しており、基礎飼料としてはきわめてすぐれ、また、多様な随伴種の存在が草地全体としての栄養価を高めるのに貢献している（図2-14、堤ら 2009）。これに対して、外来の寒地型牧草を導入し、肥培管理している人工草地では、CP（粗蛋白質）やTDN（可消化養分総量）が高すぎて繁殖雌牛には向かないばかりか、場合によっては受胎率の低下や流産などを招くこともわかってきた（渡邉ら 2008／近畿中国四国農業研究センター 2009）。また、根茎の丈夫なイネ科野草は、傾斜地畑や水田畦畔の土壌浸食防止にも大きな効果を発揮するものである。

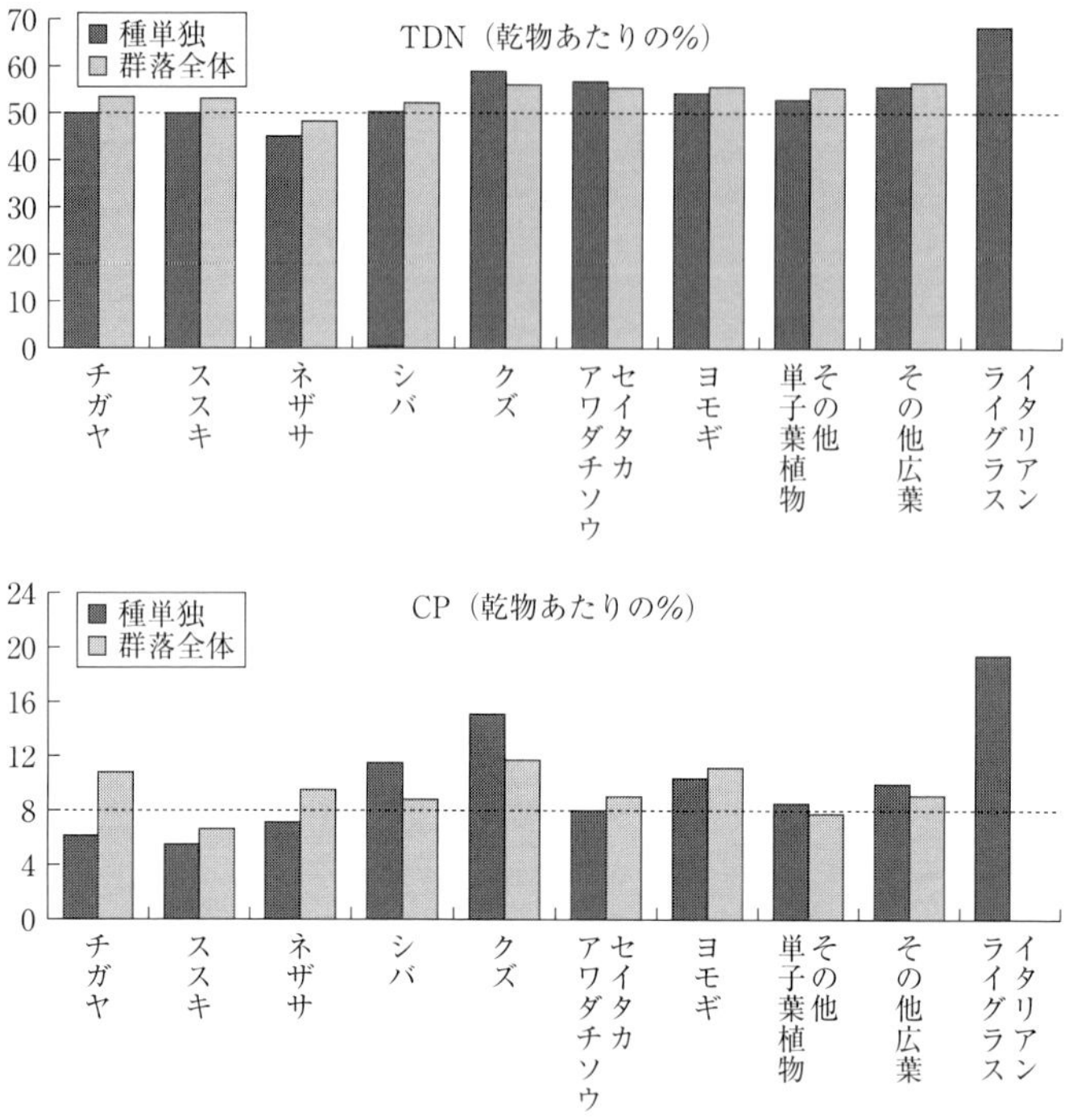

図2-14　主な野草種とそれが優占する群落全体のTDN（上）およびCP（下）

資料：堤ら（2009）より。

注：比較のためにイタリアンライグラス１番草出穂前のデータ（日本標準飼料成分表より）も併せて示す。点線は繁殖牛の要求量の目安を示す。

阿蘇の畜産農家へのアンケート調査によると、野草のほうが牧草よりも評価が高く、「野草が手に入れば使いたい」という農家や、「野草の流通センターがほしい」という声がたくさんあることもわかってきた（中坊 2006）。

エネルギーへの利用可能性

現状ではほとんど実績がないが、晩秋期以降の立枯れ状態のススキなどは、木質系資材と同様にエネルギー利用への関心が高い（坂井 1998／中坊 2006）。また、腐敗あるいは雑草種子が混入し、エサや堆肥用として流通できない乾草も、エネルギー源としての利用にはほとんど問題ない。

最近では、高浮遊外熱式カロリーガス化法による植物系バイオマスの新しい熱・電エネルギー供給システムが開発され、実用機では1日1ｔのバイオマスで１０００kWh／日、家庭約１００世帯分の電力供給分の出力を安定供給できるという（農林水産技術会議研究開発課 2004）。コスト面では、１ｔ当たり1万円の値段で原料を入手できれば事業化が可能である。このほか、バイオエタノール生産や家畜糞尿の発酵によるバイオガス生産においても、刈草を用いる有利性が報告されている（Schulz・Eder 2002、Tilmanら 2006）。

広大な草原域を抱える熊本県阿蘇市では、自生する在来草本類を「緑の油田」として利用し、減少が続く草地の保全と阿蘇の社会システムの転換を目的に、2005年（平成17年）から草本系バイオマスエネルギー利活用システム実験事業を行なっている（中坊 2006／高橋 2009）。これは、阿蘇市内の

渡邉ら 2008／近畿中国四国農業研究センター 2009)。畜舎飼いの場合に比べて、放牧牛の過剰な養分摂取を人為的に調整することは困難な場合が多いもの。今回得られた基礎データを参考に、基礎飼料としての野草の価値を見直し、安易な人工草地化を進めるのではなく、野草地の利用を積極的に拡大すべきであろう。そのことは、野生鳥獣による被害を抑圧することにもつながる（コラム2-3「冬の牧草地がイノシシの餌場になっている」を参照)。

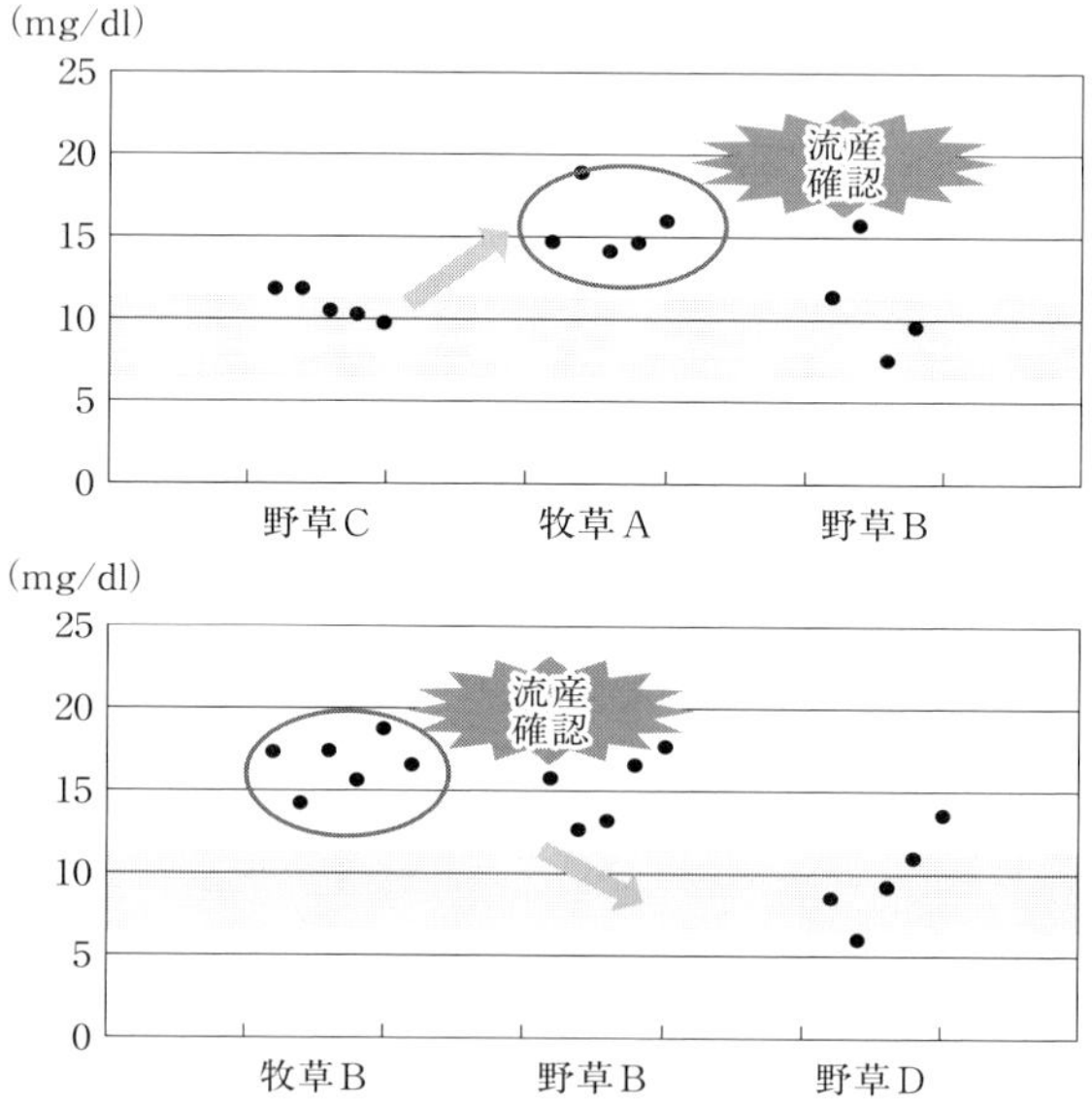

図2-15　寒地型牧草放牧地と野草放牧地における流産の発生と放牧牛の血中尿素態窒素（BUN）の推移

資料：上：2008年、下：2009年、近畿中国四国農業研究センター（2009）より。

注：薄網枠は適正な範囲を示す。牧草放牧地ではBUNが高くなり、受胎率を低下させる危険性がある。

コラム2-4

◎

野草類は肉用牛繁殖牛にピッタリ

◎

半自然草原や耕作放棄地にはさまざまな野生植物（野草）が生育しているが、野草の飼料価値についてはほとんど調査されておらず、データはきわめて不足している。図２-14は、これらの放牧地に自生している野草のTDN含量およびCP含量を調査したものである。（堤ら 2009／近畿中国四国農業研究センター 2009）。調査は、中国地方の34か所の耕作放棄地および野草地において、計137回のサンプリングを行ない、各サンプルの飼料成分を分析し、優占種（チガヤ、ススキ、ネザサ、クズおよびセイタカアワダチソウ）単独と、随伴種も含む野草群集全体のTDN含量およびCP含量を４月から11月の各放牧期を込みに集計した。

その結果、野草群集全体のTDN含量は、ネザサ優占の場合を除き、各季節を通じておおむね50%DMを上回っていた。野草地放牧の場合、一般に放牧強度は低く、十分な採食量が確保されていれば、肉用種繁殖牛にとっては自生する野草のTDN含量で十分であるといえる。また、CP含量の基準値を８%DMとすると、ほとんどのデータでこの値を上回っていたおり、ススキおよびチガヤ優占プロットで８%DMをやや下回る値が見られたが、興味深いことに、チガヤ、ススキ、ネザサなどのイネ科野草は、TDN含量、CP含量ともに、それら単独よりもそれらの種が優占する野草群集全体のほうが大きい傾向にあった。つまり、これらの種の優占する場所では、随伴種の存在が飼料価値を増大させていたことになる。

ところがクズ優占地では、TDN含量およびCP含量のいずれも、クズ単独よりも随伴種を含む野草群集全体のほうがつねに小さくなった。クズのTDN含量、CP含量は肉用繁殖牛にはやや過剰であり、いい具合に随伴種の存在がこれらの値を適正値に近づける作用をしていたことがわかる。

一方、イタリアンライグラス、オーチャードグラスなど、寒地型牧草を導入した放牧地では、肉用繁殖牛にとってTDN含量、CP含量ともに過剰気味で、繁殖性に悪影響を及ぼしていることが報告されている（図２-15、

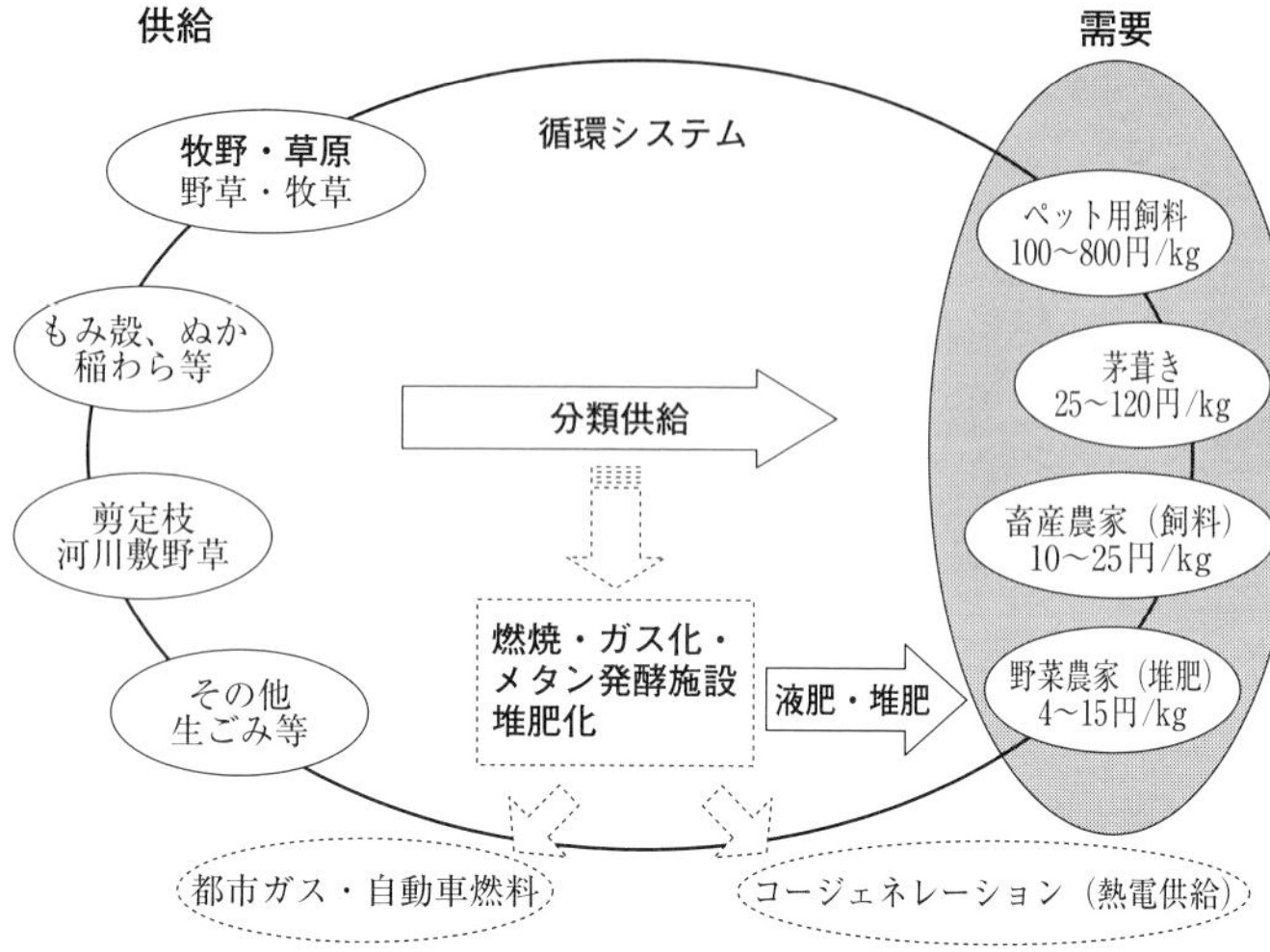

図2−16　野草資源等の流通・循環の可能性

注：点線は今後の技術開発を必要とする。

広大な原野（半自然草原）に自生する未利用草本を対象に、ＧＩＳ（地理情報システム）を利用した採草・運搬システムによって収集を行ない、ガス化プラント施設でガスに転換するものである。

この実験事業を契機に、２００６年からは、阿蘇市内の若手農業者からなる野草収穫・運搬のオペレータ組合が創設され、農閑期（秋～冬）の新たな仕事が生まれたことにより、雇用の創出にもつながった。また、２０１０年度からは、ガス化発電の際に生じる燃焼灰を、農業用肥料に活用してもらうために、阿蘇市が一般販売を始めた（全国草原再生ネットワーク 2010）。

将来的には、この事業を基本に、農家や地域住民が主体となり、草を資源として収集し、堆肥やバイオ燃料原料などさざまな利活用を行なう「草地を活用した循環型の地域おこし（阿蘇モデル）」をめざしている（図2―16）。草本類のエネルギー化は国内ではこれまで例がないことから、ここで得られるデータは、温暖・湿潤で草資源の豊富なわが国における草本バイオマス利活用に向けた端緒となるものと期待されている。

食べものを介した利用

普通に考えれば、「食べもの」としての草の利用はあり得ない。しかし、発想を転換して『食』を通じて」と考えれば、草の循環利用にかかわることができ、草地の生態系を守ることにつながっていく。要するに、肥料・堆肥としての野草資源でつくられた作物を食べるということである。

たとえば、野草堆肥を使う野菜農家のトマトを年間10kg食べるとすると、これは野菜畑の土づくりに使った5kgのススキの量から、約10㎡の面積の野草地が採草に使われたことになり、同面積分の草花や昆虫、動物たちが守られていることになる（高橋 2006）。田んぼで提唱されている「茶碗3杯分のコメで、赤とんぼを保護することができる」という主張（宇根 2005）と同様の考え方である。草原性生物の保全に採草地がもっとも重要な役割を果たしていることは、各方面から指摘されているが（瀬井 2006／高橋 2006）、人間が生きていくうえでもっとも身近な「食」に、それに付随する動植物の価値を認めることで、消費活動へ結びつけるのである。

阿蘇草原再生に取り組む環境省では、２００４年に野草堆肥を利用した農産物に「草原シール」を特別に貼る取組みを始め、現在は野菜農家を中心に「草原再生シール生産者の会」が設立され（写真

2−13）、また、野草堆肥の利用を促すための「野草堆肥利用マニュアル・パンフレット」も作成された（九州バイオマスフォーラム 2006）。野草地の活用や重要性を消費者に理解してもらい、地元農産物の利用や草原再生へ参加を促そうとするもので、このような物の交流や循環が地域への帰属意識を高め、より多様なパートナーシップへと発展する。

写真2−13　草原再生シール生産者の会の農家と街頭販売の様子
野草を堆肥にして育てた野菜は好評だ。

阿蘇につぐ広大な草地が展開する秋吉台でも、同様の取組みが始まっており、研究機関や観光施設、市民団体などがスクラムを組み、草刈で動植物の多様性を引き出し、刈草を寝かせた堆肥を使う有機栽培で資源リサイクルの道筋を探っている（西日本新聞 2008.7.4. 掲載）。

（5）草の利用で生態系が守られる？

日本でのバイオマス作物の問題点は、栽培に要するコストと化石エネルギーの低減にあり、その点、阿蘇のような広い面積の野草地が残っている地域では、低投入で粗放的に管理できる草本バイオマス利用が可能である。また、主に西日本の野草地（半自然草原）に生育する大陸系遺存種と呼ばれる希少植物の多くは、火入れ、刈取り、放牧などの人為的攪乱によって、ススキなど競争力の大きい種による資源の独占を排除することで、生き延びてきた経緯がある（大窪・土田 2000／高橋 2004）。また、草原にはこうした植物種に依存する豊富な種類の鳥類やチョウ類が生息し、実に多種多様な生きものが存在している（石井ら 1993／柴谷 1995）。

粗放な管理条件下で生育する草原植物の特性は、前年秋までに地下部に蓄積した窒素を夏の間地上部に転流させて光合成を行ない、乾物を生産して、その後地下部に転流させるというものである（図2–8、167ページ参照）。したがって、用途や時期を選べば、収穫に伴うダメージを最小限に抑えることができる（大窪 2001）。この特性が、火山灰地帯のような地力の低い場所にススキ型草地やネザサ型草地を安定的に成立させる要因の一つと考えられている。

もともとススキ等の野草利用は、晩春～夏が放牧、夏～初秋に朝草刈り、初秋～晩秋には干し草刈

写真2−14　採草される草原には稀少な草花が咲き乱れる（夏のユウスゲ）

牛馬の餌や堆肥用にススキやネザサを刈り取ることで、翌年のススキやネザサの勢いを抑え、随伴する草花が花を咲かすことのできる環境になる。

り、茅刈りなどさまざまであったため（図2−8参照）、モザイク状の植生が形成されていた（Naito・Takahashi 2000／今江 2001／大窪 2001）。多様な種を維持してきた生態系の基盤は、草資源を利用するという生活行為によってつくられてきたのである（写真2−14）。現在残っている半自然草原のほとんどは春の野焼きのみで、採草利用は少なく、以前と比べると植生構造は単調で多様性が失われつつある。多くの草花が結実を終えた秋期以降に採草し、バイオマス利用を進めることは多様性の高い草地生態系の創出にもつながる可能性がある（高橋 2004）。

そして、何よりも野草地の草はクリーンな資源である。欧州での調査（表2−3、Bical Energy 2005）によれば、栽培条件でのススキの生産過程でのエネルギーの産出／投入比は30を超える高い値で、省化石燃料型のエネルギー作物と位置づけられている。この値は、小麦やナタネのそれを大きく上回っており、また、わが国における寒地型牧草の採草利用の場合（板野ら 2005）をもはるかにしのぐものである。採種、播種、肥培管理を必要としない日本の野草資源を利用すれば、さらに高い化石エネルギー節約効果が期待される。

表2－3　エネルギー産出／投入比から見たススキの特徴

作目	エネルギー投入（MJ/ha）	エネルギー産出（MJ/ha）	産出／投入比
ススキ	9,223	300,000	32.53
寒地型牧草	33,470	173,220	5.48
ヤナギ	6,003	180,000	29.99
麻	13,298	112,500	8.46
小　麦	21,465	189,338	8.82
ナタネ	19,390	72,000	3.76

出典：Bical Energy (http://www.bical.net/uploads/files/23.pdf)，板野ら（2006）。

（6）地域で見出すバイオマス

バイオマス燃料が現実的になっているなかで、やはり食料と直接的に競合しない草本バイオマスに期待がかけられている。テレビのニュースや新聞でもよく取り上げられるようになり、ある番組では石油会社でも草本ベースでの開発実験が進んでいると報じられていた。もともと草はかさばりやすく、輸送の手間とコストがネックとなるが（高橋 2004）、数十年～数百年周期で伐採される森林の場合と違って、草は毎年の生産分をほぼその年に利用することができ、収穫場所を移動する必要もないというよさもある（表2－2）。

しかし、中山間地域では一次産業（農林業）の衰退により、過疎化が進んでいるため、バイオマス生産の基盤となる農村地域社会の再生とバイオマス産業活動をリンクさせて計画することが重要である。バイオマス利用を単に技術開発の側面だけでなく、持続的な農村社会を実現するための動機づけや手段としたい。そのために、バイオマスを通して資源循環のあり方やそれに伴う社会的便益を提示し、そこに主体の参加意欲を結びつける仕組みづくりが必要だ。

前にも述べたが、地域循環を考えると、放牧という単一なアプローチだけでなく、稲わらなどを含む草資源の循環利用、カスケード利用にも当然目を向けるべきである。また、それは失われつつある草原の生態系や生物多様性をよみがえらせる契機にもなりうる。このような観点に立てば、単に家畜のエサのみとしての利用にとどまらず、幅広い用途が望める「野草」というものの価値が際だって見えてくる。ある特定の経済価値や利益だけを見るのではなく、多様な生物に支えられたバランスのよい生態系サービスを発揮させることが、21世紀の草利用の姿かもしれない。

5　草原の危機に都市と農村が連携

草の資源としての価値を見直そうとする一方で、草原のもつ美しい景観や豊かな自然環境を、都市と農村の市民と行政が連携することで次世代に引き継ごうという取組みも、芽生え始めている。熊本県の阿蘇地方では、野焼き（火入れ）や輪地切り（防火帯切りのこと）などの作業にボランティアが支援するようになってからすでに13年が経過した。これまでに、大きな人身事故もなく、延べ1万5000人以上もの野焼き支援ボランティアが活躍している。ここでは、市民参加による資源管理の先駆者ともいえる阿蘇のボランティアの活動の発展過程を振り返り、ボランティアを組織するとともにそれらを地域に根ざした活動として具体化させていった財団法人阿蘇グリーンストックのあゆみを検証してみたい。

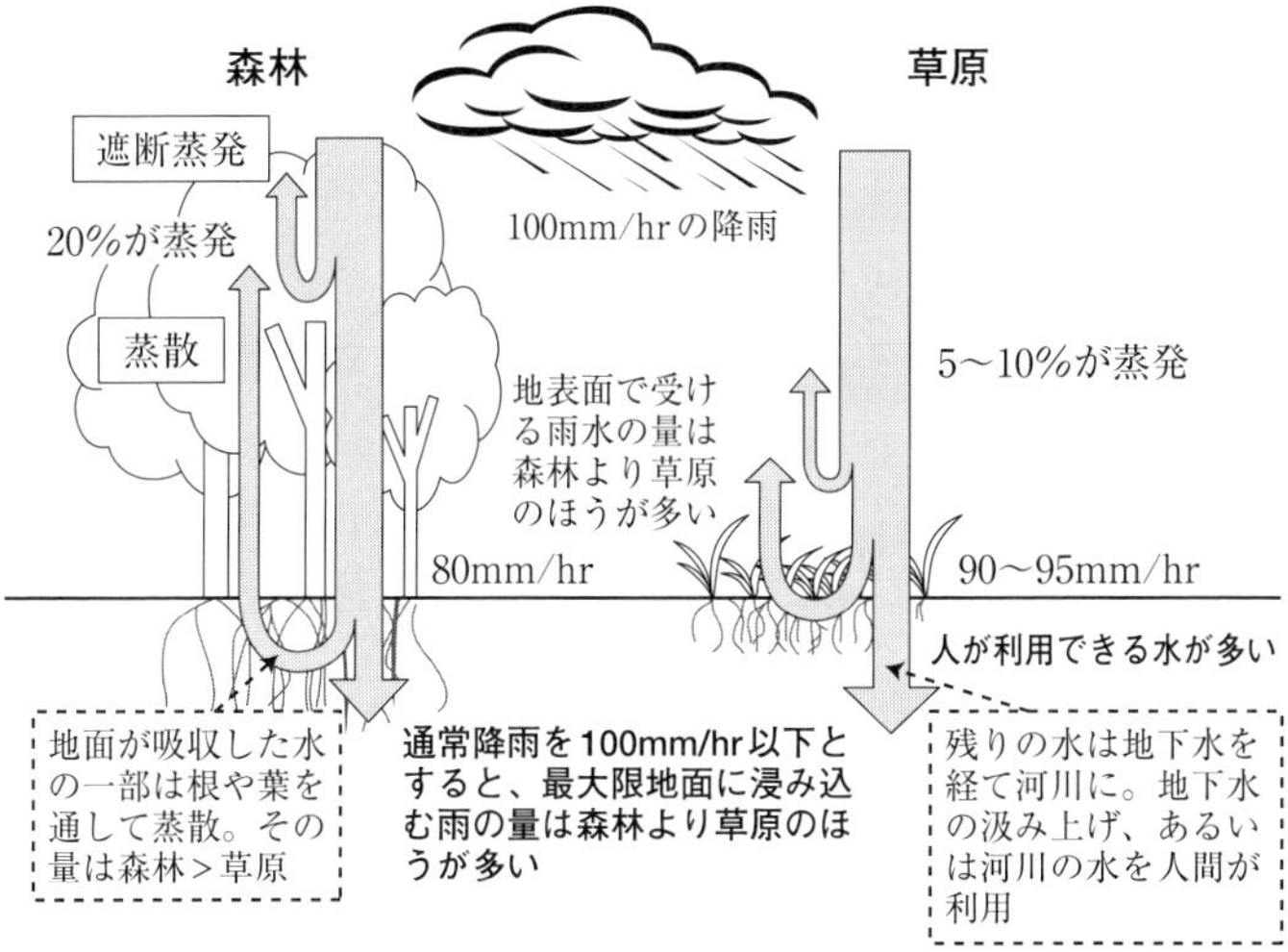
森林
草原
遮断蒸発
20％が蒸発
100mm/hrの降雨
蒸散
5〜10％が蒸発
地表面で受ける雨水の量は森林より草原のほうが多い
80mm/hr
90〜95mm/hr
人が利用できる水が多い
地面が吸収した水の一部は根や葉を通して蒸散。その量は森林＞草原
通常降雨を100mm/hr以下とすると、最大限地面に浸み込む雨の量は森林より草原のほうが多い
残りの水は地下水を経て河川に。地下水の汲み上げ、あるいは河川の水を人間が利用

図２-17　森林と草原の地下水涵養力（阿蘇草原再生協議会 2010）
資料：塚本良則編「森林水文学」を参考に作成。

（1）人と自然の融合景観・遺産の危機

年間３０００㎜もの降雨量がある阿蘇は、６本の一級河川の源流域となっており、まさに九州の水がめである。水収支に関するデータを見ると、草原も森林に劣らず地下水を涵養する力があり（図２-17）、阿蘇の草原は九州の水供給に大きな役割を果たしていると言える。また、日本一の規模を誇るサクラソウ群落、阿蘇にしか生育しないハナシノブ、絶滅危惧植物であるヒゴタイ、オキナグサ、キスミレなどの大陸系遺存植物が見られる阿蘇の草原は、生物多様性の宝庫でもある。全国的に二次草原（半自然草原）が減少するなか、広大な面積が残されている阿蘇は、草原性の動・植物にとって最後の砦であり、日本の生物多様性を保全していくうえで、かけがえのない価値を有している。

このように、阿蘇の草原は、阿蘇のみならず九州、そして国民共有の財産なのであるが、その草原が現在、危機に瀕している。過去9年間に、農家の後継者不足に高齢化が進行し、有畜農家は41%、放牧頭数は26%減少している（阿蘇草原再生協議会 2009）。もはや、阿蘇で暮らす人びとの手だけで草原を守ることはむずかしくなっている。とりわけ、草原維持に欠かせない野焼き・輪地切り（防火帯づくり）は、多くの人手を要する危険と隣り合わせの作業であるため、その困難性から中止する例も少なくない。草原の恵みを将来の世代に残すためには、阿蘇のみならず恵みを受けている多く人の手で支えていく必要がある。

（2）草原危機に立ち上がる都市住民

農村と都市の連携によって、阿蘇の緑と水の生命遺産（グリーンストック）を、人類共通の財産として次世代に残そうという「阿蘇グリーンストック運動」は、都市の水源域である阿蘇の草原を守ることを契機に立ち上がった（佐藤 1996）。１９９２年に「設立準備会」が発足し、グリーンコープ生協の組合員による毎月１００円ずつの積み立て募金をもとに、熊本県内の広範な団体、企業、個人の賛同を得て、基本財産１億４０００万円の財団法人阿蘇グリーンストックが１９９５年４月に設立された（前田 2003／山内・高橋 2002）。

財団としての活動内容は多方面にわたり、主なものには、①阿蘇の自然環境・水資源・景観の保全と活用、②農林畜産業の振興支援事業、③草原維持に向けた啓発・普及事業、④グリーンツーリズムの推進、⑤調査研究事業、などがあげられる。また、活動の対象は、草原だけでなく、農地、森林、水源・河川なども含まれ、活動のパートナーも畜産農家から林業家、国、自治体、企業と多彩である（前田 2003／山内・高橋 2002／財団法人阿蘇グリーンストック 2008）。

このうち、阿蘇郡内の野焼き、輪地切り実態調査や野生動植物の生育調査などは、調査研究事業の範疇に入るもので、そのほかにも輪地切り機械化実験、モーモー輪地実証実験なども行なわれている。グリーンツーリズムの活動は、中学生・高校生の農業体験型修学旅行の受入れなどで、いずれも農家での宿泊を行なうが、これまでに１３３校、１万６５３６人（２００８年現在）の実績がある。そして、阿蘇の草原保全に直接貢献する活動としては、野焼き支援ボランティアがあげられ、年間延べ２０００人近くのボランティアが約５０００haの野焼きと総延長１５０kmの輪地切り（防火帯づくり）などの作業にあたっている。

（3）野焼き支援ボランティアの組織化

阿蘇地域における野焼きへのボランティア参加は、１９９７年3月に環境庁九州地区国立公園野生生物事務所（現在、環境省九州地方環境事務所）の主催により、赤水牧野組合の赤水牧場で93haの野焼きにボランティア約１２０名が参加したのが最初である（前田 2003）。

当時は、「素人の参加は、かえって足手まといになって危険だ」という意見が強く、ボランティア受入れには必ずしも前向きではなかった。しかし、①必ず事前研修を受け野焼きの仕組みや危険性を学ぶこと、②農家やリーダーの指揮命令に従い勝手な行動をとらないこと、③体力に応じたポジションで参加すること、④災害保険に加入すること、などで、十分対応できることがわかり、次第に浸透していった（山内・高橋 2010）。

その後、1998年の熊本日日新聞社の募金活動によって、熊本県内外から総額3000万円の草原募金が集まった。その活用策として、（財）阿蘇グリーンストックで野焼きボランティアによる直接支援が開始されたのである。当初は半信半疑で都市市民に呼びかけた「野焼き支援ボランティア」ではあったが、初年度に約290名という予想を上回る応募数に手ごたえを得た（財団法人阿蘇グリーンストック 2008）。その後も、参加者は徐々に増加し、現在は、輪地切り（防火帯切り）も含め、野焼き実施牧野の3分の1（49牧野）に年間延べ2000人もの参加があり、地元住民との連携・協働が実現している（山内・高橋 2010／全国草原再生ネットワーク 2010）。

写真2−15　事前研修会の2日目は小規模牧野で実際に野焼きを体験する
（写真提供：阿蘇グリーンストック）

しかし、この野焼き支援ボランティアは生半可なものではなく、ボランティアとして参加するためには、1泊2日の「事前体験研修」（写真2-15）が義務づけられ、小規模牧野での野焼き実践などを通じて、「火を伴う危険な作業である」「あくまで火消しに徹する」など、野焼きにあたっての心構えを重要視する姿勢が貫かれている（高橋 2010）。入会地にアクセスする限りは、それにふさわしい心構えと資質が求められているのである。危険な作業にもかかわらず、10年以上にわたり事故もなく続いてきたのも、火は怖いもので決して侮ってはいけないというボランティアの自覚とそれを促す関係者の心配りが功を奏した結果であろう。

その甲斐あって、一生懸命に作業するボランティアの姿には「思った以上の働きで、助かっている」との感想が多く聞かれるようになってきた。受け入れた牧野の高い評価は次第に口コミで広がっていき、牧野によっては、毎年、ボランティアとの交流会を行なうところもある。

(4) ボランティア活動の発展期

野焼きにボランティアが実現した翌年（1999年）からは、「輪地切り」と呼ばれる防火帯切りの作業にも参加するようになった（図司 2007）。残暑厳しい初秋の炎天下に草刈機を背負いながらの過酷な作業に、当初は「何を物好きな」といぶかる地元の声もあったが、今では、ボランティアの輪地切り人気があまりに高いことに驚いている。人気の理由は「達成感」にあるようで（高橋 2010）、やる気を起こさせる不思議な力がそこに隠されている。さわやかな自然のなかできもちいい汗をかくことで、誰しも壮快な気分となり、それが自身の活力へ結びついていくのであろう。
ボランティアの大半は九州各地の人たちであるが、なかには山口県や遠く関西・関東方面からの参加者もある。現在、全国各地の約650名が会員として加入し、輪地切り・野焼きの支援活動に参加している。2000年からは、「野焼き支援ボランティアの会」が発足し、そのなかにはボランティア活動を指導する60名の「ボランティアリーダー」も誕生した。ボランティアリーダーになるには、3回以上の経験を積み、かつほかのリーダーの推薦を得ることが必要で、今日では、ボランティアリーダーがあらゆる面で野焼き作業のサポート役を果たしており、財団はコーディネート役に徹することが可能になっている（図司 2007／財団法人阿蘇グリーンストック 2008）。

草原の保全に向け、少しでも地元の人びとの手助けになればという思いで始まった野焼き支援ボランティア活動であるが、今では人手不足に悩む地元の牧野組合にとって、なくてはならない存在になりつつある。地元の人にとっては野焼き・輪地切り作業は1年に1回の作業であるが、ボランティアの多くは1年のうちに数か所回るので、地元の若者よりも経験が豊富という場合も少なくない。2001年からは、地元の要請を受けて、環境省の応援もあり、これまで何年も野焼きがされていなかった8か所の牧野の野焼きを再開し、草原の再生を行なうなど、着々と成果が上がっていることは心強い（財団法人阿蘇グリーンストック 2008／山内・高橋 2010）。

（5）ボランティア発案によるオーナー制度

このような野焼き支援ボランティアと牧野組合員との交流のなかで、さまざまなアイデアやユニークな発想も生まれ、財団の新たな活動に展開する例もある。その一つが、収益性を目的とせず、草原を守ることを第一義的に考えた仕組みとして２００４年度にスタートした「あか牛オーナー制度」である（写真２–16）。発端は、ボランティア活動の後の交流会の席で、「ボランティア以外での応援の仕方はないか」との問いかけに、畜産農家から「都市の人にあか牛のオーナーになってもらっては」と話が盛り上がったことにある（高橋 2009）。

写真２–16　あか牛オーナーによる名前書き
（写真提供：阿蘇グリーンストック）

写真２–17　あか牛の放牧風景は阿蘇を代表する景観美として訪れた人びとを魅了する

この制度は、都市の消費者が放牧用の繁殖母牛のオーナーになることで、草原の牛を増やすことが目的で、オーナーはその牛に名前をつけて、牧場と交流することができる（高橋 2009）。毎日多忙をきわめる都市住民が、広々とした阿蘇の草原でゆったりと草をはみながら暮らしているその牛（写真2－17）に思いを馳せ、そして、5年間、定期的にあか牛の畜産物を産地直送で入手して楽しむことができる。あか牛の産直肉はヘルシーで、おいしいと評判である。しかも、それを味わうことで千年以上のタイムスケールで価値をもつ阿蘇の草原保全に寄与できるのも大きな魅力である（鷲谷 2010）。あか牛オーナーによる牛の放牧は、これまでの累計で81頭となっている（山内・高橋 2010）。２００9年の8月には、地元阿蘇市と（財）阿蘇クリーンストックとの間で協定が結ばれ、今後は市から費用の一部支援が受けられる（高橋 2009）。これは、草原管理の担い手への直接的支援と同様に、肉の販売拡大という地域振興的な側面を地元自治体が高く評価した結果である。

(6) 野焼きの安全性確保に向けて

前述したように、２００9年と２０１0年は、草原保全にまつわる大きな事故が相次いだ。２００9年は大分県由布市で、２０１0年は富士山麓で、野焼き（火入れ）による人身事故が発生したのである。さいわい、阿蘇においては、ここ数年間死亡事故は発生していないが、野焼きの歴史をたどってみると、悲惨な事故のためにそれ以後の野焼きを断念した牧野もある。一方で、地元では高齢化が進み、作業の負担感が増すなかで、ボランティアへの信頼度が過剰になり、作業を全面的に委ねかねない状況も生まれている。

ボランティアリーダー全体会では、このような現状を憂慮して、「作業の手順や技術」「地形や風向きに対応した注意点」など、牧野ごとに地図情報としてファイルしようという提案がなされ、２００６年度より各牧野の野焼き手順や人員配置、地形・天候に応じた対処法など、さまざまな情報が各リーダーから集められてきた（全国草原再生ネットワーク 2010）。それらを取りまとめて集大成し、２００９年には野焼き・輪地切り作業のための牧野ごとのカルテを整備した。完成したカルテは、２０１０年の野焼き作業から活用されている。

また、２０１０年には、安全の手引き書「野焼き・輪地切り支援ボランティア安全対策マニュアル」を作成した（全国草原再生ネットワーク 2010）。これは、由布市での野焼き死亡事故を教訓に、事故を招かない、安全第一の作業心得をきれいなイラスト入りでわかりやすくまとめたものである。牧野組合長など、現場で作業される地元の方の指摘やアドバイスを盛り込んでいる。発刊後は、阿蘇以外の地域からの問い合わせも多く、放棄された草原の野焼き再開や河川敷の環境美化の野焼き時などに幅広く利用されている。

ボランティアの受入れを契機に、後継ぎ世代を野焼きに参加させるようになった牧野も出てきた。当然のことながら、ボランティア側にとっても高齢化は避けられず、世代交代は大きな課題である。野焼き作業にかかる安全性確保のガイドラインの整備は、慣れない牧野でのボランティア作業にはもちろんのこと、地元の新たな担い手育成の点でも有効なツールになる。

6　欧州の農業環境政策に学ぶ

(1) 草地を守るドイツの農業政策

　ヨーロッパには、草地の保全にかかわるさまざまな農村環境政策がある。国ごとに内容は異なるが、その多くは、伝統的農村景観を維持するために、自発的に参加する農業者等と政府が協定を結び、農業者が景観保全や生物保護のための土地管理を行なうことに対して政府から奨励金が支払われる。

　そのなかで、わが国でもよく紹介されるのが、ドイツ、バーデン・ヴェルテンベルク州の「市場緩和と農耕景観維持の調整金プログラム」（ＭＥＫＡプログラム）である（ＭＥＫＡⅡは２０００年から２００６年に実施された。現在はＭＥＫＡⅢにリニューアルされている）。「草地を粗放的に維持すれば１ha当たり90ユーロ」「昔ながらの果樹の散在する草地を維持すれば同１００ユーロ」「リストアップされた28種の植物のうち４種以上が草地にあれば50ユーロ」の助成金が出るといったユニークな支援策も含め、きわめて多彩なメニューが並んでいる（横川ら 2002／市田 2004／横川 2006）。

　農家は、このなかから採用する技術を選択し、州政府と契約する。５年間にわたって実施する代わりに、メニューごとに定められた点数に応じて直接支払い、つまり助成金がもらえる。２００４年には、州の全農家の80％にあたる約４万３０００戸がＭＥＫＡに参加しており（横川 2006）、「この参加率の高さが、「プログラムに対する評価そのもの」と州農業食料省の担当者は胸を張っている。ＭＥＫＡ導入以降、農地への化学資材投入量、人体に危害を及ぼす農地からの硝酸塩流出量の大幅な削減などが認められ、効果が見られる。

草地は、オープンスペース確保、生物多様性保全、ツーリズムによる経済効果などの観点から非常に評価が高く、農耕景観を構成する重要な空間とみなされている。同州では、１９８３年頃から草地の面積が年々減少し、91年には約６５００haの草地が減少した。しかし、92年のＭＥＫＡ導入を境に減少率は３分の１と鈍化した（横川 2006）。これを州政府は大きな成果ととらえている。

消費者も風景を買い支える

バーデン・ヴェルテンベルク州における伝統的な農村風景。それは、色とりどりの花が咲き、多様な生きものが集まる草地に、在来種リンゴの古木が点在する風景である（写真2−18）。リンゴの古木には野鳥が巣をかけ、その下では農家が草を刈り、牛が放牧される。リンゴは在来種が３００種以上もあり、人びとはリンゴジュース、モスト（リンゴワイン）、シュナップス（リンゴ焼酎）をつくり楽しむ。

しかし、専用果樹園で大量生産されるジュースのほうが安いからと、在来リンゴの木は放棄され、かつてはどの農家にもいた牛もいなくなり、草を刈ることもなくなった。農家の戸数も、１９９２年からの12年間で３分の２に減った。同州の動物の３分の１が絶滅の危機にあるように、このような景

写真２−18　西南ドイツの原風景である在来リンゴの散在する採草地（上）：草地には多様な草花がが咲き誇っている（下）

観が失われることは、多くの草花や生きもののすみかが奪われることである。そこで、ＭＥＫＡプログラムには、この伝統的リンゴ園草地の維持に対する助成があるが、「景観や生き物を守る」農業の生産物を、消費者に買い支えてもらう取組みも着実に広がっている。

その一つが「白雪姫」プロジェクト（写真２−19）と呼ばれるもの。「白雪姫」とは、在来種のリンゴを搾ったストレート果汁のブランドで、消費者が「白雪姫」と聞けばグリム童話の「白雪姫」さらに「毒入りリンゴ？」と連想し、忘れずにいてくれるのでは、というユニークな発想から名づけられた。１ℓ1.3ユーロと、一般の濃縮還元ジュース（0.4ユーロ）より割高だが、消費者には好評で、販売量は年25％の割合で増加している。在来リンゴ特有の酸味があり、農薬や化学肥料が使われていないことに加え、「景観・生物が守られる」という新たな価値に消費者が賛同しているのである。

また、「在来リンゴ園が守られれば野鳥の生息地も守られる」という理由から、日本で言えば野鳥の会にあたる民間非営利団体（ＮＰＯ）も、白雪姫の販売に積極的に協力をしている。在来リンゴ園の草地を守るこうしたプロジェクトは、州内に60以上もあり、２５０名（うち農家が１５０名）が参加しているという。

写真２−19　在来リンゴを原料にした「白雪姫」ブランドの高付加価値ジュース

一般的な国産ジュース（１ℓ当たり0.8ユーロ）や中国産（同0.4ユーロ）よりも高い1.3ユーロの販売価格。

環境支払いから地域振興へ

ＭＥＫＡに対する農家側の評価は、単に生態系・生息地の保全に役立つというものだけでなく、経営にとっても意味のあることととらえている。ある農家は、「多種類の草があることで家畜の健康に良い影響を与えている」と答え、草地の種多様性を高めるために意識的に粗放な管理を行なっている

の草が生えている採草地、放牧地をもつ農場主および管理者なら、誰でも参加することができる。この場合、MEKAプログラムの「草地の指標植物カタログ」（写真２-20）に掲載されている植物のうち、最低４種類が生育していなくてはならない。対象となる採草地・放牧地には、①肥沃な採草地・放牧地、②痩せ地の採草地・放牧地、③家畜を飼養し、複数の草地タイプからなり、草の種類の豊富な部分の多い農場、の３つのカテゴリーがあり、各カテゴリーから３人の勝者が選ばれ、賞品を受け取る。

ただし、特定の保護契約をしている自然保護地、および30ａ未満の土地は審査対象から除外される。つまり、生態系保全と飼料生産とが同じ比重で草地採点の基準となっており、単に、自然保護目的やビオトープ機能だけの草地としてではなく、実際に飼料生産に使われている草地を対象にするというコンテストなのである。申し込まれた草地は、専門家によって鑑定され、この予備審査をもとに６月初旬から中旬にかけて審査団による巡察が行なわれる。

同州における伝統的景観保全から所得増加をめざすさまざまな地域振興戦略の背景には、このようなしっかりとした草地管理基準と自己評価の仕組みが、「土台技術」として機能しているのだ。農家には、一方で草地性の植物や動物の生活空間として、他方では地下水の保全のために、また、観光地（保養地）や郷土の特色として機能させるために草地を維持・管理していくことが、この選手権によって一層意識されるようになった。

コラム2-5

◎

シュヴァルツ・ヴァルトの草地選手権

◎

これまでに紹介してきたように、ドイツのバーデン・ヴェルテンベルク州では、草地の景観と生態系を重視した農業環境政策（MEKAプログラム）が実施されており、なかでも種の多様性に配慮した草地（写真２－18）への助成は最も特徴的な支払いメニューの一つとなっている。このような州の農業環境政策を背景に、それぞれの地域において特色あるさまざまな取組みが行なわれている。

保養地として有名なシュヴァルツ・ヴァルト地方（黒い森地方）では、「シュヴァルツ・ヴァルト草地選手権」という草地のコンテストが行なわれている。この草地選手権によって、採草地や放牧地が飼料生産の場であるだけでなく、草の種類が豊富であるように管理できる農場主が、正当な評価を受ける。実際にそのような管理ができるのは、何十年もの経験と伝統ある管理方法をしっかり身につけているからである。

この選手権は、シュヴァルツ・ヴァルト中部地方に在住し、多様な種類

写真２－20　MEKAにおける種多様性の高い草地への直接支払い。カタログにリストアップされた28種の指標植物

ということであった。

また、種の多様な草地から生産されるクロイター（ハーブのような広葉草を指す）を多く含んだ乾草を「アロマ乾草（香り乾草）」として付加価値をつけて流通している事例もあり、さらに、このような乾草を床に敷き詰め、ツーリズム客が持ち込んだシュラフにくるまって宿泊するホイホテル（乾草ホテル）もある（市田 2004）。

シュヴァルツ・ヴァルト地方（黒い森地域）では、牛の放牧を主体に粗放管理されている「種の多様な草地」から、スローな飼育形態で生産される牛肉を普通のマーケットよりも高い値段で流通・販売しており、生産農家にはMEKAの基準よりも高度な「草地の自己評価システム」の習得が義務づけられている。また、この地方では毎年「種の多様な草地」のコンテストが行なわれ（コラム2-5参照）、一方で草地の動植物の生活空間として、一方では地下水の保全や郷土の特色として機能させるために、草地を管理することが意識されている。

さらに、前述したように、下草を生やした「高木仕立ての粗放的果樹園」（このメニューでMEKAの助成を受けている）で、化学肥料、除草剤を使用せずに生産される在来リンゴを、ビオブランド（有機農産物）のリンゴジュースやモストとしてプレミアムをつけて流通販売している生産組合もある、環境NPOもこれらの環境ブランド品の購入に積極的に協力している。

このように、環境支払い制度を活用して伝統的な景観を維持する結果として、地域に埋もれていた資源を「有機産物」としてとらえ直し、現代的な視点から再評価して、農村振興につなげているのである。そこには、単に助成金をもらうだけという受け身の姿勢から、一歩踏み出そうという「内発的」な意識の高まりを感じることができる。環境支払いプログラムから広がる地域振興への可能性は、大きな期待ができそうだ。

（2）生きもの支払いとわが国の現状

前述したドイツの事例だけでなく、ＥＵ諸国では２０００年のＣＡＰの改革によって価格支持制度などの生産振興補助金を廃止し、環境にやさしい農法（有機農業・粗放的畜産など）への転換や農業・農村のもつ多面的機能の発揮（農村景観・農業自然保護・レクリエーション・国土保全など）を実行する農業者に報酬を与える直接支払い制度に転換してきた。周知のように、ヨーロッパでは数千年にわたる戦争で自然が破壊されてきた歴史を反省し、現在では一層、農村地域の自然の保護、野生生物との共生に熱心である。英国では、２００５年より、広範な農業者と土地所有者を対象に、環境の番人（スチュワードシップ）としての義務と責任を求め、その報酬として直接支払いを強化する政策に転換した（鷲谷 2006）。

このような支払い制度の強化が志向されるなかで、とくに「草地の生物保全」の基準を達成する農業者への直接支払いが注目されている。それは、草地環境が野生生物の保全にとって重要だとの考えにもとづくもので、前述したドイツのＭＥＫＡプログラムでは、粗放的に管理された草地にカタログにあげられた28種の「指標植物」のうちの４種以上があれば、直接支払いを受けられるという枠なメニューもある（写真2―20）。もちろん、ドイツの草地でも多様な草花が咲き乱れている草地もあれば、単調な草地もある。それらが、農法の違いであり、政策の差であることは明らかだ。

日本では、野生生物と共生する農業者活動への直接支払いは、まだ本格的には始まっていないが、農林水産省が２００７年度から開始した「農地・水・環境向上対策」に、その兆候が見える（鷲谷2006）。これは、農地や農業用水などを「社会的共通基盤」と位置づけ、水田、畑、草地の区分ごとに面積当たり一定の単価で交付金を支払うもの。内容はまだ粗く、資源管理に重点がおかれ、環境便益の向上にはまだ力不足である。また、公益性の高い半自然草原に対する認識もまだ十分とは言えないが、今後は、地域住民が核になってＮＰＯやボランティアなど幅広い人びとを集め、共同の取組みを発展させていくことが、より一層重要視されることは間違いないであろう。

また、２００７年７月には「農林水産省における生物多様性戦略」が公表され（農林水産省 2007）、農業を「多様な生きものも生み出す活動」として、その役割と責任を明言した。さらに、同年11月には「生物多様性国家戦略」の第３次戦略が策定された（環境省 2008）。そのなかで草地は、野生生物のレフュジアとして、山と里のバッファーゾーンとして、草本バイオマス資源の循環利用を通じて、わが国の生物多様性保全に一定の役割を果たすことが期待されている。

今重要なのは、このような生きものを保全する農業の外部経済性を再検証し、「説得力のあるかたち」で提示することであり、また、それに足る直接支払制度などの支援制度を確立することである。草資源の多用途な利用（単に放牧畜産だけという短絡的な利用ではなく）、循環型利用の可能性と地域ブランド化を追求するなかで、どうしても負わざるを得ない経済的ハンディの部分は、国民や県民の合意のもとに、直接支払いのかたちで補填することが望まれよう。

7　現代的コモンズの再構築へ

(1) 地域だけでは限界に

草地・草原を保全していくにあたっては、「何のために、どうやって守っていくのか」が重要になる。日本の半自然草原は、長年にわたる人と自然のかかわりのなかで維持されてきた遷移途中相の植物群落である。本来、人と自然の関係性を修復するうえで、理想的なのは草地を舞台としてかつて行なわれてきた生業を、経済活動のなかで生態的指針にしたがって維持・復活をはかることであろう。

しかし、草地に依存していた農業から化学肥料や輸入飼料に依存する農業へと変わり、また、生活様式も大きく様変わりした現在において、かつての利用形態をそのまま復元できるものでもない。今後、個々の草地がおかれている条件によって目標植生を設定し、経済活動とは切り離して保全対象地域や生息種の管理を行なうという判断も必要になる場面が出てくるであろう。

また、担い手不足が深刻な農業のあおりを受けて、草地を保全するマンパワーが不足しているのも事実である。今後は、地域の主体を尊重しながらも、ボランティアやＮＰＯなども含めた多様な担い

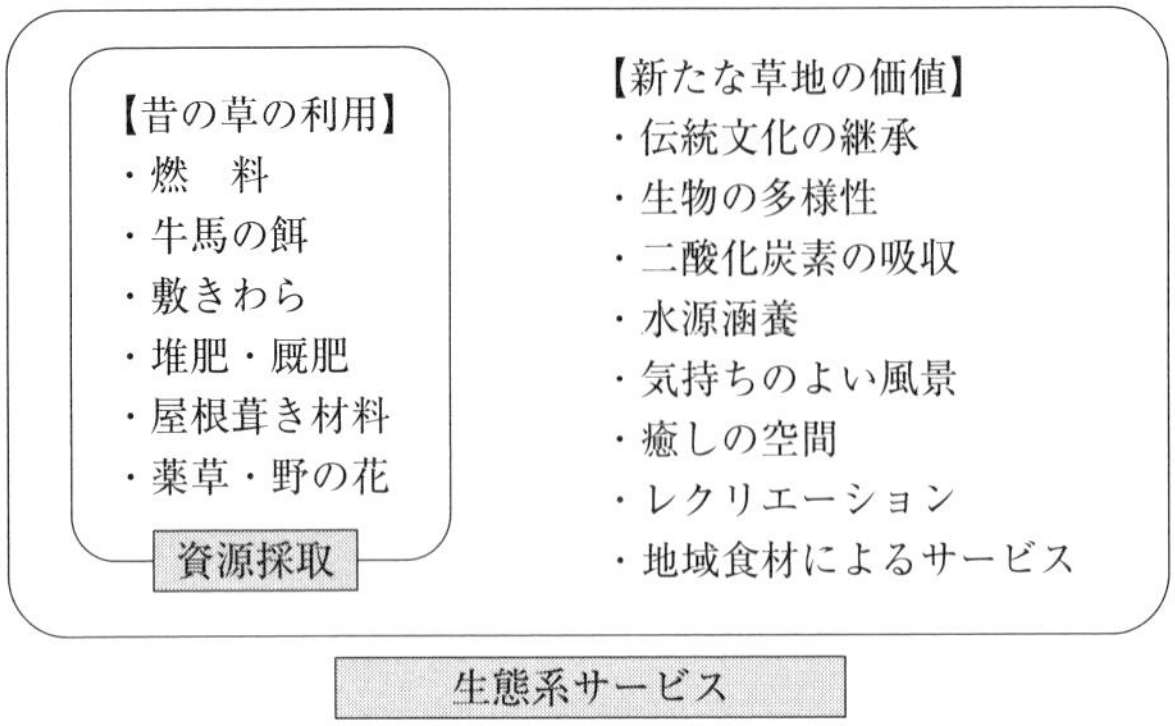

図2-18　草地生態系が提供する多様な生態系サービス

手育成が急がれよう。また、草原の恵みを享受している消費者、国民に何らかの支援を求めたい。そのためには、草原のもつ生態機能、生態サービスの価値、希少性を明確にし、それを広く国民一般に理解してもらうための制度や仕掛けが不可欠である。

　戦後の燃料革命によって、もはや生産の場としての草地の役割は薄れたかにみえるなか、最近では、農畜産資源としての価値、生物多様性や地域の環境・文化を保全する意義、景観の美しさなどが見直されつつある（高橋 2002、2004／井上・高橋 2009、図2-18）。すなわち、草地を草地として維持・管理していけば、牧歌的な景観と観光資源としての利用、希少な動植物の生息・生育地保全、持続的で低コストなバイオマス生産、土地や水系の富栄養化の抑制など、草地ならではの機能を発揮させることが可能になる。

　さらに最近は、まったく新しい観点からも草原の価値がクローズアップされている。たとえば、野焼きによって安定型の炭化物である微粒炭を土壌中に供給し、長年にわたり炭素固定に貢献してきたこと（戸田ら 1997／岡本 2009／財団法人阿蘇グリーンストック 2011：コラム2-6参照）。また、ススキなどケイ酸を多く含むイネ科在来植物は、水田への野草堆肥の還元を通じて、あるいは直接的にケイ酸を含む細片を水系に供給し、海のケイ藻類の増殖に役立っていること（守山 2006,「第1章」参照）。そして、広大な草原域は広葉樹に劣らず水源涵養力が高く（図2-17、塚本 1999／窪田 2004／日本草地畜産協会 2009／阿蘇草原再生協議会 2010）、川下のあるいは地下水を享受している多くの受益者に恵みをもたらしていることなどもわかってきた。

このように、草原生態系は、ほかに代替できない生態的特徴をもっている。また、「草資源大国」とも言われる日本は、気温や降水量に恵まれ自然の再生力が極めて高い。草原では毎年の火入れにより生態系が若返り、再生速度の高い草が資源として使われるので、うまく管理すれば翌年にほぼ同じ量と質の草が回復する。言い換えれば、人間の時間スケールのなかで資源の利用と再生が実感でき、「賢明な利用」が継承される可能性が高いということである。この点において、資源再生のサイクルの長い森林の場合とは趣を異にする。このような、まさに草地ならではの特徴を生かした利用法を考えるべきであろう。

（2）観光・ツーリズム資源として活用

国立公園などに指定された自然の風景のなかには半自然草原も取り込まれており、展望のきく広々とした風景は、観光資源としての大きな可能性を有している。「阿蘇くじゅう国立公園」の熊本県阿蘇地域や大分県久住・九重地域、「大山隠岐国立公園」の岡山県蒜山《ひるぜん》地域や島根県三瓶山地域などは、草原という優れた自然景観や牧歌的景観が国立公園の指定要件に織り込まれている。

さらに、山口県秋吉台、北九州市平尾台、高知県四国カルストなどに見られる石灰岩台地上の草地、宮崎県都井岬や島根県隠岐地域、長崎県生月島などの海岸岩崖上の草地も放牧や火入れを通して半自然的に成立したもので、やはり、広々とした草原の景観が大きな魅力になっている。風致的に優れた自然を指定した国立公園や国定公園のなかに、これだけの半自然草原が含まれていることから、いかに私たち日本人が好む風景であるかが想像できよう（瀬田 1995／井上・高橋 2009）。

このような生態系サービスへの期待に応えるためには、草地を望ましいかたちで維持・保全することが必要となるが、そのような活動に際しては、いくらかの労力の提供や金銭上の負担は避けられない。そこで、対象地とその受益者属性との関係を考慮しながら生態系サービスの価値を的確に評価し、それにもとづいて一般市民や行政および農業者がそれぞれの立場から保全活動に参加する方策を明らかにすることが肝要である。

阿蘇地域では、全国各地から年間１９００万人の観光客が訪れるが、その目当ては雄大な草地景観である（阿蘇草原再生協議会 2007）。阿蘇地域および三瓶山の草地の経済効果試算によると（表2−4）、草地が維持されることに対する総支払意志額が数十億円以上にのぼるとの報告もある（小路ら 1999／新保 2001／矢部 2001、2008）。このような価値は、一方では公共財としての側面も持ち合わ

コラム2-6

◎

草原は炭素貯蔵庫

◎

草原が提供するさまざまな生態系サービスのうち、近年「炭素の固定化機能」が注目されている。最近の阿蘇での研究から、野焼きを伴い長年にわたって維持されてきた草原は、土壌中に大量の二酸化炭素（CO_2）を固定してきたことがわかってきた（熊本日日新聞 2011.2.26. 掲載）。

阿蘇の土壌に蓄積される炭素は、主にイネ科植物の地上部が燃えた炭の破片（微粒炭）や根・地下茎の分解物で、土の重量の10～20％を占めている。これは、CO_2に換算すると１年間に１ha当たり1.2～３ｔもの量に匹敵するという。

最近の約30年間の炭素固定量を見てみると、野焼きで管理されるススキ草地は50年生のスギ植林地の1.8倍にも及ぶCO_2を蓄積していることもわかった。社会が工業化した現在においても、草原は炭素貯留に大きな役割を果たしているのだ。

ちなみに、草原１ha当たりの炭素固定量を阿蘇の草原面積全体に換算すると、約１万2000世帯の家庭が排出するCO_2量に相当する。これは、阿蘇地域（旧阿蘇郡町村）の全世帯が出すCO_2の約７割を草原が吸収している計算になる（財団法人阿蘇グリーンストック 2011）。

野焼きで草原を維持しながら草を生活に利用し、しかも土壌中には毎年CO_2を蓄える。このような人間活動と自然の関係が１万年以上も続いているのは、世界的にみても阿蘇地域くらいのものであろう。これは、まったくもって素晴らしい世界だと思う。

表2－4　表明選好法（CVM）による草地の経済的評価

草地	場所	面積（ha）	対象	平均支払意志額（円）	訪問者数または世帯数	総支払意志額（円）	文献
阿蘇	熊本県	23,000	東京都民	1,493	12,000,000	179億2千万円	矢部（2001）
阿蘇	熊本県	23,000	熊本県民	430	594,000	2億6千万円	矢部（2008）
三瓶	島根県	2,600	来訪者	6,485	627,500	40億7千万円	小路（1999）
三瓶*	島根県	2,600	近隣市町村の世帯数	31,818	1,169,555	約150億円	新保（2001）

＊トラベルコスト法とCVWの融合手法による。

せ、草地の恵みを直接に享受しなくとも、景観・生物多様性の保全に対して国民誰もが保全の意思やそのための支払いの意思を表明することができる。今必要なのは、それをわかりやすいかたちで提示することであり、また、それに足る「環境支払い」などの支援制度を確立することであろう。

（3）草本バイオマスの生産消費をはかる

以前に比べれば、生産の場としての草地の役割は薄れてきているとはいえ、草本バイオマスは現在でも十分通用する資源であり、雨が多く温暖な「草資源大国」日本では、刈っても、刈っても生えてくる草を資源として利用することが可能である。たとえば、肉用牛の繁殖雌牛にとっては、シバ草地やススキ草地の草は栄養的にも申し分ないエサ資源であり（コラム2－4参照、渡邉ら 2008／近畿中国四国農業研究センター 2009／堤ら 2009）、構成する植物種の多様な草地は家畜の健康維持に多大な効果がある。

近年、有機農業や環境保全型農業が見直されるなか、高品質な野菜、花卉、茶などの生産農家にとっては、刈り取った草は有機肥料源やマルチ資材・土壌改良資材としての需要があり、一部はすでに地域内流通も行なわれている（高橋 2004）。愛媛県の旧新宮村（現：四国中央市）では、現在でも無農薬茶園のマルチ材としてススキが利用されており（吉田 2010）、各農家の茶園周辺で管理されるススキ草地やかつての入会山である塩塚峰一帯のススキ草地から、茅マルチ材が供給されている（写真2−21）。また、伝統的建造物の資材としての茅の不足から、茅場を復活させ、質のよい茅の生産を地元産業として育成しようという試みも見られる（「4」参照、財団法人日本ナショナルトラスト 2003, 2004）。このような茅の需要を背景に、島根県三瓶山や熊本県阿蘇地方では、これまで草の利用が行なわれていなかった火入れ草地において、新たに茅葺き用の茅刈りが行なわれるようになった（全国草原再生ネットワーク 2010）。

写真2−21　愛媛県旧新宮村の茶畑にはススキのマルチが敷かれ（左下）、（左下）、そのそばにはススキ草地が管理されている（右上）

（写真提供：井上雅仁）

さらに、生産性の高いススキなどのC4植物については、木質系資材と同様にバイオマス利用への関心も高まってきた（中坊 2006／高橋 2008、2009）。もともと日本には、茅葺き屋根の古茅を肥料や燃料に使うという「草の使い回し」の形態があった。現在は、燃料としての利用ははほとんどないが、欧米諸国ではエネルギー植物としてのススキへの関心が高い（Jone・Walsh 2001／高橋 2008）。

　前述したように（「4」参照）、熊本県阿蘇市では２００５年（平成17年）から草本系バイオマスエネルギー利活用システム実験事業を行なっている（中坊 2006／高橋 2009）。市内の広大な原野（半自然草原）に自生する未利用草本を対象に、採草・運搬システムを構築して収集を行ない、エネルギープラント施設でガスに転換するものである。この事業のなかで、収集・運搬を担うオペレータ集団が若手農業者によって組織され、農閑期の雇用の創出につながった。また２０１０年度からは、ガス化発電の際に生じる燃焼灰を、農業用肥料に活用してもらうために、阿蘇市が一般販売を始めた（全国草原再生ネットワーク 2010）。将来的には、この事業を基本に、農家や地域住民が主体となり、草を資源として収集し、堆肥やバイオ燃料原料などさまざまな利活用を行なう「草地を活用した循環型の地域振興」をめざしている（図2-16、２０２ページ参照）。

（4）生物多様性を認証し、ブランドに

　さまざまな草地の価値を理解し、賢明な購買活動によって農家の経済活動を下支えすることで、草地保全に協力しているという関係性がつくられる。たとえば、阿蘇地方では、「阿蘇の草原で生産されたあか牛を食べて草原を守る運動」が消費者を巻き込んで展開し（山内・高橋 2002／高橋 2004）、都市住民がオーナーになり、放牧用の繁殖あか牛を増やすとともに、牛肉の消費拡大につなげていく「あか牛オーナー制度」を紹介したが、２００９年には、阿蘇市からオーナー制度の費用の一部支援

が受けられることになった。これは、草地管理の担い手への直接支援と同様に、あか牛肉の販売拡大という地域振興的な側面を地元自治体が高く評価した結果である（「6」参照、高橋 2009／全国草原再生ネットワーク 2010）。そのほかにも、地元の学校給食に草地で放牧された牛の肉が使われている地域もある。

また、種の多様な採草地の草からつくった野草堆肥を利用した農産物に「草原再生シール」を貼る取組みもなされ、野菜農家を中心に「草原再生シール生産者の会」が設立され、「野菜堆肥利用マニュアル」も作成されている（高橋 2004／高橋 2008）。同様の取組みは山口県秋吉台など、ほかの地域でも始まっている（「4」参照）。

採草という行為が草地の生物多様性を保全するために重要なことは、各方面から指摘されているが（高橋 2004／瀬井 2006／鷲谷 2008）、草を刈って利用することの重要性をアピールし、人が生きていくうえでもっとも大切な「食」に、付随する動植物の価値を認めることで、消費活動へ結びつけることができる。今後は、このような取組みから育まれる健全な農業をデザインして、第二次産業、第三次産業を強化する仕組みづくりへと発展させることが必要である。草原の草から生産された多様な食材で個性的なサービスを提供するレストランや宿泊所、草原でのトレッキングやエコツアーに人びとが訪れることは、雇用の確保にもつながり、第一次産業（農林業）をけん引することも可能であろう。

（5）多様な担い手による草地の保全

一方で農山村では、農畜産の衰退、地元住民の高齢化などによる慢性的な草地管理の担い手不足が生じている。そのため、今後の草地保全・再生を進めるにあたっては、新しい価値観にもとづいた、新たな体制による管理や利用の仕組みが必要となっている。

最近は、半自然草原のもつ豊かな自然環境を、都市と農村に住む市民と行政が互いに連携することによって次世代に引き継ごうという取組みも盛んに行なわれるようになってきた。熊本県の阿蘇地方においては、全国に先駆けて都市住民が草地管理へ参加する「野焼き支援ボランティア」の仕組みがつくられている（山内・高橋 2002）。野焼きや輪地切り（防火帯切り）などの作業にボランティアが参加するようになって13年が経過し、その数は延べ1万5０００人以上にものぼる（図2-19）。

このような野焼き支援による保全活動は、大分県九重町、山口県秋吉台、広島県北広島町、島根県三瓶山など、面積の大小を問わず全国各地の草原域で展開されており、まるで野焼きの炎に惹きつけられるかのごとくさまざまな人が半自然草原に集まってくる。このように、地域住民以外の参画によって草地管理が実施されている事例は、萌芽的だが全国各地に着実に広がりつつある。彼らをツーリストの一員とみなせば、草地管理の実施主体の一翼を担ういわゆる「責任あるツーリズム」の実践者と言ってもよい。九州大学による研究によれば、阿蘇の野焼き支援ボランティア活動の経済価値は、年間に１５００万円に相当するという。

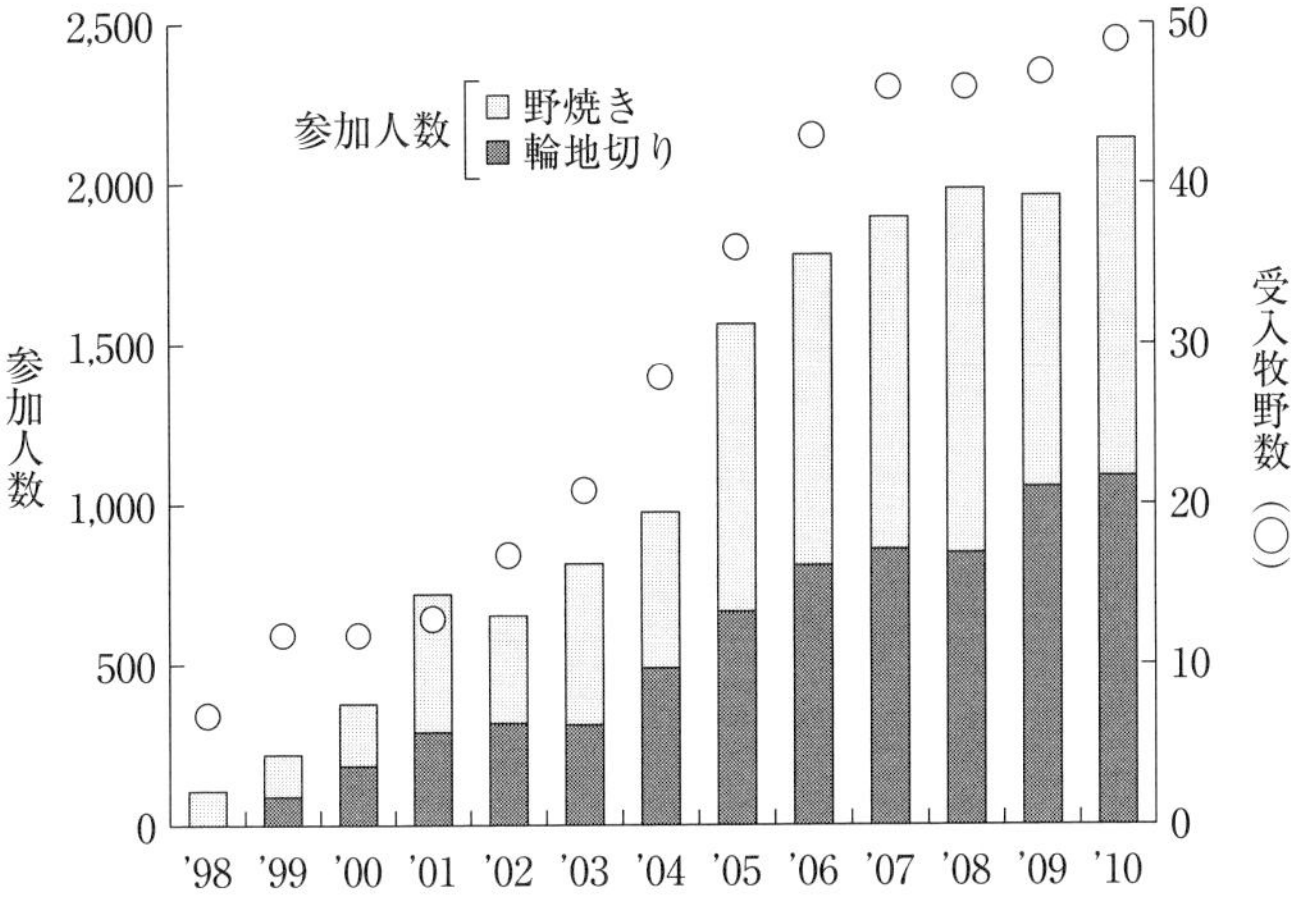

図２−19　阿蘇地方における野焼き支援ボランティア数の推移
資料：財団法人阿蘇グリーンストックより。

同じく阿蘇地方では、２００５年には自然再生推進法にもとづき「阿蘇草原再生協議会」が設立され、地元、ＮＧＯ・ＮＰＯ、自治体、各省関係者が連携して、草原保全・再生の事業が進められている（写真２−22、阿蘇草原再生協議会 2007, 2009, 2010）。前述した野焼き支援ボランティアやバイオマスの利活用事業は、この協議会の活動として現在は取り組まれている。また２００７年（平成19年）には、活火山と寒冷で痩せた大地という過酷な自然環境に向き合い、草原を核として暮らしてきた人びとのたくましさと知恵との記憶を文化遺産として、熊本県と阿蘇地域の市町村の共同で、世界遺産暫定一覧表追加資産に係る提案書「阿蘇・火山との共生とその文化的景観」を提出している（熊本県ら 2007）。

一方、全国レベルでの草地保全に関するネ

写真 2 –22　阿蘇草原再生募金の街頭キャンペーンに参集した阿蘇草原再生協議会構成員の面々（熊本市）

2010年には、阿蘇草原の多面的な機能を受益者である県民・国民が支えるという主旨で、行政、経済界、学会、報道機関で構成する「阿蘇草原再生千年委員会」が新たに発足した。同委員会の呼びかけにより 3 年間で目標額 1 億円の募金に取り組んでいる。

ットワークとしては、「全国草原サミット」の開催があげられる。これは、ＮＰＯ等が中心となって、市民、行政、研究者などが一堂に会し、草地の価値や保全について意見交換するための場として、ほぼ隔年で開催されているものである。１９９５年に大分県久住町（現在の竹田市）で第１回目の草原サミットが開催されて以来、２００９年までに全国各地で合計８回が開催され、ボランティアによる野焼き（火入れ）の支援、防火帯つくりの省力化技術、新聞社による草原募金の設立、牛肉のブランド化による農家所得の向上、牛のオーナー制、環境教育の教材としての活用など、数多くのアイデアが提案されてきた（高橋 2002）。また、２００７年の11月には、これらのノウハウを受け継ぎ、本サミット・シンポジウムの支援、草地に関係する団体や個人のネットワークを目的とした「全国草原再生ネットワーク」が設立され、各種活動のサポートにあたっている（全国草原再生ネットワーク 2009）。

生業にしろ、ボランティアにしろ、環境教育にしろ、今後は草地・草原管理に何らかのかたちで参画する人が増えていき、また、維持管理のための資金を国民が支援してくれることが望まれる。日本の草地・草原は、これまで農林業を営むことによって守られてきた。その関係が崩壊した今どのように管理していくかは、日本人が初めて直面する課題である。二次的自然として、再生すべき日本の草地・草原をどう扱うのか、従来の規制のためのゾーニング方式だけではなく、管理行為を組み込んだプロジェクト方式の導入も必要となるであろう。

この場合、保全と生産という対峙する利害を調整し、関係者の双方に理解を促すうえで、コーディネータとしての行政やＮＰＯ等の役割は大きいものがある。たとえば、熊本県阿蘇で草原保全活動に取り組んでいる（財）阿蘇グリーンストックは、２００３年12月２日に環境省の公園管理団体の指定を受け、自然公園管理における民間団体参加による地域密着型の管理推進をめざすことになった。こうした公益団体への期待は今後ますます大きくなるであろう。

(6) 多様性の草原文化を継承する

草利用の歴史は、それに付随する農具、慣習の伝承、集落の決まりごとなどを通じてつむがれ、一方では、地域に根ざした生活文化や情景を生み出してきた。たとえば、ススキ草地に咲く秋の七草は、万葉の時代より歌に詠まれるなどして愛でられてきたし、お盆に墓前に供えるオミナエシやワレモコウ、ヒゴタイなどの花を採草地でとる「盆花採り」は、8月の農家の仕事のひとつであった(「3」参照)。しかし、秋の七草のキキョウでさえも絶滅危惧種に名を連ねてしまい(環境庁 2000)、古くからある季節の風物詩までもが消えようとしている。

阿蘇地方では、かつての草花の咲き誇る採草地(「花野」)を復活させるために、利用されずに荒れている原野をNPOが買い上げ、野焼きと採草を行なう「草原トラスト運動」が始まった(瀬井 2006)。ここでは、地元農家と契約して管理をまかせて、刈り取った草は県内の茶栽培農家がマルチ資材として利用している。このような茶園用の草刈り場は鹿児島県や福岡県など、かつては全国各地に存在していた。前述したように、愛媛県の旧新宮村(現:四国中央市)では、現在でも無農薬茶園のマルチ資材として、茶園周辺やかつての入会山のススキ草地からの茅マルチ材が利用されている(吉田 2010)。また、日本有数の茶の名産地である静岡県牧之原台地一帯では、今でも茶園と同程度の面積の草生地が残っており、茶園に草を敷き詰める作業が行なわれている(稲垣ら 2008)。敷草を生産する茶草草地にはササユリ、リンドウ、キキョウなど、茶の席に用いられる「茶花」が多く、

「茶草」の利用によって「茶花」が守り伝えられるという「粋な関係」がまだここには残っている。

このような古くからの草の文化を守り、次世代へ伝えていくためには、地域の自然に対する理解と愛着が不可欠であり、地域の文化に根ざした教材が必要である。文化を大切に、自然を大切に、そして人を大切にする心をはぐくむために、次代の担い手である地域の子どもたちが自然を体験する社会的なシステムに草地・草原を取り入れたい。

しかし、身近に草地環境のある地域においても、現実には、子どもたちの多くは草地を大切なものとして意識せずに成長していく。そのため、阿蘇地方では、前述の「阿蘇草原再生協議会」のなかの活動の一環として、子どもたちが草原に親しみ、また、草原と共に暮らす地域を見直す活動を行なっている（高橋 2009）。そして２００９年度からは、「将来学校の授業カリキュラムの中に『阿蘇草原』を題材とした授業時間を設ける」という目標のもと、協議会の草原学習小委員会を主体に協議会構成員がさまざまなかたちで、環境学習にかかわる「キッズプログラム」の創設に着手している（阿蘇草原再生協議会 2009、2010）。

また、北広島町では、雲月山の草原保全に地元小学校がかかわり、山焼きが再開した２００５年より「草原を題材とした総合学習」を年間5回全校で実施している。山焼き当日の午前に防火帯づくりに参加して、地元の人たちやボランティアと一緒に作業をする（写真2-23）。昼休みには2年生以上の児童が、前年までに学習した成果を山焼き参加者の前で発表し、午後からの火入れを麓から見学している。そして、山焼きしたあとの雲月山を、遠足を含めて3回にわたって見学に訪れ、植物を中心に野外の生き物観察を行なっている（白川 2010）。

現地学習を通じて得られた成果は、10月に行なわれる学習発表会において地域住民の前で発表される。最初の年は口頭発表だけであったが、翌年（２００６年）には児童が作詞した歌詞に曲がつけられた「アイ・ラブ・うづづき（雲月）」という歌が発表され、さらに、その翌年（２００７年）には、山焼きが再開されるまでの物語を題材にした40分にも及ぶオペレッタが上演されるにいたった（写真2－24）。「アイ・ラブ・うづづき」の歌とともに進行するこの劇には、現地で学習した生きものたち

写真2－23 防火帯づくりに参加して、地元の大人やボランティアと一緒に作業をする子どもたち

写真2－24 生きものを演じ、山焼きの大切さを歌うオペレッタの様子

（写真提供：白川勝信）

が登場し、山焼きによって維持される草原の仕組みが、生きものの立場から演じられている（白川 2010）。

地域と切り離された生物多様性・環境問題は存在しない。これらの取組みは、「知床半島」や「白神山地」に代表されるような、遠く離れた場所の自然や環境問題の知識を伝えるといった「漠然とした」教育プログラムではなく、身近な故郷の自然環境を維持する「担い手づくり」という明確な目的をもつものである。学校での学習を通じて半自然草原や野焼き・山焼きを学ぶ児童たちは、将来、草地保全の担い手となる貴重な人材である。野焼き・山焼きという地域の行事に参加することで、子どもたちは地域社会へとつながりをもち、同時に地域を真剣に見直すことになる。

（7）新しいコモンズに向けて

半自然草原のもつ生態系サービスは、猟場や馬牧、あるいは草肥、茅、秣の供給地、さらに近代の観光利用へと変遷しながらも、生活や生業と結びつけていた（松岡 2007／永松 2008／高橋 2009／湯本 2010）。役割は変わりつつも、草地を草地として維持・管理することで、基本的な生活や経済が成り立っていた。その担い手は、原始共同体の構成員から、律令体制下の公民、領主支配下の領民、郷村の村民、原野組合あるいは牧野組合の組合員などと立場は変化したものの、一貫して地元住民が野焼きなどの「共同作業」を行なってきたのである（松岡 2007／湯本 2010）。

しかし、農山村から第一次産業の担い手が消え、草地の供給サービスに依存してきた共同体自体の性質が大きく変化した現在では、資源の公平な分配というインセンティブが失われ、このことが草地の共同管理を弱体化させることになった。その結果、村落共同体を支える旧来の社会関係資本は多くの地域で機能しなくなり、もはや地域住民だけで草地の資源管理を担いきれない状況にある。広大な草原域の残る阿蘇地方においてさえも、すでに（財）阿蘇グリーンストックをはじめとする多数の団体・個人が、草原を維持するためのさまざまな活動を展開している（阿蘇草原再生協議会 2009, 2010）。今後は、1万年に及ぶ人間と自然のかかわりを示す人類共有の遺産として、文化的景観や生物多様性の保全という新しい意味づけのもとで、地域と行政、NPOなどの新しい協働体制をいかに維持・拡大していくのかが大きな課題となっている（湯本 2010）。

里山林におけるナラ林や人工林、野生鳥獣などの問題と同様に、半自然草原においても「使われない」供給サービスの増加への対応が、「火入れ作業だけ」「放牧の活用のみ」「絶滅危惧種の保全活動のみ」の段階にとどまっていては、広範な人間の福利には結びつかない。持続可能な利用に導く新たな生態系サービス利用法の開発と地域住民の自主的参加を支えるシステムづくりが必要となろう。

このような試みの実施と成果の検証のためには、現在の里山や農山村が、新しいメンバーや試みに対してオープンとなることが不可欠である。半自然草原のもつ、ほかに代替できない多様な生態系サービスを維持し、共同体を支える社会関係資本を再生するために、都市住民や企業体の参画を積極的に促進するような、新しいコモンズとしての管理手法や経済的インセンティブの構築が必要である。加えて、草地は棚田や里山と同様に、手をかけ続けなければ維持できない文化的遺産のようなものである。そういった共通の意識のもとで一緒になって草地を維持していく新しい人間関係を築くことが重要であろう。現在、各地で行なわれている都市住民を巻き込んだ萌芽的な取組みを、いかに現代的コモンズの確立につなげていくか、民・官・学が協働して知恵を絞る時期にきていると言える。

また、環境先進国である欧米の草原管理には環境ガイドラインのような指針を設けている国や地域が多いが、日本ではまだしっかりとしたものはない。しかし、それ以上に深刻なのは現場レベルでの意識の低さである。日本の縦割り行政の仕組みからすれば、農林水産省の畜産行政の守備範囲かもしれないが、草原がもたらす便益（生態系サービス）は畜産的価値だけにとどまらないきわめて広範なものである（図2－18参照）。多様な受益者や地元関係者に参加意識をもたせるためには、生物多様性や環境保全への配慮に関して積極的な広報や啓発などを行なうことが必要であろう。

写真２－25　牧野組合員自身で牧野の植物や地名を調査する
（写真提供：阿蘇グリーンストック）

２００５年12月に阿蘇草原再生協議会が発足した熊本県阿蘇地方では、草原を利用・管理している牧野組合員自身の手で植物調査・地名調査を行なった結果、互いに学びあうなかで組合員の生物多様性への関心が格段に向上したことが認められている（写真２－25）。今後、このような活動を支援し、効果を発揮させるためにも、それらの結果を土地の管理にフィードバックできる仕組みづくりが必要だ。そのためには、現場レベルで活用できる簡易で、客観的な「生物多様性指標」の開発が待たれるところである。このことは、前に述べた「環境直接支払い」や農産物の「生きもの認証」を実現するうえでも不可欠なものである。

(8) 持続可能な社会の礎に

すでに述べてきたように、日本の草地・草原のなかには千年以上もの長い歴史をもつものもある(山内・高橋 2002/宮縁・杉山 2006, 2008)。草地での営みに適応したさまざまな生きものがそこで暮らしてきた。草原はオープン・ランド(開放地)としてさまざまな生きものに生活の場を提供しながら、堆厩肥の材料、家畜のエサ、屋根葺き用の資材、そして燃料源として、古くから農耕生活を多目的に支えてきた。一方で、草地へのかかわりは、秋の七草、盆花採り、草泊まり(写真2-26)といった地域の自然に根ざした文化を洗練させてきた。

世界的に見れば、これほど長期にわたって同じ場所で草の恵みを受けて、固有の文化を発展させたという例は、他に類をみないようだ。自然と共生する持続可能な社会をめざすうえで、最良の見本となると言ってもよいだろう。雨が多く温暖なわが国で、さまざまな社会的葛藤を克服しながらも、草地を長く維持し、賢く利用してきた先人の知恵には驚かされるばかりである。

けれども、現在の草地はその流れからは逸脱したところにおかれている。その結果、長らく草地とそれを取り巻く環境で生活してきたごく普通の生きものたちが、この数十年という短い時間に次々と姿を消し、多くが絶滅危惧種となってしまった。これは、草地そのものが消滅したことに加え、今残されている草地でさえも生態系が不健全状態に陥っていることを示す証拠でもある。

草地の多くは、スギやヒノキの植林地に変えられ、開発行為を受け、あるいは放置されることで姿を失っていった。運よく転用をまぬがれた草地も、化学肥料と外来牧草種子を投入し、機械による草地更新を繰り返す、一種の牧草工場と化している。このような構図は、もともと広大な草原域を誇っていた東北地方や阿蘇くじゅう地域において、より顕著に認められるのは皮肉なことである。

写真２−26　昭和30年代の草泊りの風景

（写真提供：大滝典雄）

草泊りとは、採草地近くで野営すること。農家はススキで作った小屋に何日も泊まり込んで草を刈り、干し草を作った。

私たち技術研究者は、戦後の畜産振興を急ぐあまり、「生産性（化石エネルギーに依存した）」という近代化の枠組みのなかで二三の類型化した草原のイメージしか描いてこなかったのではないだろうか。今後は、単に「畜産的利用」という矮小化された目的だけでなく、かつての「草の使い回し」に学び、もっと幅広く利用することに価値を認め、「多様な草の循環利用」をその地域性や将来性と関連づけて考え直してみる必要がある。そのためには、農家や地域が本来もっている内発的創造力と個性に目を向け、長い歴史のなかで培われてきた伝統的技術のなかにある「持続性」を学ぶべきであろう。

今後は、持続的な農業のあり方や生活様式、草原文化の保存・伝承や景観の利用、生物多様性の保全など多様な観点に立った包括的な論議のなかから、伝統的な草利用の形態をどのような仕組みで現代版に再編し、草原の維持管理に組み込んでいくのかが問われている。草資源を見事に活用して循環させていた先人の知恵に学びながら、一度は分断されてしまった草原と人びととの暮らしを、再び紡いでいきたいものである。

引用文献

阿蘇神社（2006）肥後一の宮阿蘇神社。阿蘇神社、1～116ページ。

阿蘇品保夫（1999）阿蘇社と大宮司（一の宮町史　自然と文化　阿蘇選書）。一の宮町史編纂委員会、1～250ページ。

阿蘇草原再生協議会（2007）阿蘇草原再生全体構想―阿蘇の草原を未来へ―。阿蘇草原再生協議会、1～42ページ。

阿蘇草原再生協議会（2009）阿蘇草原再生レポート　活動報告書2008。阿蘇草原再生協議会、1～44ページ。

阿蘇草原再生協議会（2010）阿蘇草原再生レポート　活動報告書2009。阿蘇草原再生協議会、1～52ページ。
Bical Energy (2005) Miscanthus environmental profile. http://www.bical.net/uploads/files/23.pdf ［２００６年12月１日参照］
Bullard MJ (1996) The agronomy of Miscanthus –agro-industrial crops–. Landwards 51: 12-15.
Bullard MJ, Nixon PMI, Heath MC (1997) Quantifying the yield of Miscanthus x giganteus in the UK. Aspects of Applied Biology 49: 199-206.
Christian DG, Bullard MJ, Wilkins C (1997) The agronomy of some herbaceous crops grown for energy in Southern England. Aspect of Applied Biology 49: 41-51.
中国四国農政局・中央畜産会（2005）耕作放棄地を活用した和牛放牧のすすめ～だれでも、どこでも、簡単に～。中央畜産会、１～40ページ。
福田栄紀（2001）ヤギや牛の放牧が森林伐採跡の植生変化に及ぼす影響―森林地帯にシバ草原が成立するしくみ―。日草誌47：４３６～４４２ページ。
江田慧子・中村寛志（2010）長野県安曇野における野焼きがメアカタマゴバチによるオオルリシジミ卵への寄生に及ぼす影響について。環動昆 21：93～98ページ。
Greef JM, Deuter M (1993) Syntaxonomy of Miscanthus x giganteus Greef et Deul. Angew. Bot. 67: 87-90.
グリーンパワー編集部（2007）40年ぶりに野焼きを復活　ススキ草原の再生を目指す。グリーンパワー２００７年10月号。森林文化協会、34～35ページ。
グリーン・パワー編集部（2011）２年後の式年遷宮に向けてカヤ刈り進む　伊勢神宮「川口萱地」／三重県度会町。グリーン・パワー２０１１年２月号、森林文化協会、23ページ。

浜田清吉（1953）秋吉台カルスト。秋吉村役場、1～116ページ。

林一六（1994）ススキ草原の実験群落学―地上部刈り取り回数に応じた種類組成の変化―。日生態会誌44：161～170ページ。

氷見山幸夫（1995）アトラス―日本列島の環境変化。朝倉書店、1～187ページ。

防府市教育委員会（1998）天然記念物「エヒメアヤメ自生南限地帯」（西浦）の緊急調査事業に関する報告書。防府市教育委員会、1～41ページ。

細野衛・佐瀬隆（1997）黒ボク土生成試論。第四期19：1～9ページ。

市田知子（2004）EU条件不利地域における農政展開―ドイツを中心に―。農山漁村文化協会、1～221ページ。

今江正知（編）（2001）自然と生き物の賛歌（一の宮町史　自然と文化　阿蘇選書）。一の宮町史編纂委員会、1～237ページ。

稲垣栄洋・大石智広・高橋智紀・松野和夫（2008）除草の風土［13］静岡県の茶園地帯に見られる管理された茶草ススキ草地。雑草研究53：77～78ページ。

井上淳・高原光・吉田周作・井内美郎（2001）琵琶湖湖底堆積物の微粒炭分析による過去約13万年間の植物燃焼史。第四紀研究40：97～104ページ。

井上雅仁・高橋佳孝（2009）半自然草原の保全と再生に向けた新しい取り組み。景観生態学14：1～4ページ。

井上雅仁（2011）時代がつくる草原の価値。高原の自然史（印刷中）

石井実・植田邦彦・重松敏則（1993）里山の自然をまもる。築地書店、1～171ページ。

板野志郎・堤道生・坂上清一・中上弘詞（2006）水田里山放牧は低投入で生産効率の高い放牧技術である。畜産草地研究成果情報（畜産草地研究所編）№５、畜産草地研究所、１１９〜１２０ページ。

Itow S (1962) Grassland vegetation in uplands of western Honshu, Japan. Part 1. Distribution of grassland. Japanese Journal of Ecology 12 : 123-129.

岩波悠紀（1988）草原の火入れ。日本の植生―侵略と撹乱の生態学（矢野悟道編）、東海大学出版会、１１７〜１２４ページ。

Jones MB, Walsh M (2001) Miscanthus - for energy and fiber. James & James Ltd. London, p.1-192.

兼子伸吾・太田陽子・白川勝信・井上雅仁・堤道生・渡邊園子・佐久間智子・高橋佳孝（2009）中国５県のＲＤＢを用いた絶滅危惧植物における生育環境の重要性評価の試み。保全生態学研究14：１１９〜１２３ページ。

環境庁九州地区国立公園・野生生物事務所（1998）阿蘇の草原はいま―参加型国立公園環境保全活動推進事業中間報告―。環境庁九州地区国立公園・野生生物事務所、１〜９ページ。

環境庁自然保護局野生生物課（1997）植物版レッドリストの作成について。環境庁、１〜80ページ。

環境省（編）（2000）改訂・日本の絶滅のおそれのある野生生物―レッドデータブック―植物（維管束植物）。自然環境研究センター、１〜６６０ページ。

環境省（編）（2006）改訂・日本の絶滅のおそれのある野生生物―レッドデータブック―昆虫類。自然環境研究センター、１〜２４６ページ。

環境省（編）（2008）第３次生物多様性国家戦略。環境省、１〜３２３ページ。

河野道治・井村毅・小迫孝実・大槻和夫・細山田文男（1988）ススキ型草地の植生遷移に及ぼす刈取りの

影響。草地の動態に関する研究 第３次中間報告、草地試験場資料№62-13、草地試験場、32～38ページ。

河野樹一郎・林貴由・高原光・河野耕三・佐々木尚子・湯本貴和（2009）植物珪酸体分析および微粒炭分析からみた阿蘇外輪山北部における完新世の植生変異と火事の歴史。日本第四紀学会講演要旨集39：１１６～１１７ページ。

近畿中国四国農業研究センター（2009）よくわかる移動放牧Ｑ＆Ａ。近畿中国四国農業研究センター粗飼料多給型高品質牛肉研究チーム、１～１１６ページ。

小山修三（1992）狩人の大地：オーストラリア・アボリジニの世界。雄山閣出版、１～２５１ページ。

窪田順平（2004）森林と水 神話と現実。科学74（５）：３１１～３１６ページ。

熊本県・阿蘇市・南小国町・産山村・高森町・南阿蘇村・西原村（2007）世界遺産暫定一覧表追加資産にかかる提案書 資産名称：「阿蘇―火山との共生とその文化的景観」。熊本県、１～15ページ。

熊本日日新聞（2011）草原が土中にCO_2蓄積。熊本日日新聞社、２０１１年２月26日掲載。

九州バイオマスフォーラム（2005）草資源流通センター構想懇話会資料。ＮＰＯ法人九州バイオマスフォーラム、１～20ページ。

九州バイオマスフォーラム（2006）野草を使って草原を守りましょう！野草堆肥利用マニュアル。環境省九州地方環境事務所、１～30ページ。

Lewandowski I, Scurlock JMO, Lindvall E, Christou M (2003) The development and current status of potential rhizomatous grasses as energy crops in the US and Europe. Bioma Bioe 25: 335-361.

前田正尚（2003）草原を維持する―阿蘇に学び連携する都市住民―。都市のルネッサンスをもとめて 社会共通資本としての都市―１（宇沢弘文・薄井充裕・前田正尚編）、東京大学出版会、２２７～２６２

ページ。

前中久行（1993）畦畔草地の景観構成要素・生物生息地としての評価と適正な管理に関する研究。日産科学振興財団研究報告書16：231〜240ページ。

Manabe T, Naito K, Nakagoshi N (1997) Vegetation structure of a secondary grassland at a line corridor in Fukuchi Mountain System, northern Kyushu. Bull. Kitakyushu Mus. Nat. Hist. 16: 113-135.

松村正幸（1998）イネ科主要在来野草の個生態［21］。畜産の研究52：717〜725ページ。

松岡元気（2007）三瓶山麓民俗誌―生業・信仰の生成環境に着目して。近畿大学大学院文芸学研究科修士論文、1〜149ページ。

緑と水の連絡会議（2000）草原シンポジウム'97　第2回全国草原サミット報告書。NPO法人緑と水の連絡会議、1〜75ページ。

宮縁育夫・杉山真二（2006）阿蘇カルデラ東方域のテフラ層における最近約3万年間の植物珪酸体分析。第四紀研究45：15〜28ページ。

宮縁育夫・杉山真二（2008）阿蘇火山南西麓のテフラ累層における過去約3万年間の植物珪酸体分析。地学雑誌117：704〜707ページ。

宮脇昭（1977）日本の植生。学習研究社、1〜535ページ。

水本邦彦（2003）草山の語る近世。山川出版社、1〜99ページ。

森田明宏・佐野寛・中坊真・高橋佳孝・井田民男（2003）阿蘇地方の草原バイオマスの可能性。第3回環境技術協会研究発表会（予稿集）：215〜216ページ。

守山弘（1997）むらの自然をいかす。岩波書店、1〜128ページ。

守山弘（2006）伝統的農業がSiやFeの供給に与える影響。第9回日本水環境学会シンポジウム講演集（9th）：42〜43ページ。

村田浩平・野原啓吾・阿部正喜（1998）野焼きがオオルリシジミの発生に及ぼす影響。昆蟲1：21〜33ページ。

永松敦（2008）九州山間部の火の利用―野焼きと狩猟―。研究集会 日本の半自然草原の歴史（別府大学文化財研究所・総合地球環境学研究所主催）発表要旨集、79〜86ページ。

内藤和明・真鍋徹・中越信和（1999）草原の管理と種多様性。遺伝53：31〜36ページ。

Naito K, Takahashi Y (2000) Biased distribution of autumn-flowering plants in a Zoysia japonica grassland in relation to patch structure. Grassl Sci 46: 10-14.

内藤和明・中越信和（2001）刈り取りの時期および回数がネザサ草地の種多様性に及ぼす影響。日草誌47（別）：6〜7ページ。

内藤和明・高橋佳孝（2002）三瓶山の半自然草地における生物多様性保全。日草誌48：２７７〜２８２ページ。

中坊真（2006）阿蘇発 草原バイオマスのカスケード利用。資源環境対策42、環境コミュニケーションズ、86〜90ページ。

中川重年（2001）里山保全の全国的パートナーシップ。里山の環境学（武内和彦・鷲谷いづみ・恒川篤史編）、東京大学出版会、１２４〜１３５ページ。

中越信和（1997）景観と生物多様性。生物多様性とその保全（矢原徹一・巌佐庸・財団法人遺伝普及会編）、遺伝別冊9、裳華房、41〜47ページ。

中村寛志（2010）野焼きがオオルリシジミの絶滅を救う。自然保護３／４月号、日本自然保護協会、25ページ。

中村慎吾（2005）里山学入門。花を華にする会、１～159ページ。

仲野義文（2007）石見銀山とたたら製鉄を支えた里山の環境歴史学。全国雑木林会議石見銀山大会報告書、NPO法人緑と水の連絡会議、９～25ページ。

日本草地畜産協会（2009）草地管理指標─草地の多面的機能編─。１～198ページ。

西村格（2003）環境問題から見た草地農業の問題点（１）─1. 農業による環境破壊はあるのか─。畜産の研究47：1159～1163ページ。

西日本新聞（2008）草刈で草原を豊かに「ふれあいプロジェクト」始動。西日本新聞社、2008年７月４日掲載。

西脇亜也・菅原和夫・伊藤巌（1993）放牧影響下にあるススキ型草地での低木群落の成立。日草誌39：１～６ページ。

西脇亜也（1999）草原生物群集の成立と衰退。遺伝53（10）：26～30ページ。

西脇亜也・横田浩臣（2001）野草と野草地の評価─緒言─。日草誌47：194～195ページ。

西脇亜也（2006）農業の復興とともに草原を再生する。エコソフィア18：34～39ページ。

西脇亜也（2010）野草と野草地の再評価に向けて。草地科学シリーズ２　草地の生態と保全─家畜生産と生物多様性の調和に向けて─（日本草地学会編）、学術出版センター、128～138ページ。

日塔和彦（編）（2000）ヨーロッパの茅葺きとその技術。欧州茅葺き視察研修報告書刊行会、１～213ページ。

日塔和彦（編）（2002）ヨーロッパの茅葺きとその技術 その2。欧州茅葺き視察研修報告書刊行会、1～242ページ。

農林水産省（2007）農林水産省生物多様性戦略。農林水産省、1～40ページ。

農林水産省農林水産技術会議研究開発課（2004）小型可搬式・低コスト高効率の新しい熱・電エネルギーシステム「農林バイオマス3号機」の開発。月刊技術会議34、農林水産省農林水産技術会議、5ページ。

野焼きシンポジウム・イン・小清水実行委員会（2000）野焼きシンポジウム・イン・小清水 第3回全国草原サミット報告書。野焼きシンポジウム・イン・小清水実行委員会、1～72ページ。

小椋純一・山本進一・池田晃子（2002）微粒炭分析から見た阿蘇外輪山の草原の起源。名古屋大学加速器質量分析計業績報告書13：236～240ページ。

小椋純一（2006）日本の草地面積の変遷。京都精華大学紀要30：159～172ページ。

小椋純一（2010）日本の草地の歴史を探る。日草誌56：216～219ページ。

小倉振一郎（2010）放牧家畜に対する在来野草の飼料価値―反すう胃の機能性に着目した飼料評価の重要性―。草地科学シリーズ2 草地の生態と保全―家畜生産と生物多様性の調和に向けて―（日本草地学会編）、学術出版センター、139～155ページ。

岡本透（2009）森林土壌に残された火の痕跡。森林科学55：18～23ページ。

岡本透（2011）森林の歴史をひもとく―諏訪湖周辺を対象にして―。平成22年度（社）長野県林業コンサルタント協会情報誌、社団法人長野県林業コンサルタント、1～42ページ。

大窪久美子（1991）野生草花の保全を目的とした半自然草地の刈取りに関する生態学的研究。大阪府立大

学大学院農学研究科博士論文、大阪府立大学、１～１７５ページ。

大窪久美子・土田勝義（2000）半自然草原の自然保護。自然保護ハンドブック（沼田眞編）、朝倉書店、４３２～４７６ページ。

大窪久美子（2001）刈り取り等による半自然草原の維持管理。生態学からみた身近な植物群落の保護（大澤雅彦監修・日本自然保護協会編集）、講談社サイエンティフィク、１３２～１３９ページ。

大窪久美子（2002）日本の半自然草地における生物多様性研究の現状。日草誌48：２６８～２７６ページ。

大貫茂（2005）万葉植物事典（普及版）。株式会社クレオ、１～２５０ページ。

大滝典雄（1997）草原と人々の営み（一の宮町史　自然と文化　阿蘇選書）。一の宮町史編纂委員会、１～２４９ページ。

大滝典雄（2001）野生草種の多様な機能。自生草種の利用を基軸とした畜産技術の展望、近畿中国四国農業研究センター畜産部資料H13-1、近畿中国四国農業研究センター畜産草地部、１～３ページ。

乙女高原ファンクラブ（2006）乙女高原案内人　誕生と成長の記録。乙女高原ファンクラブ、１～１８８ページ。

羅針盤（1995）久住高原野焼きシンポジウム・全国野焼きサミット報告書。羅針盤、１～59ページ。

佐護区（編）（2009）千俵蒔山草原再生プロジェクト。佐護区、１～11ページ。

坂井正康（1998）バイオマスが拓く21世紀エネルギー　地球温暖化の元凶CO_2排出はゼロにできる。森北出版株式会社、１～１２８ページ。

坂上清一（2001）ススキ草地植生の長期的傾向：20年間の野外観測。日草誌47：４３０～４３５ページ。

佐々木尚子（2011）草原と火事の歴史―阿蘇の研究から―。信州の草原　その歴史をさぐる（湯本貴和・

須賀丈編著)、ほおずき書籍、47〜62ページ。

佐藤誠(1996)阿蘇グリーンストック運動。里地からの変革(環境庁企画調整局里地研究会編)、時事通信社、34〜45ページ。

澤田佳宏(2008)寒風山の歴史〜草原ってなんだろう〜。寒風山シンポジウム講演記録(岐阜大学津田研究室)、'http://www.green.gifu-u.ac.jp/˜tsuda/noyaki/08KPZsymposium.html'(2011年3月参照)

Schulz H and Eder B(2002)バイオガス実用技術(浮田良則監訳)。オーム社、1〜246ページ。

瀬井純雄(2006)阿蘇の草原植物の現状。日本植物学会第70回(熊本)大会公開シンポジウム「九州の植物が危ない」熊本大学、13〜20ページ。

芹沢俊介(1995)人里の自然。保育社、1〜196ページ。

瀬田信哉(1995)野焼きとボランティア。国立公園534:6〜22ページ。

柴谷篤弘(1995)日本のチョウの衰亡と保護。日本産蝶類の衰亡と保護(浜栄一・石井実・柴谷篤弘編)、日本鱗翅学会、1〜22ページ。

品田譲(1980)ヒトと緑の空間。東海大学出版会、1〜209ページ。

新保輝幸(2001)シバ草地がもたらす外部経済:仮想旅行費用法による三瓶草原の景観・レクリエーション価値の経済評価。山地畜産を軸とした環境保全型アグロフォレストリ・システムの確立(平成11〜12年度科学研究補助金(基盤研究(B)(2)研究成果報告書、研究代表者:飯國芳明)第3章、61〜92ページ。

小路敦・山本由紀代・須山哲男(1995)GISを利用した島根県三瓶山地域における景観変遷の解析。農土誌63:847〜853ページ。

小路敦・中越信和（1999）草原性植物の種多様性に及ぼす放牧・火入れの影響。日草誌45（別）：34～35ページ。

Shoji A, Suyama T, Sasaki H（1999）Distribution and site conditions of semi-natural grassland in Japan. Proc VI Int Rangel Cong. p.312-313.

小路敦・須山哲男・佐々木寛幸（1999）仮想市場評価法（ＣＶＭ）による野草地景観の経済的評価。日草誌45：88～91ページ。

白川勝信（2010）多様な主体による草地管理協働体の構築―芸北を例に―。景観生態学14：15～22ページ。

塩見正衛（2003）草原 grassland・草原生態系 grassland ecosystem. 生態学事典（厳佐庸・松本忠夫・菊地喜八郎・日本生態学会編）、共立出版、３６１～３６３ページ。

Speller CS（1993）The potential for growing biomass crops for fuel on surplus land in the UK. Outlook on Agriculture 22: 23-29.

須賀丈（2008）中部山岳域における半自然草原の変遷史と草原性生物の保全。長野県環境保全研究所研究報告４：17～31ページ。

須賀丈（2010）半自然草地の変遷史と草原性生物の分布。日草誌56：２２５～２３０ページ。

鈴木謙治（1994）三瓶山の糞虫相。三瓶山の昆虫相とその保全（星川和夫編）、島根昆虫研究会、１６４～１７０ページ。

田端英雄（編著）（1997）里山の自然。保育社、１～１９９ページ。

高原光（2009）日本列島の最終氷期以降の植生遷移と火事。森林科学55：10～13ページ。

高橋佳孝・内藤和明（1997）半自然草地の植物と保全管理。種生物学研究21：13～26ページ。

高橋佳孝・中越信和（1999）ヒトがつくりあげた日本の草地。遺伝53（10）：16～20ページ。

Takahashi Y, Naito K (2001) The effects of defoliation management on species diversity in a shortgrass-type grassland : a preliminary study. Grassl Sci 47: 300-302.

高橋佳孝（2002）萌芽的な草原保全活動に期待する。特集：草地学と保全2 草原生物多様性の保全の現場、日草誌48：264～267ページ。

高橋佳孝（2003）牧野活性化に関連して―技術研究者の牧野論―。日本の農業227、農政調査委員会、115～121ページ。

高橋佳孝・米屋広志・大滝典雄（2003）放牧牛を用いた火入れ草地の防火帯作り。日草誌49：406～412ページ。

高橋佳孝（2004）半自然草地の植生持続をはかる修復・管理法。日草誌50：99～106ページ。

高橋佳孝（2006）環境直接支払いへの取り組み［3］阿蘇草原の保全と環境支払いについて。農及園81：1163～1173ページ。

高橋佳孝（2007）林内放牧・里地放牧の新しい展開。みどり資源のフロンティア（持田紀治・小島敏文編著）、大学出版協会、185～198ページ。

高橋佳孝（2008）野草資源のバイオマス利用―畜産だけでない草利用の古くて新しい分野―。日草誌53：318～325ページ。

高橋佳孝（2009）多様な担い手による阿蘇草原の維持・再生の取り組み。景観生態学14：5～14ページ。

高橋佳孝・井上雅仁・兼子伸吾・堤道生・内藤和明・小林英和・井出保行（2009）放牧管理に伴う三瓶山ムラサキセンブリ（Swertia pseudochinensis）自生地の植生の変化。日草誌55：29～33ページ。

高橋佳孝（2010）阿蘇草原の維持・再生の取り組み。自然再生ハンドブック（日本生態学会編、矢原徹一・松田裕之・竹門康弘・西廣 淳監修）、地人書館、２０７～２１８ページ。
高槻成紀（2001）シカと牧草―保全生態学的な意味について―。保全生態学研究６：45～54ページ。
武内和彦（2001）里地自然を生かした国土づくり。里山の環境学（武内和彦・鷲谷いづみ・恒川篤史編）、東京大学出版会、２２９～２３８ページ。
Tilman D, Hill J, Lehman C (2006) Carbon-negative biofuels from low-input high-diversity grassland biomass. Science 314: 1598-1600.
戸田求・三枝信子・木村富士男・及川武久（1997）草原群落―大気間のCO_2／H_2O交換過程の季節変化に関する実験的研究。筑波大学水理実験センター報告22：79～80ページ。
富樫均・田中義文・興津昌宏（2004）長野市飯綱高原の人間活動が自然環境に与えた影響とその変遷。長野自然保護研究所紀要７：１～16ページ。
Tsuda S (1996) Air and soil tempratures during burnings in a Phragmites australis community, Hakone Sengokuhara central Japan. Ecological Review 23 : 209-211.
津田智・冨士田裕子・安島美穂・西坂公仁子・辻井達一（2002）小清水原生花園における海岸草原植生復元のとりくみ。日草誌48：２８３～２８９ページ。
津田智（2008）火入れ草原の環境―山焼きって何だろう―。寒風山シンポジウム講演記録（岐阜大学津田研究室）、'http://www.green.gifu-u.ac.jp/~tsuda/noyaki/08KPZsymposium.html'（２０１１年３月１日参照）
津田智（2010a）小清水原生花園における原生花園再生事業。自然再生ハンドブック（日本生態学会編、矢

原徹一・松田裕之・竹門康弘・西廣淳監修）、地人書館、１９９～２０６ページ。

津田智（2010b）火を使って草原を再生する。自然再生ハンドブック（日本生態学会編、矢原徹一・松田裕之・竹門康弘・西廣淳監修）、地人書館、２１９～２２４ページ。

塚本良則（1999）森林・水・土の保全。朝倉書店、１～１３８ページ。

恒川篤史（2001）里地自然を保全するための長期戦略。里山の環境学（武内和彦・鷲谷いづみ・恒川篤史編）、東京大学出版会、２０４～２１８ページ。

堤道生・高橋佳孝・西口靖彦・惠本茂樹・伊藤直弥・佐原重行・吉村和子・渡邉貴之（2009）優占種の異なる耕作放棄地および野草地における野草の飼料価値。日草誌55：２４２～２４５ページ。

上田弘則・高橋佳孝・井上雅央（2008）冬期の寒地型牧草地はイノシシ（Sus scrofa L.）の餌場となる。日草誌54：２４４～２４８ページ。

上田弘則・高橋佳孝・井上雅央（2010）寒地型牧草地における草地更新の有無とイノシシ（Sus scrofa L.）による採食被害の関係。日草誌56：20～25ページ。

宇根豊（2005）国民のための百姓学。家の光協会、１～２１５ページ。

Van Zanten, W. (2001) Energy crop in the Netherlands. CADDET Renewable Energy Newsletter June 2001, CADDET, Oxfordshire, p.10-12.

鷲谷いづみ（1997）生物多様性と生態系の機能・安定性。保全生態学研究１：１０１～１１４ページ。

鷲谷いづみ（1998）生態系管理における順応的管理。保全生態学研究３：１４５～１６６ページ。

鷲谷いづみ（2000）生物多様性を脅かす「緑」の生物学侵入。生物科学52：１～６ページ。

鷲谷いづみ（2001）生態系を蘇らせる。日本放送出版協会、１～２２７ページ。

鷲谷いづみ（2006）地域と環境が蘇る　水田再生。家の光協会、１〜２９３ページ。

鷲谷いづみ（2008）日本自然再生紀行第14回「阿蘇の草原再生事業」。科学78（11）：１１９０〜１１９１ページ。

鷲谷いづみ（2010）にっぽん自然再生紀行 散策ガイド付き。岩波書店、１〜１１６ページ。

渡邉貴之・田中佑一・野口浩正・小西一之（2008）代謝プロファイルテストによる放牧黒毛和種雌牛の栄養状態と放牧地の評価。肉用牛研究会報85：９〜15ページ。

矢部光保（2001）ＣＶＭによる阿蘇草原の価値評価と保全方策。農業総合研究所研究叢書第124号、38〜42ページ。

矢部光保（2008）環境支払いと阿蘇草原の保全的価値の計測。環境支払いが日本農業の未来を切り拓く（横川洋編）、九州大学大学院農学研究院環境生命経済研究分野、75〜85ページ。

矢原徹一・川窪伸光（2002）復元生態学の考え方。保全と復元の生態学―野生生物を救う科学的思考―（種生物学会編、矢原徹一・川窪伸光責任編集）、文一総合出版、２２３〜２３３ページ。

山田敏彦（2009）エネルギー作物としてのススキ属植物への期待。日草誌55：２６３〜２６９ページ。

山口裕文・梅本信也（1996）水田畦畔の類型と畦畔植物の資源的意義。雑草研究41：２８６〜２９４ページ。

山本嘉人・斎藤吉満・桐田博允（1997）放牧によるススキ型草地の主要種の拡張積算優占度の変化率。日草誌42：３１５〜３２３ページ。

山本嘉人・八木隆徳・斎藤吉満・桐田博允（1998）放牧によるススキ型草地の植生遷移に伴う群落の種多様度指数H'の変化。日草誌44：１２２〜１２６ページ。

山本嘉人（2001）長期研究で明らかになった草原植生の多様な遷移過程。日草誌47：424〜429ページ。

山内康二・高橋佳孝（2002）阿蘇千年の草原の現状と市民参加による保全へのとりくみ。日草誌48：290〜298ページ。

山内康二・高橋佳孝（2010）阿蘇千年の草原の現状と市民参加による保全へのとりくみ。草地科学シリーズ2草地の生態と保全―家畜生産と生物多様性の調和に向けて―（日本草地学会編）、学会出版センター、85〜101ページ。

余田康郎・五十嵐良造・高橋佳孝・魚住順・大谷一郎・小野茂・河野道治・北原徳久・仲川晃生（1987）野草の生産性に及ぼす利用条件の影響。日草誌33（別）：112〜113ページ。

横川洋・佐藤剛史・宇根豊（2002）ドイツにおける任意参加の農業環境プログラム―国際化の下での農業環境政策の展開事例から―。国際経済のグローバル化と多様性―グローバル経済下の環境・会計・歴史―、九州大学出版会、21〜56ページ。

横川洋（2006）2003年CAP改革下におけるドイツ、バーデン・ヴュルテンベルク州の農業環境政策。平成17年度 地域食料農業情報調査分析検討事業 欧州アフリカ地域食料農業情報調査分析検討事業実施報告書、社団法人国際農林業協力・交流協会、45〜66ページ。

吉田光宏（2010）草原の自然が育む生物多様性―人とのかかわりが「二次的自然」維持（塩塚高原）―。EICネット生物多様性特集、環境省生物多様性センター、'http://www.eic.or.jp/library/bio/case/c9_1.html'（2011年3月1日参照）

湯浅陸雄（2005）草原維持のための野焼き（熊本県阿蘇）。生態学からみた里山の自然と保護（石井実監修・日本自然保護協会編集)、講談社、226〜227ページ。

湯本貴和(2010)文理融合的アプローチによる半自然草原維持プロセスの解明。日草誌56:220〜224ページ。

湯の丸レンゲツツジ調査委員会(編)(1997)天然記念物「湯の丸レンゲツツジ群落」の維持管理に関する調査報告書。嬬恋村教育委員会、1〜71ページ。

財団法人阿蘇グリーンストック(2008)阿蘇千年の草原を守る　野焼き支援ボランティア活動報告集。財団法人阿蘇グリーンストック、1〜39ページ。

財団法人阿蘇グリーンストック(2011)財団設立15周年記念シンポジウム「阿蘇草原の多面的価値について」報告集。財団法人阿蘇グリーンストック、1〜52ページ。

財団法人日本ナショナルトラスト(2003)すぐれた自然環境としての葦原・茅場の保全活用調査Ⅲ―現存する葦原・茅場の実態調査とその保全活用への提言―。財団法人日本ナショナルトラスト、1〜79ページ。

財団法人日本ナショナルトラスト(2004)里山・水辺の保全と茅葺き民家―葦原・茅場の保全活用を考えるシンポジウム。財団法人日本ナショナルトラスト、1〜49ページ。

財団法人農村開発企画委員会(2002)埼玉県熊谷市:くまがや有機循環研究会　家庭系・事業系一般廃棄物再利用のための地域内循環システムの実態と課題。財団法人農村開発企画委員会、1〜29ページ。

全国草原再生ネットワーク(2009)全国草原サミット・シンポジウムのあゆみ―草原の保全・再生に向けた、地域間連携の歴史―。全国草原再生ネットワーク、1〜3ページ。

全国草原再生ネットワーク(2010)全国草原サミットがもたらしたもの―草原の保全と地域の持続的発展

に向けて―。全国草原再生ネットワーク、1～19ページ。
図司直也（2007）阿蘇グリーンストックにみる資源保全の主体形成と役割分担。農村と都市を結ぶ２００7年10月号、農村と都市を結ぶ編集部、36～44ページ。

第3章　遊休農地問題とその解消に向けた取組み

1　遊休農地はなぜ生まれるのか

(1) 遊休農地とは何か

本来農地とは、私たちが口にする食料や家畜の飼料となる牧草などを栽培するために耕作される土地である。私たちの祖先はこれまで、飢餓の克服と食料の安定的確保をめざして農地を拓き、耕してきた。それが1961年の609万haをピークに有史以降初めて日本の農地面積は減少を開始し、2009年には461万haまで減っている。この減少の理由は主に、住宅や工場、商業施設といった農業以外の土地利用への転用だったが、近年、急速にその主役の座を占めつつあるのが農地の耕作放棄

（遊休化）である。耕作されない農地としてまず私たちの頭に浮かぶのは、1971年以降日本の農業政策の大きな柱となってきた米の生産調整（＝減反）に対応するための休耕田だが、これは政策によるトップダウンの現象と言える。しかし、今大きな問題になっているのは、誰かに強いられたものではない、自己崩壊的な耕作の放棄という現象である。

ところで、私たちが新聞やテレビでよく目にする「耕作放棄地」と「遊休農地」はどう違うのだろうか。耕作放棄地は5年おきに実施される農業センサスと、毎年7月15日時点の標本調査から推計される耕地および作付面積調査にその定義を見つけることができる。前者では「以前耕地であったもので、過去1年間以上作物を作付けしていない土地のうち、この数年の間に再び作付けする考えのない土地」とされ、後者では「既に2か年以上耕作せず、かつ将来においても耕作しえない状態の土地」とされている。調査時点より以前に耕作あるいは作付けをしていない点よりも、むしろ今後耕作されない可能性が高い点が耕作放棄地と判断するポイントと言える。これに対して遊休農地は農地法第30条第3項に示される条件のいずれかに該当する農地と定義されている。それは「現に耕作の目的に供されておらず、かつ、引き続き耕作の目的に供されないと見込まれる農地」と「その農業上の利用の程度がその周辺の地域における農地の利用の程度に比し、著しく劣っていると認められる農地」であり、総じて農地としての利用程度が低いものを遊休農地と判断することになる。そのため、両者を比較すると遊休農地のほうが広い範囲を指していることになる。休耕地は耕作放棄地の予備軍と呼ばれることも多いため、耕作放棄地と休耕地を合わせたものを遊休農地と呼ぶのがいちばん理解しやすい。

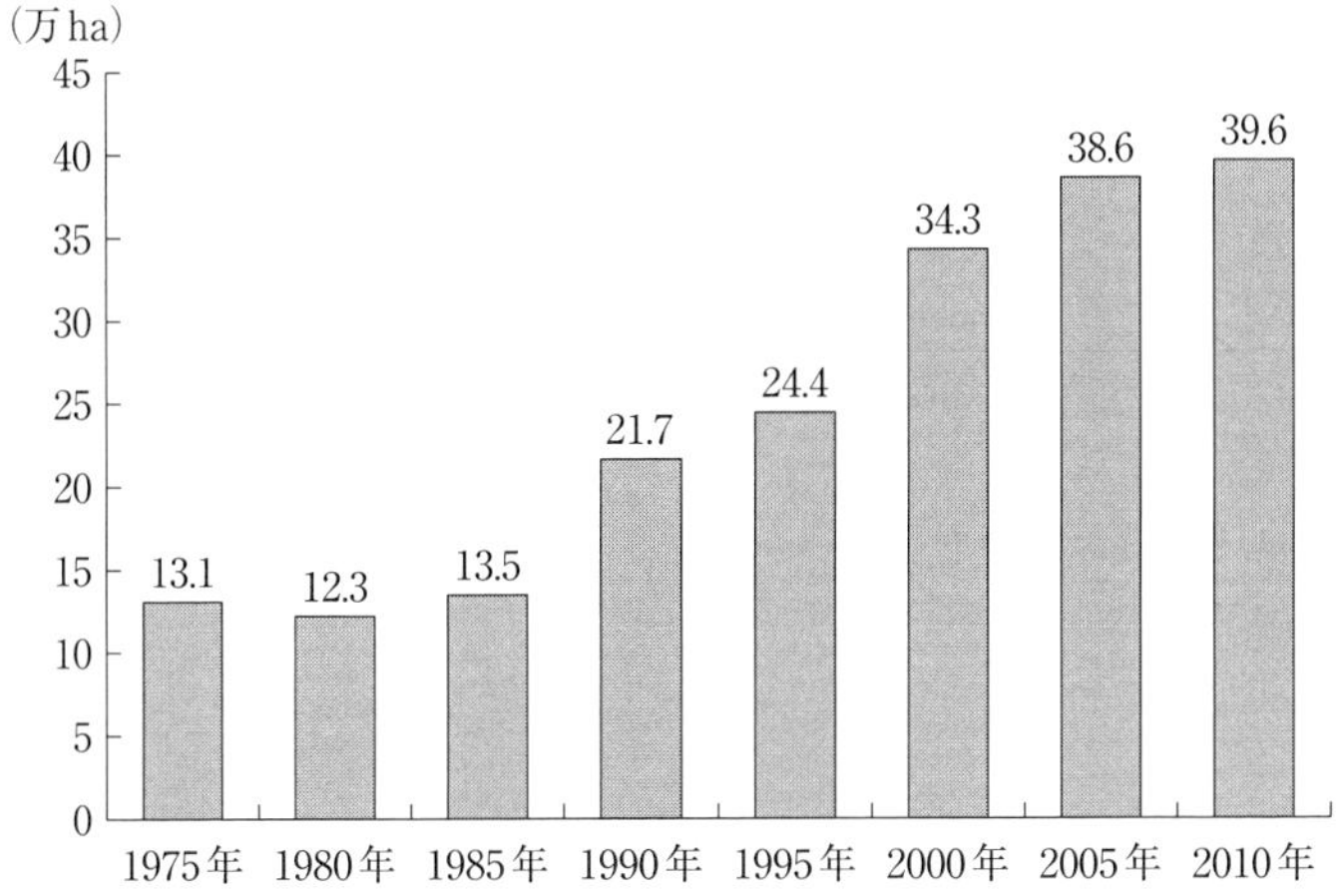

図3－1　耕作放棄地面積の推移

資料：農林業センサス、ただし2010年は概数値。

では、現在どれくらいの遊休農地が日本に存在するかを見てみよう。耕作放棄地の面積は図3−1のように1985年以降右上がりを続け、2005年の時点で38・6万haにも達している。これに休耕地の面積約20万haを加え、遊休農地はだいたい60万haに上ると考えられる。これは農地として利用可能な面積のうち、11・5％を遊休農地が占めている勘定になる。また都道府県でたとえると、茨城県とほぼ等しい面積の農地が耕作されていないことになる。

(2) 耕作放棄の歴史

これほどまでに耕作放棄地が増えた背景にはいったい何があるのだろうか。次に、耕作放棄がこのように大きな問題になるまでの経緯[1]を振り返りながら、耕作放棄の原因を整理してみたい。

日本で耕作放棄という現象が広く意識されたのは、１９６０年代にコメ以外の穀物輸入が急増したことによって畑が耕作放棄されたときが最初と言われている。同じ時期には養蚕の衰退を原因とする桑園の放棄も発生しつつあった。その後、１９７１年から米の生産調整が本格的に導入されたことで水田では休耕が目立つようになり、現在までの約40年にわたる生産調整の継続が休耕の恒常化と、少なくはない耕作放棄地化を引き起こしたとの指摘は数多い。

さらに１９８０年代は米価の低迷が続き、農産物の輸入自由化という大きな環境の変化を受けた。この頃から、まず山村地域で過疎化・高齢化の進行に加え、農地の荒廃が深刻視されるようになった。これをはっきりと私たちに教えたのは、１９７０年代から10万ha台で推移していた耕作放棄地面積が一気に21・7万haに達した１９９０年の農業センサスの結果だった。それまで、国土の約7割を占める農山村地域では農業従事者数の減少や高齢化といった労働力に関する課題は盛んに指摘されていたが、生産基盤としての農地の利用状況はあまり注目されていなかった。しかし、国全体の傾向を先取りするかたちで山村の過疎化・高齢化が深刻化するなかで、遊休農地を利用した地域活性化の取組みに注目が集まるとともに、ヨーロッパでも条件不利地域の対策が農政の主要施策として広く実施され始めたことも手伝って、耕作放棄地は中山間地域問題の代名詞として注目されるようになった。

その後１９９３年には米の不作による輸入米騒ぎもあったが、農産物市場のグローバル化を食い止めるにはいたらず、国内の農業はますます苦境に追い込まれた。ただ、今世紀に入ってからは輸入農産物の汚染問題や、食品偽装の事件もあって食の安心・安全が重視されるようになり、地産地消や食育などの言葉に代表される「農と食を消費者の目の届く範囲に取り戻すための草の根的な取組み」が各地で行なわれ、農地の耕作にも農家以外のさまざまな人たちがかかわるようになりつつある。とは言え、耕作放棄地の増加が収まる気配はまったくない。それが今後も続くことは、２０１０年農林業センサスの農業就業人口の平均年齢が65・８歳であることからも容易に推測できよう。

（3）耕作放棄の一般的な原因

このように過去を振り返ると、全国に共通する耕作放棄の発生原因が見えてくる。それらは、産業としての農業の不振（収益の低さ）、従事者の減少に高齢化も加えた農業労働力そのものの弱体化、そして生産調整である。また、農地そのものにも耕作放棄の原因を見出せる。と言うのも、所有するのは、農地を生産調整や労働力不足によって耕作できなくなったときに農家がどの農地を諦めるかを決めるのは、農地のおかれた状況に拠るところが大きいからである。すなわち通作距離が長い、傾斜地にあって機械が入らない、土壌が悪い、水利に恵まれないなど、耕作を続けるのに効率性や経済性で見合わないと判断された農地が耕作放棄の対象となりやすい。ここまでにあげた原因を表３―１で整理すると、耕作放棄の発生は生産調整などが呼び水（誘因）となり、労働力の脆弱さ（誘因）と農地条件の厳しさ（素因）が相まって続いてきたと言えよう[2]。

しかし、これらの原因だけで約40万haもの耕作放棄地が発生したとは考えにくい。たとえば生産調整の場合、あくまでも「特定の作物をつくるな」と言っているだけで、「耕作をするな」とは言って

表3－1　耕作放棄の主な発生原因

素因 （耕作放棄の対象の形成要因）	通作の便の良否（距離、幅員・路面状態等） 機械利用の良否（区画の接道状態、区画規模・形状等） 土壌条件 水利条件 日照条件
誘因 （耕作放棄の動機の形成要因）	外的要因：農家を取り巻く条件（生産調整、人口減少と消費量の縮小、都市化圧力、鳥獣害等） 内的要因：農家内部の条件（労働力の減少＝担い手の高齢化・後継ぎの不在、耕作意欲の減退、相続等）

注：木村（1993年）[2]をもとに一部改変。

いない。また、農地の条件は土地改良事業の進展によって着実に改善がはかられてきたため、圃場整備の行なわれた農地では比較的耕作放棄地は少ない。

そこで、ほかの原因としてあげられるのが非農家への相続である。相続によって農地の所有者となった非農家にとっては、出役が義務とされる農業施設の管理作業（道普請や溝浚え）も含めた農地の維持管理は不可能であるがゆえに耕作放棄にいたるケースである。またここには世代間の農地に対する意識の差もある。農地改革を経験した昭和一桁辺りの世代にとっては、耕作放棄とはやむを得ない事情で選択するものであって、収益性が低くても周囲の農地に迷惑がかかる、あるいは先祖に申し訳ないといった理由で耕作するものだった。しかし、高度経済成長以降の世代にとって農地の耕作はもっぱら収益性から判断するものであって、利益が得られなければ耕作したり貸しつける動機は存在しづらい。現在、耕作放棄地の対策を行なううえでもっとも問題になっているのが、こうした土地持ち非農家の耕作放棄地である。２０１０年の農林業センサスでは全耕作放棄地面積の46・０％（18・２万ha）を占めている。

（4）地域特有の発生原因

一方、地域に特有の原因もあげられる。都市の周辺に始まり平坦地、そして高い標高、急峻な地形といった特徴をもつ山地まで、国土の地形の多様性は、耕作放棄が発生する原因もそれに応じて多様であることにつながっている。２００５年の農林業センサスでは、中山間地域における耕作放棄地の面積は全体の53・９％を占めるが、裏を返せばそれ以外の平地地域、都市的地域でも約半分の耕作放棄地があることになる。以下ではこの地域類型に沿って耕作放棄の発生原因を述べることにする。

まず都市近郊に特有の原因には都市化があげられる。農地周辺の宅地化の進行による農業用水の水質低下、農薬の散布や臭い、機械の操作音に対する住民の苦情、一般車両による農道の利用、さらにはゴミの投棄といった営農環境の悪化が具体的な要因である。また大都市圏では特に都市的な土地利用に対する需要が高く、農家が農地を資産とみなす傾向が強いこともあり、将来の転用を期待して耕作放棄するケースが１９９０年代初頭まで見られた。それ以降は全国的な景気の低迷もあって転用需要は減少傾向にあるが、局地的には都市的な開発が盛んなところもあり、今後もその影響による耕作放棄発生の可能性は否定できない。

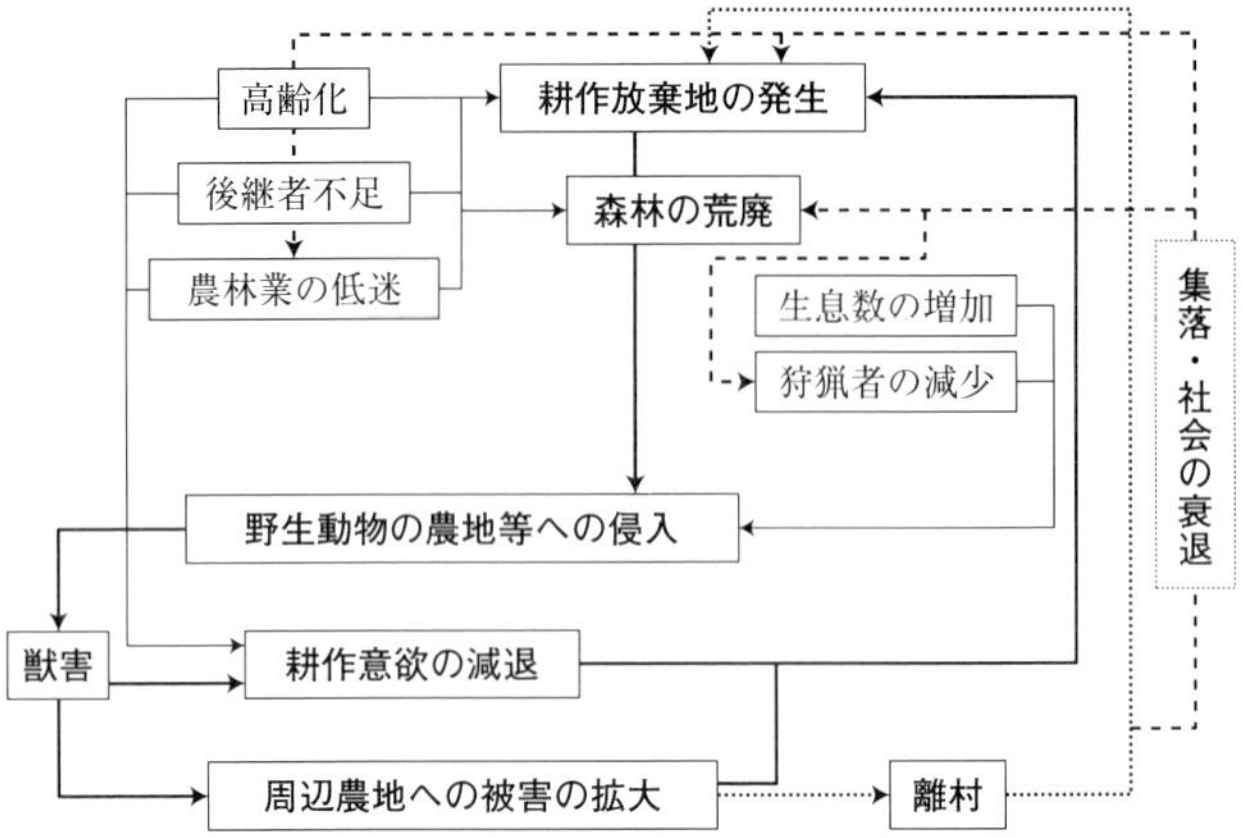

図3－2　山村における耕作放棄地と関連する問題のつながり

次に都市近郊や平地、とくに農業の盛んな地域では、集約型経営による水田の放棄というケースが見られる。こうした地域の専業農家には、土地利用型ではなく労働集約型の経営スタイルが多い。したがって所有する農地すべてを耕作するだけの労働力を確保できないこともあって、主力となる畑作に力を注ぎ、それ以外の農地は放置してしまうことになる。この現象は地形条件に依存するものではなく、むしろ労働集約型の専業農家特有のものと言える。したがって傾斜地で果樹栽培などを行なっている農家にも同じことがあてはまる。しかし全体から見れば、これらはごく限られたケースである。

最後に中山間地域、とくに山村特有の原因だが、この地域で昔から多いのが不在地主による耕作放棄である。就業機会の減少や道路・交通条件を含む生活環境の不便によって山村では離農だけに止まらず、離村してしまう世帯が多かった。最近は地震などの自然災害によって、やむを得ず故郷を離れるパターンも見られる。所有者が身近にいなくなった農地は一方的に荒れ果ててしまい、それだけでなく水田であれば畦畔の崩壊や水路の損壊にもつながり、〝耕作放棄地が耕作放棄地を呼ぶ〟ことになる。これは傾斜地に拓かれた棚田であれば、〝山が下りてくる〟と呼ばれる現象である。日本は農地のほとんどが私有地であるため、不在地主の耕作放棄地が周囲の農地に悪影響を与えていても所有者の同意がなければ周囲の耕作者は手が出せず、さらに新たな耕作放棄の原因を生んでしまうことになる。

その代表例が最近急速に拡大している獣害である。主にサルやイノシシ、シカによる農作物被害や畦畔、ビニールハウス等の損壊は高齢者の耕作意欲の減退に直接影響し、耕作放棄にいたる例は枚挙に暇がない。とくに農地の多くが耕作放棄地となっている山村の場合、農家は個別での被害対策を強いられるために十分な手立てを講じることができず、すべての農地が耕作放棄された集落も多い。このように耕作放棄が獣害を呼び、その獣害がさらなる耕作放棄を生む悪循環（図３－２）は山村に特有の現象であり、これをいかに断ち切るかが喫緊の課題となっている。

（５）遊休農地が引き起こす問題

農地が耕作されず、放置されると周りにどのような影響を及ぼすだろうか。獣害は誰の目にもはっきりとわかる悪影響の一つだが、それ以外にも目には見えにくい次のような影響があげられる。その一つは土壌と水の保全機能の低下である。スギやヒノキの人工林が降雨による地下の保水力を低下させ、近年地滑りや土石流などの災害を引き起こしていることは広く知られているが、そうした地域では遊休農地も少なからず存在する。特に水田の場合は遊休化によって畦畔や用排水路も一緒に管理放棄され、それらが消滅・損壊するために、雨が降り続いたときの流出パターンが変わることが指摘されている。また関連してため池の決壊もあげられる。全国的にため池の老朽化が進みその対策が求められているが、これには遊休農地の増加でため池を管理する人手が減ったことも大きく影響していると考えられる。このように耕作を止めるという行為は、農地だけでなく作物の栽培に関係するあらゆる施設（用排水施設、道路、貯水施設等）の維持管理の放棄にもつながるため、周囲の農家にも大きな影響を与える。また場所によっては遊休農地が不法投棄の場所として目をつけられることも多く、これを放置しておくと思わぬ火災や汚染物質の溶出等の災害をもたらす危険が生じる。つまり、農家だけでなく地域全体にとっても生活環境の悪化につながるのである。

さらに意識に与える影響も大きい。現在、多くの山林所有者が長い間管理を行なっていないために、自分の所有地の境界すら知らない状況に陥っているのと同様に、耕さない農地には出向くことがなくなるため、所有者の意識はそこに向かなくなってしまう。一つの谷が丸ごと放棄され、何十年間も誰も足を踏み入れていないような場所はいたるところに存在する。こうした状況は場所に対する住民の無関心を助長し、そこで所有者が行なってきた耕作に関するすべての知識（ナレッジ）―たとえば何を育てるのに適しているとか、周囲にはどのような植物があるか等―の喪失にもつながる。現在、多くの農村で地域資源の管理も含めたナレッジの喪失の危機が叫ばれており、遊休農地の発生はこのことにも大きく影響している。

また生物多様性の面から、外来生物が優先的に生息・繁茂する場として遊休農地が利用され、在来種の保全に対する障害となっているケースも報告されている。耕作放棄された後、一般的にその土地は長い時間をかけて潜在植生[3]に遷移することが知られているが、そこにいたるまではそれまで行なわれてきた耕作などを通して持ち込まれたセイタカアワダチソウやアメリカザリガニに代表される外来生物が優先する場所となることが多いという。[4] 人が働きかけない限り外来生物の自然淘汰はむずかしいため、遊休農地の増加は地域の生物多様性を脅かす原因としてもっと意識される必要がある。

2　遊休農地の解消をめざした取組みの特徴

(1) 国による取組み

前節で少しふれたように、日本でも農村や農業に対して興味をもつ人は着実に増えつつある。農村に移住し、農地を耕作しながら新しいビジネスを始める人や、ＮＰＯなどの組織を立ち上げて農村地域の住民を支援する人など、近年「農」とつながる動きは数え上げればきりがないほどであり、単なるブームにとどまらず、これからもこの動きは続いていくだろう。またこうした活動に参加する人びとの目は当然、遊休農地という存在にも向けられている。この節ではこれ以上遊休農地を増やさない、また今ある遊休農地を利用して減らすためにどのような手立てが講じられ、実際の取組みにはどのような特徴が見られるのかをみていくことにしたい。遊休農地対策にかかわる登場人物は大きく、制度や法律の運用によって取組みを裏方として支える国や都道府県、市町村等の公的な機関と、現場で取組みを動かす農家や都市住民、NPO等の市民に分けられる。まず、もっとも影響力の大きい国の農業政策における遊休農地対策の位置づけからみることにしよう。

農業政策における遊休農地の位置づけ

冒頭でも述べたが、図3–3に示すように日本の総耕地面積は減少を続けており、図中の期間を直線で近似すると2020年には約427万haまで減少すると予測される。こうした状況に鑑み、2010年3月に策定された国の農業政策の大本となる「食料・農業・農村基本計画」では、新しい施策の基本方針の一つに優良農地の確保と有効利用の促進があげられている。と同時に、今回の基本計画の目標年次である2020年に確保すべき農地面積として461万haという数字が掲げられている。しかし目標達成のためには、これ以上優良な農地を転用や耕作放棄させせないだけでなく、すでに遊休農地となっている相当の面積を農地として復旧させなければ厳しい。そのため、後でも述べるように多様な事業が用意されている。

ただ過去を繙くと、国の遊休農地対策は最近始まった話ではなく、耕作放棄地の急増が顕著になった1990年代からすでに、さまざまなメニューが打ち出されていた。また、法律においても

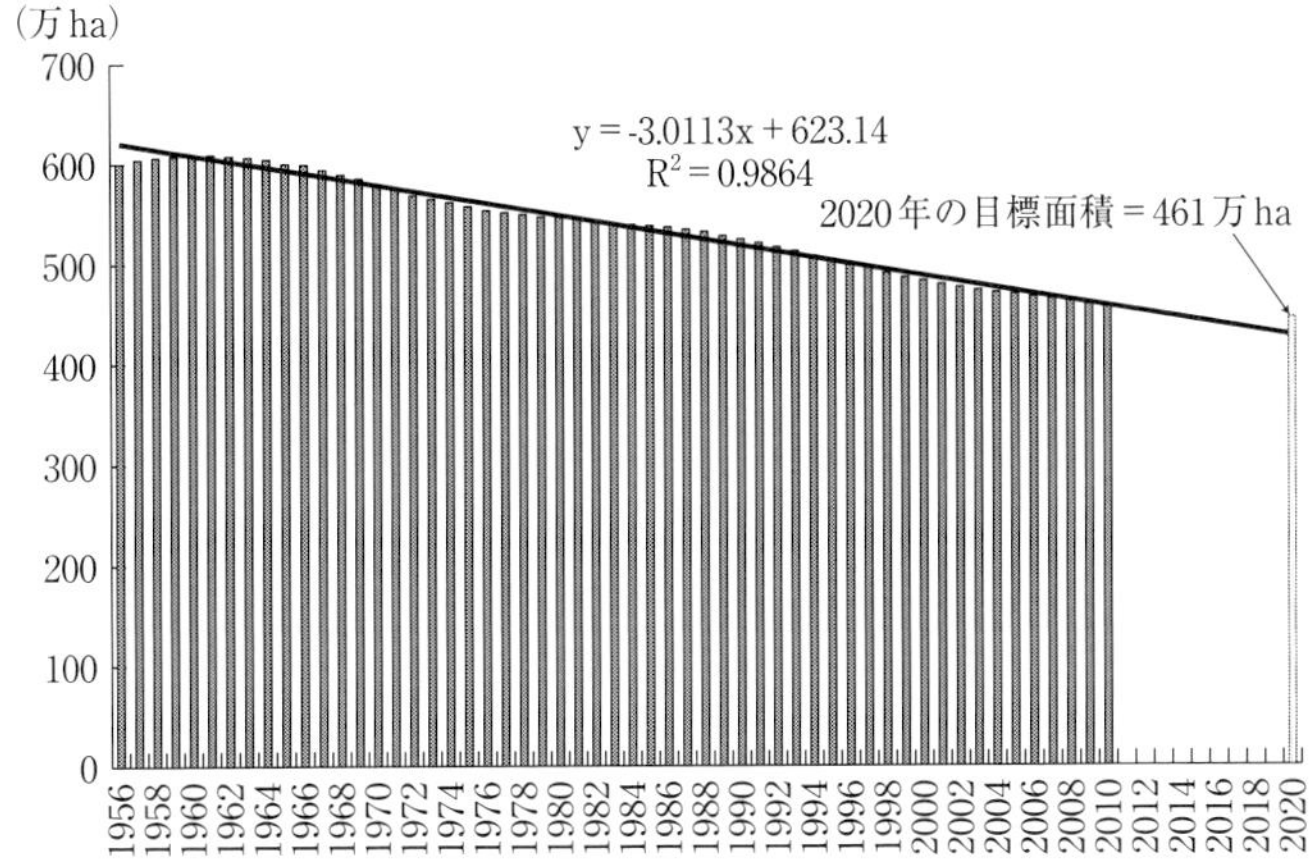

図３－３　総耕地面積の推移

資料：耕地及び作付面積統計

「農業振興地域の整備に関する法律」と「農業経営基盤強化促進法」のなかで遊休農地に関する措置が条文に盛り込まれていた[5]。当時の遊休農地対策は農地の基盤整備や市民農園としての整備、あるいは農村公園や公共施設への転換利用のようなハード面での改善に注力される傾向があった。また条件整備が行なわれた遊休農地は、主に規模拡大を図る認定農業者や法人などへの集積がめざされていた。しかし、当時はバブル景気の末期で農業情勢が厳しかったこともあり、これらの対策が功を奏したとは言いがたい。むしろ農業の担い手の減少を受け、耕地面積の減少と耕作放棄地の拡大のいずれにも歯止めがかからなかったのが実態であろう。これらの政策を〝笛吹けど踊らず〟と表現するのは少々意地が悪いかもしれないが、それでも農業者のニーズに適った対策だったとは言えまい。

今回の食料・農業・農村基本計画では、冒頭にこれまでの農業政策が農業や農村地域の状況を改善させることができなかった事実を直視し、その反省に立って政策の転換を行なうことが示されている。そのなかでの遊休農地対策であるがゆえに、従来と同じ失敗は許されないし、最近の食料価格の高騰や世界各地での政情不安を考えると、自国での食料確保＝農地の確保の重要性がますます高まるのは必然と言える。では、具体的に政府はどのようなメニューを用意しているだろうか。

国の遊休農地対策

２００９年に農地法は〝農地の最大限の有効利用〟と〝農地の確保〟を柱にした内容に改正され、そのなかで遊休農地に関する措置が定められた。これによって、それまで複数の法律に存在していた遊休農地の取扱いは農地法に一本化され、各市町村の農業委員会が所有者への指導や勧告を行なう体制に統一された。制度がわかりやすくなったことによって、今後担当する農業委員会個々の力量が問われるであろうことは間違いない。そのなかで、事業メニューも表３－２と表３－３に示すように数多く揃えられ、事業の対象者も多様になっている。また特記すべきなのは、施策がより具体的に「耕作放棄地の発生防止と解消」と「解消後の経営安定・発展」という二つの段階に分けられている点である。そして耕作放棄地の解消には農地の基盤整備や放牧地利用、都市農村交流、森林整備などが示されているが、実はこうした内容はこれまで採られてきた施策と大きく変わらない。むしろ最近の施策の特徴は〝解消後〟の施策における所得の安定化や人材の育成、さらには６次産

表3－2－a　耕作放棄の発生防止と解消を目的とした施策の例

目的	事業・制度名	支援内容	対象者・要件等
耕作放棄地解消を主たる目的とするもの	耕作放棄地再生利用緊急対策	荒廃した状態の耕作放棄地を貸借等により引き受ける再生利用者が行う、再生作業や土づくり、作付・加工・販売の試行、必要な農業施設の整備等を総合的に支援	農業を営む個人 農業者組織 農業参入法人等
	農地環境整備事業	耕作放棄地が介在する地域を対象として、優良農地への悪影響を除去するために団地内に点在する耕作放棄地を分離する等、土地利用調整と一体となった整備を支援	都道府県 市町村 (受益面積10ha以上等の要件あり)
	耕作放棄地解消・発生防止基盤整備事業	地域における耕作放棄地の発生や担い手への利用集積の状況等を踏まえ、必要となる基盤整備・関連支援施策の総合的・一体的な実施を支援	受益面積20ha以上、耕作放棄地及びその恐れのある農地を一定割合以上含むこと等
畜産的利用を図るもの	強い農業づくり交付金〈放牧利用条件整備〉	耕作放棄地等を放牧地として活用するための牧柵や給水施設等の整備を支援	都道府県 市町村 農業者の組織する団体等
	耕畜連携粗飼料増産対策事業	耕畜連携により粗飼料作付田等への堆肥施用等の取組みを行う農業者に対し定額を助成 また作付けを行っていない畑等に飼料作物を新たに作付けし、当該ほ場に堆肥を散布する取組みに対し、単年度に限り、定額を助成	農業者等

表3－2－b

目的	事業・制度名	支援内容	対象者・要件等
発生防止・保全管理	農地・水・環境保全向上対策のうち共同活動支援交付金	地域ぐるみで農地・農業用水等の資源を効果的に保全・向上する共同活動の一環として遊休農地発生防止のための保全管理活動を支援	対象者：活動組織 要件：市町村と協定を結ぶこと等
	中山間地域等直接支払い交付金	中山間地域等において、耕作放棄地を発生させず継続して農業生産活動を行う農業者等に対し、農業生産条件の不利を補正するための交付金を交付	集落協定等に基づき5年以上農業生産活動を継続する農業者等
地域活性化	農山漁村活性化プロジェクト支援交付金	地方自治体が地域の自主性と創意工夫により、耕作放棄地の解消等の農山漁村の活性化を図る計画を作成し、国は、その実現に必要な施設整備等の総合的取組みを交付金により支援	都道府県 市町村 農業者等の組織する団体等
交流	広域連携共生・対流等対策交付金	都市と農村の多様な主体が参加して行う共生・対流に資する取組みの中で実施される耕作放棄地の地力維持工事や市民農園等の整備に対して支援	民間団体（公募）
森林整備	農山漁村地域整備交付金	森林の生産力の回復・増進等の視点から、非農地化した耕作放棄地を対象として、土壌条件の改良、植栽等を行うことを支援	対象者：都道府県、市町村森林整備法人、森林組合、森林所有者等 要件：1施行地の面積が0.1ha以上

資料：農林水産省[6]

表3－3　耕作放棄地解消後の経営安定・発展を目的とした施策の例

目的	事業・制度名	支援内容	対象者
所得の安定化	水田利活用自給力向上事業	水田を有効活用して、麦・大豆・米粉用米・飼料用米等の生産を行う販売農家に対して、主食用米並の所得を確保し得る水準を直接支払いにより交付	販売農家 集落営農
農業用機械・施設の整備	強い農業づくり交付金（産地競争力の強化）	産地における加工・業務用需要への対応等による販売量の拡大、高付加価値化等による販売価格の向上、生産流通コストの低減に向けた取組みに必要な共同利用施設整備や小規模土地基盤整備等を支援	民間団体等
人材の育成・確保	農の雇用事業	農業法人等が就農希望者を雇用して新たに実施する実践的な研修を支援	農業法人等
	ふるさと雇用再生特別基金事業	地域の創意工夫で、地域の求職者等が継続的に働く場を創出することを支援	求職者等
農地利用集積	農地利用集積事業	農地利用集積円滑化団体（市町村、市町村公社、農協、土地改良区等）が行う調整活動を支援	農地利用集積円滑化団体
6次産業化	未来を切り拓く6次産業創出事業のうち農商工等連携支援	農商工連携の一層の推進のため、専門的なアドバイスを行うコーディネーターの活動、観光業等様々な異業種とも連携した新商品開発や販路拡大等の取組みを支援	民間企業等
	未来を切り拓く6次産業創出事業のうち地産地消の推進	地産地消の活動に必要な施設の整備に対する支援として、強い農業づくり交付金の中に特別枠を設け、直売所、加工処理施設、地域食材供給施設等の整備に対して支援	都道府県 市町村 農業者の組織する団体等
主産地形成	産地収益力向上支援事業	産地自らが、収益力向上のためプログラムを策定し、その実現に向け実施する生産・流通・加工分野での取組み等を支援	産地収益力向上協議会 市町村 民間団体等

資料：農林水産省(7)

業としての確立といった支援の多面性と長期的視点を備えている点にあり、かつそれらが農業に積極的な主体──たとえば新規参入法人や認定農業者──を対象としている点に見られる。つまり、耕作放棄地の活用を地域の中心的な農業者、もしくは法人に任せようというのが国の施策の方向性と言える。

しかし前節でもみたように、すべての耕作放棄地が解消の担い手となる中核農家の経営規模や所得の拡大に貢献するほど条件に恵まれた場所で発生しているわけではない。中山間地域のように地形や栽培条件で劣り、収益性や効率性の面から切り捨てられた耕作放棄地のほうが実際には多数を占める。容易に担い手が見つからない、あるいは耕作放棄地を活用することによる経済的なメリットが見込めないのが耕作放棄地の解消が進まない原因である。また積極的な農業経営を志向する農業者・法人であれば、元の耕地に戻すために多大な労働力や機械、資本を投入しなければならない耕作放棄地よりも、最低限の管理は行なわれている休耕田を優先的に利用しようとするだろう。したがって上述の施策を利用して解消できる耕作放棄地はごく一部に限られるおそれがある。

(2) どのような取組みがあるのか

ここで視点を変え、実際の遊休農地解消の現場からどのような手立てがあるかを概観してみる。少し古いデータではあるが、遊休農地解消を目的とした取組みの全国的な傾向について調べた結果(8)を紹介したい。

遊休農地の解消事例は、全国農業会議所が発行している全国農業新聞などで目にすることができるが、この調査では農林水産省が発表する全国農林漁業現地情報（当時）[9]を利用した。１９９０年の農林業センサスの結果で耕作放棄地面積の急増ぶりが衆目の的となったことから、１９８５年から２００２年の間に掲載されたすべての記事を対象に、耕作放棄や遊休地、荒廃地といった遊休農地に関連するキーワードをもとに、遊休農地を活用していると判断した５８０事例を抽出した。続いて２０００年10月と２００３年９月の２回に分け、全事例の中から関係者の連絡先が掲載されていた４５２の事例[10]を対象に郵送方式でアンケート調査を行なった。調査票では、活用している遊休農地の情報や取組みの状況について尋ねた。その結果、２８０事例（うち有効回答は２４６事例２４８地区[11]）から回答が得られた。

豊富な遊休農地の活用方法

耕作放棄地の有効活用に関する既往の調査[12]では、その活用方法を菜園、生産、植林、住宅、交流、植栽、自然環境、スポーツ・文化、の８つのタイプに分類している。ここではそれらを参考に、収集したすべての事例を表3−4に示す12のタイプに分類した。タイプ別の数を見ると農園利用が89事例ともっとも多く、次いで野菜栽培、果樹・樹木利用の順に多かった。当時は１９８９年の「特定農地貸付けに関する農地法等の特例に関する法律」、そして１９９０年の「市民農園整備促進法」の制定を追い風に、市民農園の開設に対する都市住民の要望も高く、農園としての遊休農地の活用は

表3－4　活用方法の分類と全事例及びアンケート調査地区の数

名称	全事例数（構成比）	調査地区数（構成比）	備考
復元	34（5.9%）	14（5.6%）	遊休化以前と同じ作物を栽培する
野菜栽培	80（13.8%）	34（13.7%）	わさび、豆類を含む
山菜・そば栽培	68（11.7%）	23（9.3%）	薬草や工芸作物を含む
果樹・樹木利用	73（12.6%）	29（11.7%）	ケナフや芝生育成を含む
家畜放牧等	34（5.9%）	15（6.0%）	カモや綿羊飼育を含む
魚貝類の養殖	28（4.8%）	15（6.0%）	釣り池を含む
花・景観作物栽培	45（7.8%）	15（6.0%）	香草を含む
農園利用	89（15.3%）	47（19.0%）	家庭菜園を含む
制度的対応	50（8.6%）	24（9.7%）	オーナー制度や組織の設立、助成制度
植林	6（1.0%）	1（0.4%）	
ビオトープ	8（1.4%）	5（2.0%）	
その他	65（11.2%）	26（10.5%）	上記11タイプ以外のもの

注：以下、グラフでは「野菜栽培」を野菜、「山菜・そば栽培」を山菜・そば、「果樹・樹木利用」を果樹・樹木、「家畜放牧等」を家畜等、「魚貝類の養殖」を魚貝類、「花・景観作物栽培」を花・景観作物、「農園利用」を農園、「制度的対応」を制度とそれぞれ表現する。

一種の〝流行り〟だったととらえることができる。これを裏づけるように、アンケート調査では農園利用の約半数が取組みを１９９０年代前半に始めており、ほかのタイプと比べても確かに多い。一方、野菜栽培がほぼ同数（80事例）だった理由には、休耕田での転作対応があげられよう。

次にこれを地方別にみると、５８０の事例は東京都を除く46道府県から収集でき、関東（19・５%）、東北（16・２%）、近畿（15・２%）、九州（15・０%）の順に多かった。さらに各地方の活用内容を見ると、最も事例の多い関東地方では農園としての利用が多く、東北地方では山

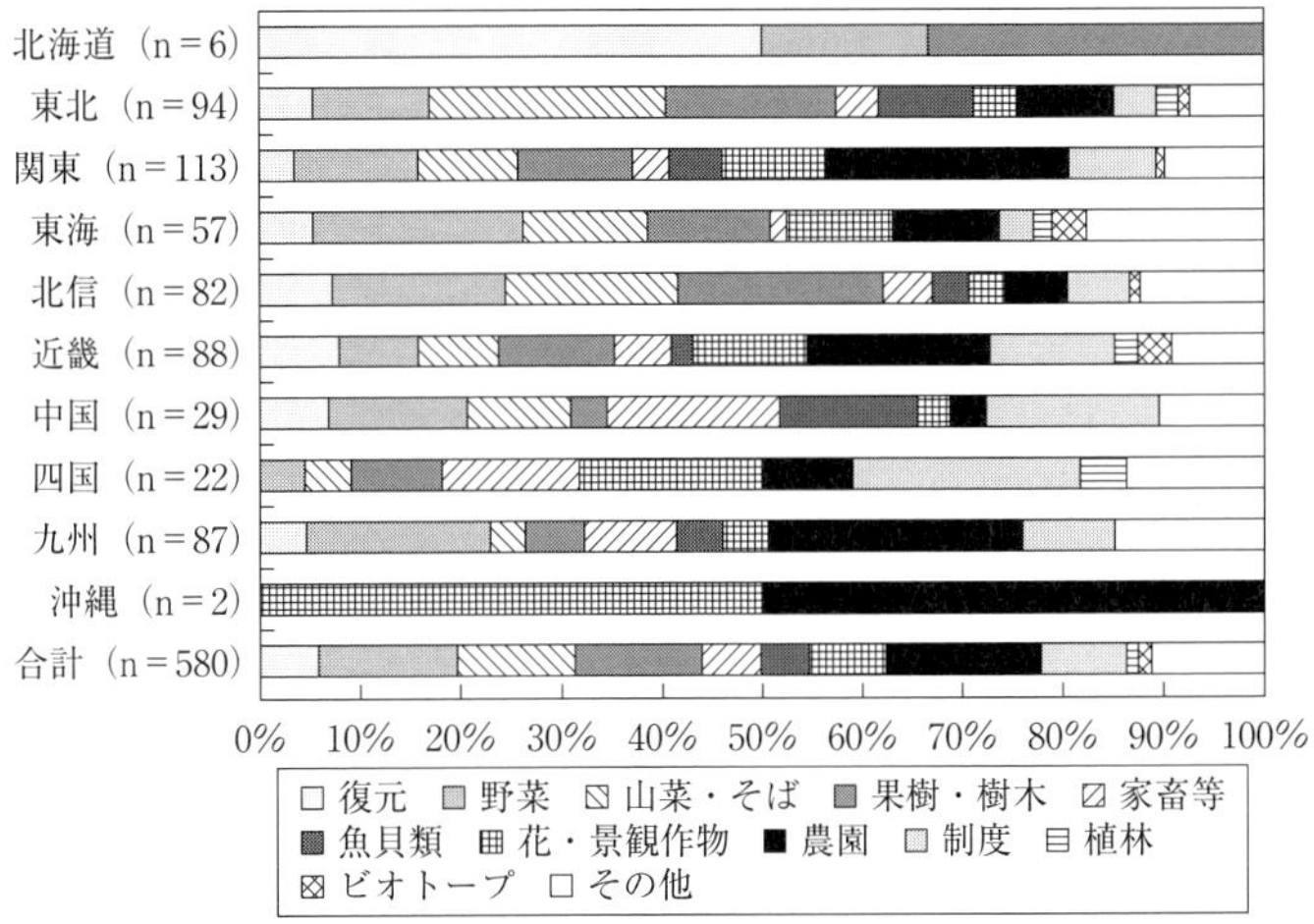

図3－4　地方別にみた遊休農地の活用内容の違い

菜・そばあるいは果樹・樹木利用が、近畿地方では花・景観作物あるいは農園利用が、九州地方では野菜あるいは農園利用がそれぞれ多いという傾向が得られた（図3－4）。ほかにも北信地方では果樹・樹木利用が多いことや、中国地方では家畜等への利用が多いことなど、遊休農地の活用方法にもそれぞれの地方の農業や地形、人口規模に応じた特徴が見受けられる。

活用される遊休農地の特徴

アンケート調査によれば、回答のあった230地区の遊休農地解消面積の平均は256・6aと、意外に大きな面積が活用されている印象を抱くかもしれない。しかしこれは少数の大規模地区が影響したためで、中央値は70a、1ha未満が約6割を占めることからわかるように、基本的には1筆程度の遊休農地を頑張って活用

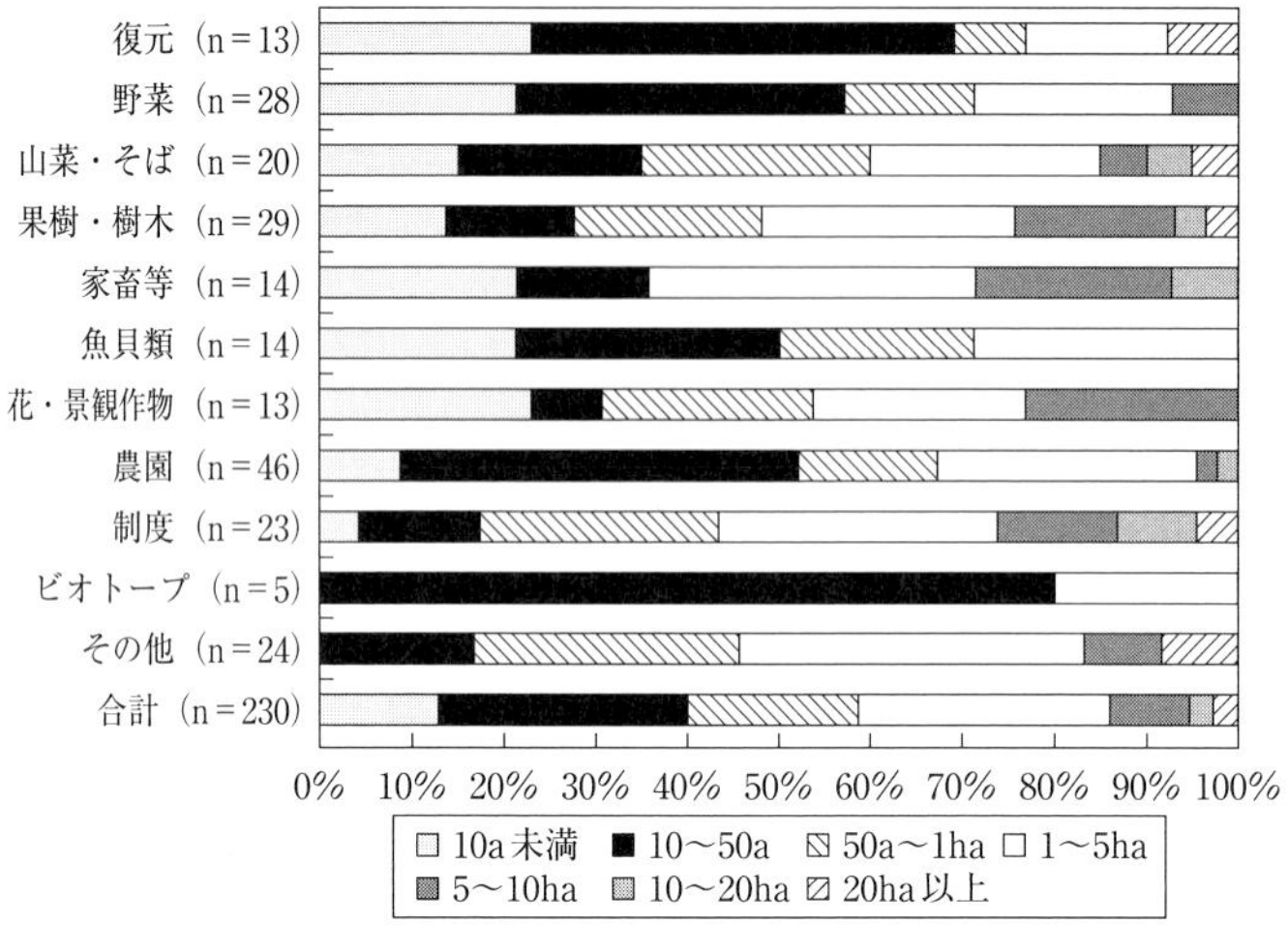

図３－５　遊休農地の活用内容別にみた面積の違い

注：植林は１地区のため省略したが、合計には含まれている。

しているのが実態と言える。活用内容を規模別に整理する（図３－５）と、農園では全体の42・６％が10〜50ａに含まれ、比較的小規模な遊休農地を利用する地区が多いこと、また規模別の構成割合は野菜栽培に利用されているケースと似通っていることが読み取れる。この理由として、一般的に農園での栽培作物には野菜や花卉が多いことや、一人当たりの区画は小さいといった点が、集約的な土地利用を特徴とする野菜栽培に共通するためと考えられる。逆に、大規模な遊休農地を利用している地区に多いのは、果樹・樹木や家畜放牧、制度的対応である。

次に遊休農地の基盤整備の状況を見ると、整備ずみの遊休農地を利用している割合が高いのは農園、制度的対応、野菜栽培

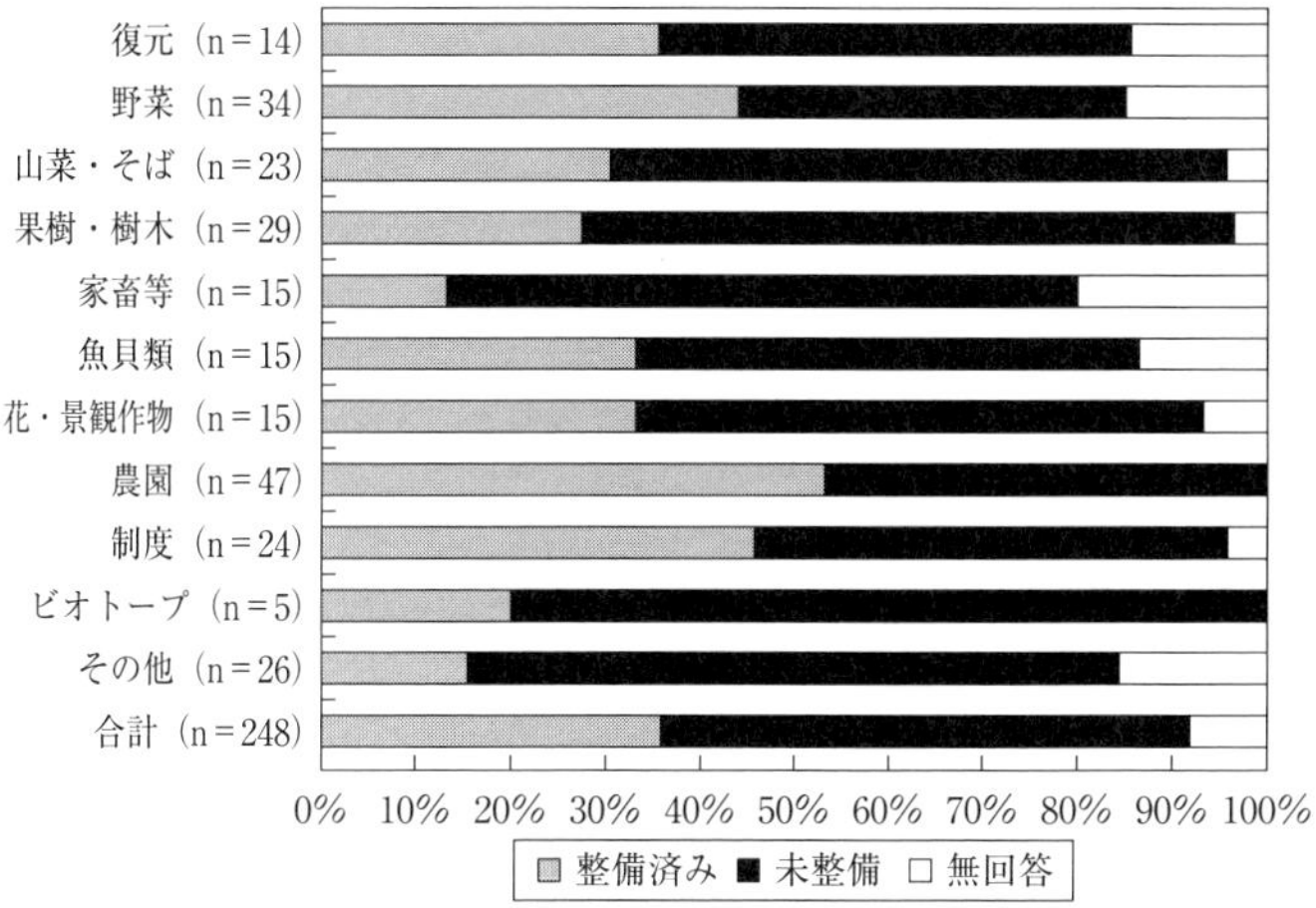

図3－6　遊休農地の活用内容別にみた基盤整備の状況の違い

注：植林は1地区のため省略したが、合計には含まれている。

であるのに対し、家畜放牧やビオトープではその割合が著しく低い（図3－6）。つまり基盤整備の有無は遊休農地の活用内容—多くは栽培作物—を決める際に鍵となり、たとえば農園に活用する場合は整備ずみであるほうが望ましいと考えられる。なぜならば、農園は区画割りが必要になることや、栽培作物には畑作物が多いため排水が重要になること、さらに利用者の駐車場の確保やアクセスしやすい道路整備も必要となるからである。とは言え、全体では半数以上が整備されていない遊休農地である。条件に恵まれなくても何とか活用したいとの思いが感じられる。

ところで遊休農地を活用する際には、取り組む主体が自らの所有地を利用する場合と、借りて利用する場合がある。アンケート調査によると半数以上の事例が所有者から借りており、とくに農園や復元利用の場合はその割合が高い。加えて無料で借りているケースが約4割を占め、とくに整備されていない遊休農地や何十年も前に耕作放棄された場合には無料であることが多い。地域にとっての悩みの種である遊休農地を解消しようとする取組みは、基本的に地元の理解を得られやすいということが確認できよう。

(3) 変化する取組みの主体

ではどんな人たち、あるいは組織が主役となって遊休農地の解消に取り組んでいるのかをみてみよう。

遊休農地の活用に取り組む主体には通常、その地域の農家だけでなく農業とかかわりのない地域住民、ほかにも地方自治体や農協といった組織が考えられる。調査の結果によると農家51地区、地元住民グループ50地区、農家だけのグループ37地区の順に多く、公的な機関よりも地元の人たちが積極的にかかわっていることがわかった。また地方自治体は31地区で主体となって取り組んでいるが、15地区を農園利用が占めているのが特徴的である。

ここで取組みを始めた時期を4つに分けて各主体の特化係数[13]を調べると、表3-5のようになった。これをみると遊休農地解消の主役は、1989年以前は農家や農協、あるいは非農家が担っていたが、1990年代前半には農家のグループや（貸し農園の整備に関する法律制定を背景にした）自治体へと移っている。さらに1990年代後半ははっきりとした傾向は見られなかったが、200

表３－５　取組み時期による各主体の特化係数

取組み主体	当該設問回答地区数	特化係数			
		1989年以前	1990～1994年	1995～1999年	2000年以降
農家	51	1.59	1.02	1.03	0.56
非農家	19	1.60	0.73	1.32	0.30
農家だけのグループ	37	0.55	1.22	1.05	0.77
非農家だけのグループ	6	3.38	0.58	0.38	1.89
地元住民グループ	50	1.01	0.63	1.01	1.59
自治体	31	0	1.57	0.81	1.10
自治体関連組織	11	0.92	0.95	1.04	1.03
農協及び関連組織	10	2.03	1.39	0.23	1.70
その他	18	0	0.77	1.40	0.95
全体	233	1	1	1	1

０年以降には地元住民のグループや非農家だけのグループといった農業に直接かかわりのない人たちが取り組むようになってきていることが読み取れる。つまり遊休農地に対する認識が、当初は農家やその関係者だけの関心事だったのが、２０００年以降は地域全体の問題ととらえられるように変化してきたと言える。加えて取組み主体も１９８９年以前は個人だったのに対し、２０００年以降はグループへと変化し、農家は年を追うごとに主役ではなくなってきている点も読み取れる。こうした変化は、遊休農地という存在がすでに農家個人が何とかしたい（できる）と思えるレベルを超え、地域全体で解決に取り組まねばならないほど深刻になっていることの現れととらえられるだろう。

次に、これらの取組みを資金や労働力の面でサポートしている組織に目を転じると、全体では市町村（46・3％）、農業改良普及センター（37・2％）、農協（30・2％）の順に多い。市町村をはじめとする行政は制度にもとづく資金援助や、貸し農園のようなケースでは運営窓口としての役割を担い、農業改良普及センターは栽培指導や地域に適した作物の選定といった作業上のアドバイザーとして、そして農協はその両方の役割を担っているものと考えられる。また先ほど１９９０年代後半は取組み主体に特徴がないと述べたが、この時期はサポート組織が単独ではなく、複数にまたがる事例が目立つ。つまり１９９０年代後半は、複数の組織が協力して遊休農地を解消しようとしていた時期と解釈できよう。

すでに農家自身（＝自助）による遊休農地の解消が困難な状況のなか、地方も国も財政難により公助としてできる範囲も限られている。地方自治体と住民が共助として取り組むケースが主流となっている遊休農地の活用は、今後どのような姿を描いていくのだろうか。また、どのような点に留意すれば息の長い取組みにできるだろうか。そこで、次は取組みが継続される秘訣をみることにしよう。

（4）取組みを続けるための鍵

アンケートの結果によると、調査時点で取組みが終了したと答えたのは38地区（15・3％）で、取り組んだ年数は最長11年、平均では4.3年だった。取組みが終了した原因については、次のような回答が得られた。まず「協力者が老人だけで体力的に限度があった（野菜栽培）」に代表されるように、取組みにかかわる人たちの高齢化や減少をあげたのが14地区ともっとも多かった。次いで「採算性も追求する必要があったため（復元利用）」や「中国からの輸入により単価を下げられたため（山菜・そば栽培）」「販売ルートの定着ができなかった（家畜放牧等）」「県の景観作物助成制度補助金の廃止

（制度的対応）」といった採算面での行き詰まりが８地区であげられた。このほかに「強風により被害を受けた（野菜栽培）」「連作障害が出るため（山菜・そば栽培）」「気候条件が合わず生育が難しかった（魚貝類の養殖）」のように取り組んだ作物の栽培面での理由も多くあげられた。

つまり、取組みを継続させるにはやはり労働力と採算性の確保が条件の一つにならざるを得ない。とくに採算性の確保にあたっては、取組みが続けられている理由に「県補助事業の導入（ウド栽培）」や「中山間農村活性化対策事業の補助金を受けられたこと（山ぶどう栽培）」など11地区が指摘した行政や農協からの支援も大きいが、「価格が比較的安定している（わさび栽培）」や「収入の良さ（タラの芽栽培）」など、栽培作物の選択によって採算性が十分に成り立つことも13地区が指摘している。このことから遊休農地を活用するには、農地が本来もっている地形や土壌、用排水といった土地生産性を生かし、かつ採算性の成り立つ内容を選択することが要点と言えよう。

逆に取組みを続けている地区ではどのような課題を抱えているだろうか。アンケート結果を見ると、「グループ員の老齢化（野菜栽培）」や「若い人が入ってこない（野菜栽培）」といった高齢化と後継者不在等による労働力不足がもっとも多い。現在はボランティアにより労働力を確保している地区でも「将来的には奉仕活動も大変であるから少しでも日当が支払えるようにすること（山菜・そば栽培）」や「労賃はボランティアなので無給だが多少なりと日当を出す必要がある（ビオトープ利用）」と考えており、無料での労働力確保を期待するのはむずかしい面もある。また「採算ベースに乗せること（山菜・そば栽培）」あるいは「価格が低下しつつあること（野菜栽培）」のように採算性や生産物価格の不安定さをあげるところも多く、収益性と労働力はいずれの活用方法にも共通の問題になっている。

さらに野菜や果樹栽培では活用している農地面積が小さいため安定した収量を確保できない点や、ドジョウ養殖やキジ飼育のようにマーケットが十分に発達していないことから販売先の確保をあげる地区が目立った。一方「転作の強化で自宅近くの畑も余っている状況でわざわざ離れた農地まで耕作する人がいない（野菜栽培）」のように、遊休農地の活用どころかその増加を不安視する声もある。

こうしてみると、地域の農業が厳しいなかで遊休農地の解消に立ち上がるには、冷静な成算もなければ継続させることがむずかしいのも事実である。多くの取組みが行政や農協からのサポートを受けつつも個人の熱意やボランティアに頼る部分が大きく、活用する遊休農地の立地や基盤条件、栽培技術の未熟さなども取組みの継続を左右する原因になりやすい。しかしこうした困難に直面しながらも、全国で遊休農地の解消に向けたさまざまな取組みが展開されているのはなぜだろうか。アンケート調査で継続できている理由を尋ねた質問には、「集落が明るくなり住民が生き生きしている。人と人の和ができた。（景観作物）」や「利用者からお礼のメールや手紙が寄せられるから（農園）」など、取組みによる人との交流をあげる声が多い。遊休農地の解消には取り組む人たちの地域に対する思いが込められているからこそ、その思いにふれた人たちとの交流の輪を広げる力があり、新しい人と人のつながりを生む可能性があると言ってもよいのではないだろうか。

3　市民による自立した取組み

増える一方の遊休農地に対し、先の節では国の方策と実際に全国で取り組まれている事例の特徴を紹介した。現場では遊休農地の解消として実にさまざまな方法が行なわれ、昔に比べると、最近は農家ではなく都市住民が遊休農地での作業に積極的に汗を流し、人手不足や採算性といった問題に悩みながらも地元との交流を深めている姿を示した。調査で得られたデータはほんの一部であり、現在の日本ではこの何倍もの取組みが行なわれていると推察できる。

農地に限らず、森林においても数多くのボランティア活動が見られるように、今、地域資源の維持管理はその地域の住民が担うものというこれまでの固定概念から一歩進み、その地域に思いをもつ人たち、とくに市民が主役となって協働で担うものへと変化しつつある。もちろんそうした動きは全体から見れば、まだまだ小さな範囲を対象とするものであり点的な存在にすぎない。しかし彼ら・彼女らのこうした着実な取組みは、いろいろな問題を抱える農村地域にとって決して小さな存在ではなく、むしろこれからの農村地域の再生を考えるにあたっては絶対に外すことのできない、大きな動きに違いない。

ここでは一つの遊休農地の解消活動を取り上げ、この活動が地域に定着するまでの過程を追うことによって、市民による自立的な遊休農地解消の取組みを可能にするエッセンスを考えてみたい[14]。

（1）取組みの萌芽

地元での動き

取り上げる事例は大阪府茨木市の北部、京都府亀岡市との境に位置する見山地区で行なわれている棚田保全活動である。茨木市は大阪府の北部に位置し、南北方向に長い地形をもち、市の北半分は標高400m前後の山が連なる老の坂山地、南半分は大阪平野の一部をなしている。約27万人（2011年7月時点）の人口を抱え、隣接する高槻市や箕面市、吹田市とともに大阪のベッドタウンとして発展してきた。平坦な地形に恵まれた淀川右岸の市南部では市街地化が進み、北部でも山林や農地が中心の土地利用から、近年は住宅地への転用が続いている。

見山地区は標高510mの北摂山系の最高峰、竜王山を取り巻く7つの集落からなる農山村で、府下では数少ない傾斜20分の1以上の急な棚田と落ち着いた集落景観が広がっている（写真3－1）。地区の人口は1980年には1615人を数えていたが、農業の不振や生活利便性の問題から、[15] 2005年には379戸、1275人まで減少している。同時に高齢化も進み、地区内の小学校の児童数も2009年は47名（1980年は180名以上）と激減している。また地区の農地111haのうち90haが棚田であり、200戸の農家の多くが兼業で耕作を続けている。しかし農家の高齢化や耕作条件の厳しさによって棚田の上段から耕作放棄が進む（写真3－2）など、地区の遊休農地は増加の一途を辿っている（図3－7）。

このような現状を受け、地元では１９８９年に都市農村交流活動推進委員会（以下、推進委員会）を立ち上げ、地域の活性化と農業経営の安定化を目的とした都市との交流活動の推進に力を入れてきた。具体的にはむらの暮らし情報誌『ふるさと見山』の発行や、地域の豊かな景観である「見山十景」

写真3－1　見山地区の棚田（上）と集落（下）の風景

の選定及び案内マップの作成、交流拠点となる道の駅「見山の郷」の建設と農産物直売所・加工施設の運営などを行なっている。後でも述べるように、新しい活動が生まれるには地元に受け皿となる組織（できるだけ多くの住民に

写真３－２　“山が下りてくる”状態

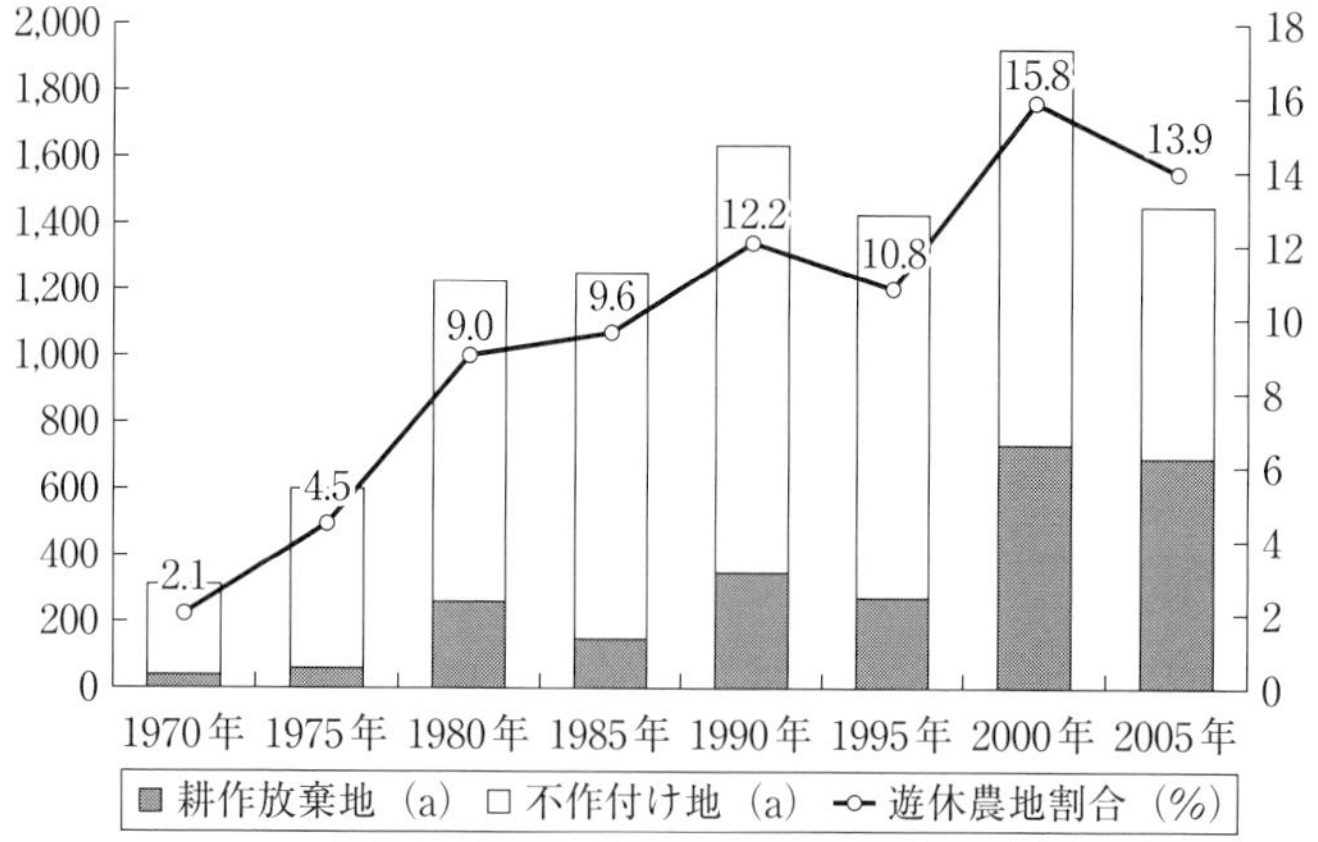

図３－７　見山地区の遊休農地面積とその割合の推移

資料：農林業センサス

注：１．ただし、遊休農地割合（%）＝（耕作放棄地面積＋不作付け地面積）÷（耕地面積＋耕作放棄地面積）×100

２．図中の数値は遊休農地割合を示す。

３．棒グラフは遊休農地面積（左軸）、折れ線グラフは遊休農地割合（右軸）をそれぞれ表す。

表３－６　大阪府棚田・ふるさと保全基金事業の内容

保全ネットワーク推進事業	棚田・ふるさとファンクラブの募集、登録、情報発信ほかの府民への啓発活動
保全コミュニティ推進事業	保全活動を行う棚田地域でのコミュニティ育成
棚田保全支援事業	保全コミュニティとファンクラブのボランティアが共同で行う保全活動に必要な経費への助成

支えられているほうがよい）の存在が必要だが、見山地区はその条件を備えていたことになる。

行政が用意したメニュー

一方、遊休農地の解消活動のきっかけを求めると、１９９４年のＧＡＴＴウルグァイ・ラウンドの農業合意への対策として農林水産省が１９９８年に始めた「中山間ふるさと・水と土保全推進事業」まで遡ることになる。これは農産物の貿易自由化によって大きな打撃を受けると予想された中山間地域の活性化を目的に、基金を造成してその運用益を都市住民等の活動参加ネットワークの構築・運営や活動を担う人材の育成、農地の保全整備の促進支援にあてるものであった。当時、大阪府でも農林水産業振興ビジョン（１９９２年策定）にもとづいて府下の農業を支援するなかで当該事業を活用し、１９９８年から「大阪府棚田・ふるさと保全基金事業」に着手した(16)。１９９８年から２０００年の３年間に国の補助を受けて基金を造成し、１９９９年からは府民からの寄付も基金に組み入れられている。この事業では表3‐6に示す３つのプロジェクトを進めたが、その一つが活動の担い手と期待される人材バンク「棚田・ふるさとファンクラブ（以下、ファンクラブ）」の設立（1998年）、もう一つが現場での保全活動である。

きっかけとしてのイベントの功罪

大阪府ではファンクラブの会員を対象とする保全活動を茨木市見山地区と千早赤阪村下赤阪地区の2か所で2000年から開始した。いずれも棚田が特徴の地域で、地元に活動の受け皿となる組織―茨木市は推進委員会、千早赤阪村は棚田の会―があったことが決め手となった。見山地区での当初2年間の取組み内容は表3-7に示すとおり、かなりイベント色の強い活動になっている[17]。これには地区内にある市営キャンプ場周辺の森林管理に関する啓発（ボランティア募集）や見山地区を知ってもらいたいとの推進委員会の考えもあり、プログラムのうち農作業に費やした時間は1～2時間程度にとどまった。参加は無料で、作業に必要な資材も主催者（推進委員会、茨木市、大阪府）が用意していた。2年目を終えて、主催者間で話し合いを行なったところ、参加者へのアンケート調査からは「遊びが少し多いように思われた」や「もっとゆったりと時間を取って作業したい」との要望があり、農家からも「ボランティアによる保全活動は意味があると思うが、1回だけの作業では不十分で残りを我々が負担しなければならない」との意見が出されるなど、イベントとしての継続は受け入れ側の負担感や参加側の満足感を考えると厳しいとの見方で一致した。そこで3年目からは本来の目的である棚田保全活動を持続的に行なっていくために表3-8に示す12の項目を申し合わせた。初動期にイ

表3－7　見山地区における当初2年間の保全活動時のプログラム

2000年9月24日		2001年9月22日	
9:30	受付	9:30	受付
10:00	開会式	10:00	開会式
10:30	棚田保全作業場所へ移動	10:15	棚田保全作業（草刈り）
11:00	保全作業（草刈り・スイセンの植え付け）	12:00	昼食（カレーライスの無料提供）青空市
12:00	ウォークラリー	13:30	参加コース別の活動（保全作業，自然観察会，スイセンの植え付け）
12:40	昼食（カレーライスの無料提供）青空市	15:00	閉会式
13:00	「見山の郷を愛する会」の紹介と会員募集	15:15	後片づけ
14:30	ウォークラリーの結果発表と賞品授与		
15:00	閉会式		
15:15	最寄りのバス停まで送迎		

表3－8　3年目以降の活動の申し合わせ事項

1．荒廃する棚田の復元活動が必要と考えられるので、対象農地を選定して活動を行うこと
2．活動は参加者が主体となって行うこと
3．参加者全員で草刈り作業から栽培管理も行うこと
4．管理する農地周辺の畦畔等も管理すること
5．1か月に1～2回程度の活動が必要であること
6．地元と行政は栽培指導などのため交代で出役する必要があること
7．トラクターを利用した耕耘作業は地元と行政で負担する必要があること
8．昼食は参加者が持参し、地元に大きな負担がかからないようにすること
9．活動に利用する農地は推進委員会が地主からの承諾を得ること
10．収穫した農産物は参加者で分け合うこと
11．各年度の終了時に次年度について考えること
12．参加者の募集はふるさと・棚田ファンクラブと茨木市の広報を通じて行うこと

ベントを行なうことは、地域にとって運営の経験を体得できる点や参加者に地域を知ってもらう点で効果は小さくないと思われるが、一方でこうした内容は参加者にとってはもの足りない印象を与え、受け入れ側に過剰な負担感だけを残すのも事実である。とくに農地の保全に対する都市住民の〝本気度〟は高いと見るべきであることを見山地区での事例が教えてくれる。この経緯があったため、地元も行政も思い切って活動の方向性を変えることができたのである。

人材を集める

農地の保全活動に参加したい人たちが登録するファンクラブの会員数は、募集を始めた１９９９年９月から約１年半が経過した２００１年３月には２７４名まで増加した。延べ２８７名の会員が２地区での保全活動に参加して農作業の大変さや農村地域の豊かな自然について理解を深める一方で、活動に対する具体的な要望も会員によって異なることが、１年目を終えた２００１年３月にファンクラブが実施したアンケート調査で明らかになった。調査を行なった背景には、今後も活動を続けていくうえでの意見収集もあったが、それよりも大きかったのは財政面であった。当初見込んでいた基金の運用益が大きく下回り、活動の支援に基金を取り崩してあてていたこと、出費の多くを会員への情報提供が占めていたことから、活動への参加状況やアンケート調査への回答の有無をもとに会員の整理を行ない、経費を削減する必要があったのである。ちなみに会費は無料である。

２年目の終わりにファンクラブは会員の登録更新を行なうと同時に、アンケート調査で会員が希望

表3－9　ファンクラブ再編後のグループ別の内容と所属人数

グループ名	趣旨	所属人数
A.ボランティアグループ	・主に農業者や地域団体が行う作業（水路掃除、草刈り）の手伝いに参加を希望する会員 ・必要経費は自己負担	77
B.管理耕作グループ	・地域団体が管理している遊休農地を共同で管理耕作することへの参加を希望する会員 ・必要経費は自己負担 ・会員のみで管理耕作を行う ・作付内容等は地域団体と協議して決定する	9
C.イベントグループ	・棚田保全に関するＡ及びＢグループ以外のイベント等への積極的な参加を希望する会員 ・必要経費は自己負担	36

注：所属人数は2003年１月時点。

する活動に応じた３つのグループ（表3－9）を設定し、全員がいずれかに属するように分けた。その結果、３つのグループでは遊休農地の解消と栽培作業を主体的に担う本気度の高いＢグループがもっとも少ないものの、イベント的な活動だけを望む会員より農業者への作業補助の支援を希望する会員のほうが多く、単なる棚田のファンではなく、実際にその保全に汗をかけるモチベーションの高い人たちがどれぐらい参加しているかが明確にできた。

人びとの暮らしが食の生産や加工の現場から離れてしまっている現在では、実際のものづくりの現場を見て知ることはとても大切である。しかし、遊休農地がこれだけ増えている今の状況では、そうした啓発よりも長靴を履き、タオルを首に巻いて農地に足を踏み入れる者をひとりでも多く募り、その解消につなげていくことが強く期待されている。いわば〝待ったなし〟である。ここで重要なのは、大阪府では金銭的な支援と実働的な支援を分けて募っているところにある。会費制のファンクラブなどの場合、えてして会員は会費を納めていることで満足し、実際の活動やイベントに参加しない可能性もある。活動を続けるうえで経済的な支援はもちろん大切ではあるが、それよりもその場で汗を流す人がいなければ活動は始まらない。ふるさと納税制度が根づき始めていることもあり、遊休農地の解消にはカネよりも人を上手に集めることがますます重要になるように思われる。

(2) 遊休農地の復元が始まった

リニューアルした見山地区の保全活動は、2002年6月から約20aの耕作放棄田で始まった。表3-8の申し合わせに従ってボランティアはファンクラブ会員のボランティアグループに登録している人たちを対象に募集され、また茨木市の広報で知った人たちも合わせ30人(24世帯)が応募した。このうちファンクラブ会員は11名だった。この年の活動内容は表3-10に示すとおりで、雨天時は1週間後に延期すること、活動の開始は毎回午前10時から、昼食や飲み物等は参加者が持参することとされ、作業に必要な道具や物置、簡易トイレは市が準備した。また行政と地元からは毎回推進委員会1名、市職員2名、府職員1名が参加していた。作業は草刈りから始まり、畝立てや畦畔管理を経て参加者の栽培知識のレベルと土の状態に合わせ、サツマイモや枝豆が栽培された(写真3-3)。ここで特筆すべきなのは、当初の計画では10月を最終回としていたにもかかわらず、参加者の要望によって11月と12月にも活動が行なわれた点である。つまり、この年にスタートした遊休農地の解消は、地元や行政が想像していた以上に熱心な参加者を得ることができたのである。

翌年はさらに活動頻度が高くなった（表３−11）。活動はほぼ通年になり、６〜７月は１か月に４回も作業を行なっている。１年の活動を経験して参加者が作業の要領を把握するとともに、この年は新

表３−10　2002年の活動内容

月日	作業内容
６月９日	作業説明（顔合わせ） 遊休農地と畦畔の草刈り サツマイモの植え付け、黒枝豆の播種
６月16日	遊休農地と畦畔の草刈り 畝づくり、コスモスの播種
７月14日	遊休農地と畦畔の草刈り 枝豆等の栽培管理
８月４日	遊休農地と畦畔の草刈り 枝豆等の栽培管理
８月25日	遊休農地と畦畔の草刈り 枝豆の収穫、サツマイモ等の栽培管理
９月15日	遊休農地と畦畔の草刈り コスモスの摘み取り
10月13日	遊休農地と畦畔の草刈り サツマイモの収穫
10月27日	コスモスの摘み取り 畝づくり、花菜等の播種
11月10日	大豆、大根、かぶの収穫 ほうれん草、花菜の播種
12月15日	遊休農地と畦畔の草刈り 大豆の収穫 来年度の打ち合わせ

写真３−３　作業の様子

表3-11-a　2003年度の作業スケジュールと作業内容

活動月日	主な作業内容	参加人員			
		ボランティア	推進委員会	茨木市	大阪府
5月11日	草引き レタス定植	3	1	2	1
5月25日	草刈り、草引き・花菜、しろ菜等摘み取り トマト、キュウリ、唐辛子、カボチャ植え付け その他栽培管理	14	0	2	3
6月8日	草刈り、草引き・サツマイモ植え付け 大豆播種・その他栽培管理	15	1	2	1
6月22日	草刈り、草引き・サツマイモ植え付け エンドウ、赤タマネギ収穫・その他栽培管理	12	0	2	0
6月25日	キュウリ、トマト等栽培管理	1	0	2	0
6月29日	草引き・大豆、キュウリ、ネギ植え付け その他栽培管理	5	0	2	1
7月8日	キュウリ、トマト、カボチャ、枝豆等栽培管理	1	1	2	0
7月13日	草刈り、草引き・大豆定植 エンドウ、キュウリ収穫・その他栽培管理	11	1	2	1
7月20日	作業打ち合わせ	2	0	2	0
7月27日	草刈り、草引き・コスモス植え付け準備 にんじん、サツマイモ植え付け トウモロコシのカラス除けネット設置 その他栽培管理	8	0	2	0
8月10日	草刈り、草引き・コスモス播種 トウモロコシ、カボチャ、枝豆収穫 その他栽培管理	9	0	2	1
8月24日	草刈り、草引き 大根、カブ、チンゲンサイ、小松菜、葉大根植え付け シシトウ、キュウリ、小松菜収穫 その他栽培管理	11	1	2	0
9月21日	草刈り、草引き レタス植え付け、タマネギ苗床管理 唐辛子、ナス収穫・その他栽培管理	10	1	2	0
9月28日	草刈り、草引き・白菜定植 その他植え付け準備、栽培管理等	7	1	2	0

表３-11-ｂ

活動月日	主な作業内容	参加人員			
		ボランティア	推進委員会	茨木市	大阪府
10月12日	草刈り、草引き・タマネギ定植 大根、にんじん、三度豆、シシトウ収穫 その他栽培管理	8	1	2	0
10月26日	草刈り、草引き 大根、にんじん、チンゲンサイ、インゲン、ピーマン収穫・水菜定植・その他植え付け準備、栽培管理等	11	0	2	1
11月9日	草引き・レタス、ほうれん草植え付け 大根、にんじん、チンゲンサイ、レタス、小松菜、白菜、インゲン、シシトウ収穫・その他栽培管理	8	0	2	0
11月16日	草引き タマネギ定植、その他栽培管理	7	1	2	0
11月23日	草引き タマネギ定植、その他栽培管理 白菜、レタス、インゲン、ゆず収穫	6	1	2	0
12月14日	草引き 大豆乾燥・白菜、レタス、大根収穫	12	1	2	1
2月8日	ジャガイモ植え付け準備 白菜、レタス、ほうれん草、ラディッシュ収穫	3	1	2	0
2月22日	ジャガイモ植え付け	6	1	2	0

たな参加者の募集を行なわず昨年と同じメンバーで行なったことで、互いの交流がより深くなったことも活動の頻度に大きく影響している。また昨年は農地の所有者が耕耘作業を行なったのに対し、この年は耕耘機を購入して参加者自らが機械を操るとともに、獣害防止のために電気柵も購入するなど、本格的な耕作へと様変わりした。さらにもう一つの変化として、１年目は所有者に農地の提供に対する謝礼が支払われていたが、２年目以降なくなったこともあげられる。つまり、活動は農地所有者の手を離れて、より参加者の自主性が高いレベルに変化したと言え

るが、この年も推進委員会と市、府が必ず作業の手伝いに出ており、市民と行政が共同で行なっている形式にとどまっている。

3年目には遊休農地の所有者から別の休耕地を復元してほしいとの依頼があり、管理面積が増えるのに備えてボランティアの追加募集を行なった。その結果、ファンクラブから7名の新規応募があり、この年の参加者は24人（16世帯）となった[18]。また、参加者が要望していた稲作もこの年から行なわれるようになった。活動日は毎月第2、第4日曜日の月2回とされたが、実際はそれ以外にも参加者個人が自主的に訪れて耕作が行なわれており、ほぼ入り作に近い状態に到達している。これと呼応するように推進委員会と市、府の参加頻度は大きく減り、活動内容は参加者同士で話し合い、その内容を参加者の代表[19]が市担当者等に報告・相談するかたちへと変わってきた。

このように自主性が高まったことで毎回の作業時間も1年目は平均4時間程度だったものが2年目以降は約5時間に伸び、参加者主催のバーベキューが昼食代わりに2回行なわれるなど、親睦も一層深まっている。また、自主性の高さは活動の継続性に関する参加者の意識の醸成にもつながっている。それが、この年から復元を依頼された遊休農地で参加者たちが始めた大豆栽培である。というのも、これまで活動に関する費用は府の事業で賄われていたが、4年目以降の活動費を自らで捻出するため、大豆を収穫して見山地区の大豆加工施設に出荷することをめざした[20]のである。このほかにも活動を続けている遊休農地の周囲に広がる里山で椎茸栽培に取り組むなど、農地だけでなく周辺も含めた地域資源全体を管理するまでに活動の範囲が広がっていることも参加者の成長ぶりをうかがわせる変化

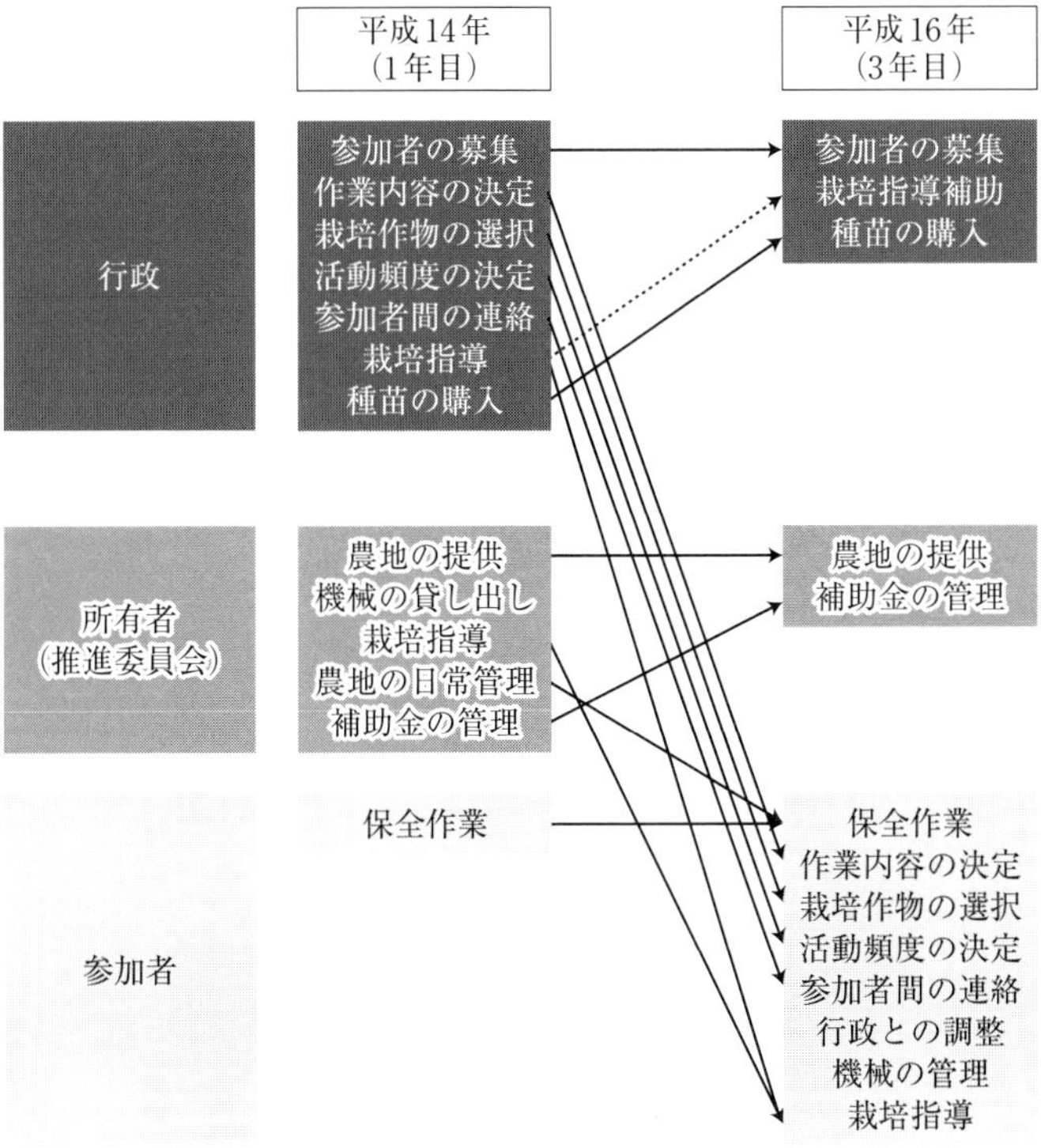

図３－８　参加者と行政、農地所有者の役割の推移

である。これまでは遊休農地からの恵みを参加者で分け合っていたが、収穫物を換金して活動の費用にあてる、すなわち農地としての維持のためにお金を循環させる活動へと、その意味が大きく変化したのである。

この3年間の関係三者の役割変化をまとめると図3-8のように示すことができる。1年目のボランティアは農作業の労働力としての役割だけで、活動を指揮していたのは行政であった。何を作るか、いつボランティアを集めるか、そして助成金の使途等多くの役割を行政が担っていたことがわかる。しかし意欲の高いボランティアは農作業に関する技術の向上だけでなく、運営面でも活動内容やスケジュールを決め、それらを行政と調整するようになり、現場は行政の手からほぼ完全に離れるにいたった。

(3) その後の経過

2002年から始まった遊休農地の復元活動は最初、地区から見れば小さな動きにすぎなかった。しかしそこに集まったボランティアの熱心な活動ぶりが伝わったのだろう。その証拠に、推進委員会では2005年に遊休農地対策小委員会を設け、地区内の遊休農地の把握を現地調査と地権者へのアンケート調査を通して行ない、その翌年にすべての遊休農地を農業的活用と環境・林業的活用、そして非農業的活用の3種類に色分けしてマップ化し、農園利用や基盤整備の実施などの検討へ結びつけている。また、廃園の危機にあった観光栗園や遊休農地ではオーナー制度の導入が行なわれ、いくつかの遊休農地が解消されている。熱心なボランティアの存在が地元を触発し、地元組織が潜在的にもっていた力と知恵を生かした面的な取組みを喚起したのである。

また、2002年からの活動も同じ場所で続けられているほか、地区内でもう1か所の遊休農地の復元・保全活動が2005年から始められている。これら2か所での活動に対し、府の棚田・ふるさと保全基金事業から引き続き助成が行なわれる一方、ボランティアの募集は市役所が広報やホームページを通じて行なっており、ファンクラブからの募集は行なわれていない(21)。大阪府の関与はスポンサーとしてのみに減り、市役所も活動を外野から見守る姿勢になっている。このことも見山地区でのボランティアの活動が自立性の高いものであることを示している。

（4）取組みが成り立った理由

自立して取り組む市民をいかに見出すか

2000年から2004年までの経緯を並べると、見山地区での保全活動は2つのステージを経て自立した活動に成長したとみることができる。表3−12に示すように最初の2年間は棚田の価値や保全の重要性などの啓発を主目的としたイベント型の活動であった。したがって参加者の人数だけでなく地元や行政からの出役人数も多く、ボランティアには物足りなさ、地元には負担感をそれぞれ感じさせることとなった。この教訓をもとに3年目には大きくその内容を変え、解消面積は小さくても活動の頻度を増やし定常的なものにする一方で、地元の負担を減らすようにした。

ここで参加者の中心となったのがファンクラブの会員であり、活動が市民の手で運営されるにいたった理由の一つとして、ファンクラブのような農地の保全に対する関心の高い人たちが多くを占める人材バンクからボランティアを募集したことがあげられる。もちろん、自治体の広報等で募集しても意欲の高い人は比較的容易に集めることはできるが、参加した場所で継続的かつ自主的に活動を行な

表3-12　年度別の活動内容の比較

	2000年度	2001年度	2002年度	2003年度	2004年度
参加人数	150人	80人	平均17人／回	平均8人／回	平均10人／回
地元・行政参加人数	100人	50人	平均5人／回	平均3人／回	2～3回に1人
活動頻度	年1回	年1回	月1～2回	月1～4回	月2回以上
参加費	無料	無料	無料	無料	無料
昼食	無料提供	無料提供	持参	持参	持参
主な活動場所	畦畔	畦畔	休耕田	休耕田	休耕田・里山林
主な活動内容	畦畔と遊休地の草刈り スイセン植栽 棚田ウォークラリー 青空市	畦畔と遊休地の草刈り スイセン植栽 自然観察会 青空市	遊休地の復元 作物の栽培管理・収穫	遊休地の復元 作物の栽培管理・収穫	遊休地の復元 里山林の手入れ 作物の栽培管理・収穫
活動形態	地元・行政主体 参加者はゲスト イベント形式	地元・行政主体 参加者はゲスト イベント形式	行政＝地元＞参加者 定常的な活動形式	参加者＞行政＝地元 定常的な活動形式	参加者主体 定常的な活動形式
地元の認知度	高い	高い	低い	低い	低い
行政・地元の負担	大きい	大きい	やや小さい	やや小さい	小さい
発展段階	第1段階【啓発】		第2段階【行政主導】		第3段階【市民自立】

っていこうとするリーダー的な存在を見つけることは、そうした通常の方法ではむずかしい。その点、ファンクラブという母体を立ち上げるだけでなく、再登録の機会を利用して名目会員の整理やグループ分けを行ない、意欲の高い人材バンクにモデルチェンジしたことは非常に効果的であったと考えられる。

しかし意欲が高くてもいきなり最初から活動のすべてをボランティアで決定し、実践することはむずかしい。見山地区では2002年に活動の大幅な変更を行なってから2年後には先ほどみた自立的な取組みが成立していたが、最初は農地所有者による機械作業や栽培の指導、市の担当者によるスケジュールの調整や栽培作物の決定など、行政や地元のリードによって学んだことが大きかった。そのため、1〜2年程度は自立的な活動への移行期間として必要なこと、そして自立までの行政や地元からの継続的なサポートが欠かせないことが言える。

自立まで支える行政の存在

もともと茨木市では遊休農地の復元管理にボランティアを入れることに積極的で、担当者も見山地区での活動を市内に広げることが大切との考えをもっていた。そのためにはボランティアのなかから複数のリーダーが育ち、彼らが別の遊休農地での活動のリーダーとなることが望ましいと考えていた。ただ、それは理想どおりにはいかなかった。見山地区ではリーダーが現れて自立的な活動へと発展したものの、そこで参加するボランティアが他所でリーダーとして取り組むまでにはいたっていない。そこで市では見山地区の隣でボランティアファームと名づけた農作業を学習できる場をつくり、自分で農地を借りて耕したい人や就農を希望する人に必要な知識を提供している(22)。つまり、遊休農地の解消を直接的にめざすのではなく、人材の育成をまず行なって、しかるのちに遊休農地の解消が果たされるという間接的な施策を展開しているのである。ただ闇雲にボランティアを動員して遊休農地の解消をめざしても、それが継続した動きにつながるかはボランティア各自の意向に左右される。見山地区のように自立へと導くリーダーが含まれる可能性も考えれば、そうしたやり方も試す価値はあるが、長期的な視点から考えれば、多少の時間は費やしても核となる人を育てることが有効なのは間違いない。

また、茨木市がこうした多方面の対策を打ち出す背景に市の総合計画[23]があることの重要性も指摘しておきたい。これまで見てきたように、遊休農地の解消にあたって行政の役割は依然として大きい。しかし施策の裏づけがない場合、行政の支援は非常に脆弱かつ不安定になりやすい弱点をもつ。担当者が確信をもって現場の支援を行なえるためには、自治体のビジョンもしくは基本計画のなかで遊休農地の解消が具体的に位置づけられていることが財政的な助成の多寡にかかわらず必要、というのが筆者の実感である。

(5) 自立した取組みは広がるか

これからの展望

茨木市での事例からわかるように、市民による自立的な取組みは行政や地元の試行錯誤があって到達できるもので、最初から完成しているわけではない。ただ、意欲の高いボランティアを意図的に選別できる人材バンクや地元における受け皿組織の存在、そして行政の継続的なバックアップが、この事例を成立させるうえで欠かせない要素になっていたことは明らかである。とは言え人材バンクや地元組織、行政支援などはこれまでも各地で取り組まれてきた手法であり、何ら特別なものではない。では何が違うのだろうか。

一つは先ほど述べたように、行政に具体的な施策の裏づけがあったことである。遊休農地対策は主に各市町村の農業委員会や農地関係の部署が担っているが、その位置づけは部門的な計画もしくは施策にとどまり、自治体の総合計画には含まれていない。もちろん自治体によって遊休農地問題の軽重は異なるため、総合計画で具体的に遊休農地対策が掲げられるのはそれだけ問題が深刻であることを意味するわけだが、今後も遊休農地の増加が懸念されている現状においては、この対策を農業部門の一つに位置づけるだけでなく、自治体の総合計画で具体的に目標を述べる必要があると考える。

もう一つの違いはその地理的特徴である。市街地から離れているとは言え人口数十万の都市の農地であり、かつ京阪神という大都市圏の内側でもある。そのためボランティアの潜在人数は地方の都市や農村地域に比べれば恵まれており、その意志をもつ人たちにとっても参加可能な距離と言える。(24) したがって遊休農地の地理的特徴はボランティアの確保や活動形態の面で、少なからず制約要因とならざるを得ない。また注意してもらいたいのは、このような取組みが市全体に広がっているわけではない点である。自立的な活動を行なっているのはまだ2か所だけであり、ほかの解消方法はオーナー制など、市民による自立的な活動を意図していない。前にも述べたように、遊休農地の解消はどれか一つの方法で達せられるものではなく、それぞれの地域でそれぞれに適した方法が試される必要がある。

自立した取組みの意味

遊休農地解消の取組み事例では、「2」で見たように農園への利用がもっとも多い。都市住民が高

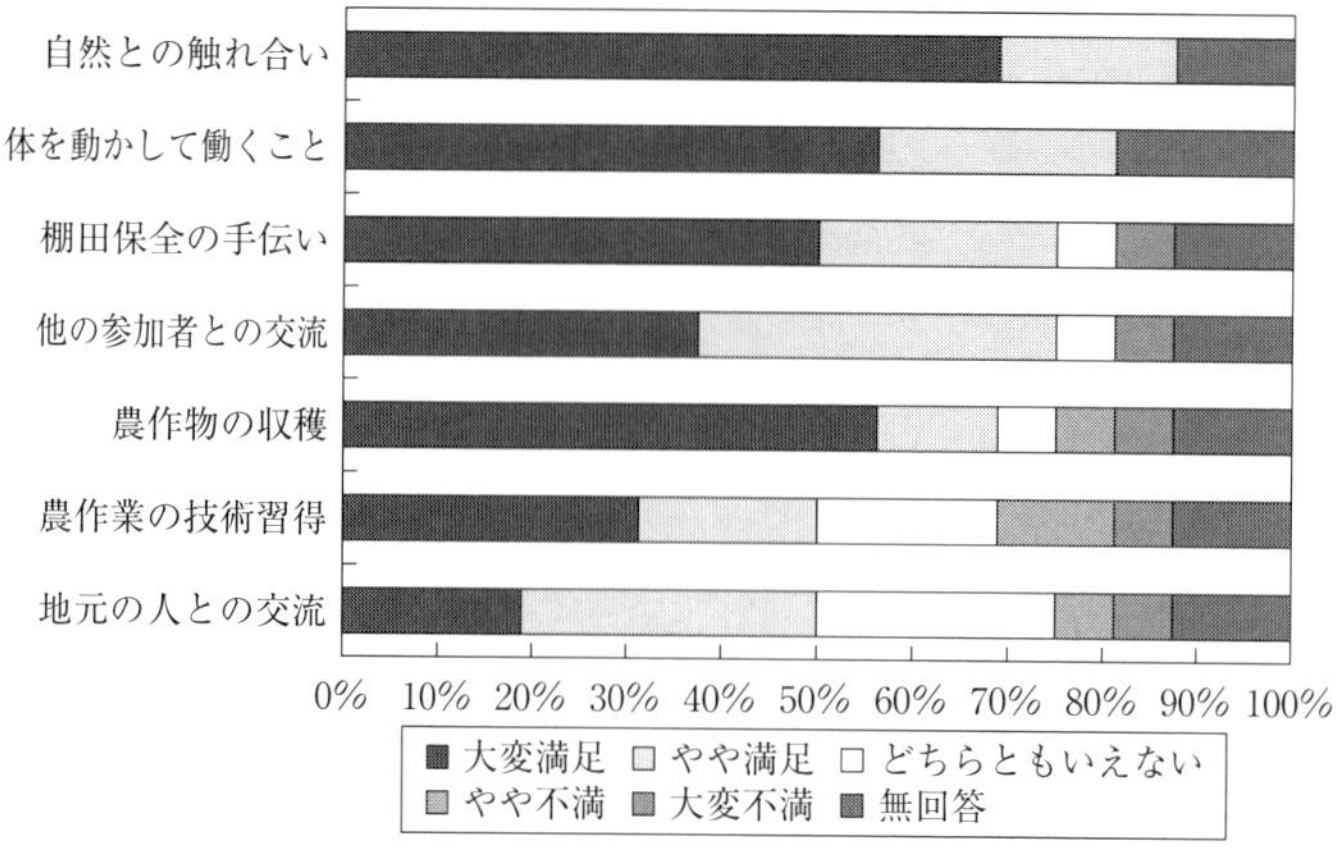

図3－9　見山地区の活動に対する参加者の評価

い農への関心を示しているのは確かだが、その関心の動機には少なからず「安心・安全な食料を自らで確保したい」との意向も含まれており、それゆえに〝自分で育てた農作物は自分のもの〟という基本ルールで成り立っている農園に対する要望の高さが遊休農地の解消の一方策として取り組まれやすい一因と考えられる。実際に見山地区の例でも、参加者のなかには収穫できた農作物を参加者で均等に分け合うルールに納得できず、途中で辞めていった人もいる。しかし、貸し農園のように区画での耕作を利用者各自の手に委ねることは、耕作者の事情次第で遊休状態になる可能性が高い点で、これまでの個別農家による経営と何ら変わらない。そうではなく、複数のボランティアによる共同での活動であれば、メンバーの一部が欠けたり抜けたりしても活動そのものが続けられない可能性はずっと低い[25]。全国的に集落営農や法人化が推進されている要因の一つには、同じ理由があると考えられる。

このような多人数がかかわる遊休農地解消の取組みでは収穫物は全員で分け合う、あるいは活動継続のために利用されることとなり、〝利益の共有〟や〝開発利益の土地への還元〟が行なわれる点で、コモンズに通じる性格をもっている。見山地区での参加者を対象としたアンケート(26)でも、ボランティアは「自然と触れ合うこと」や「体を動かして働くこと」「棚田保全の手伝い」に対する満足度が高く、「農作業の技術習得」のような実益の面に対する満足度は思ったほど高くない（図３−９）。また「他の参加者との交流」に対する満足度が高いこともボランティアの特徴と言え、参加の意義を地域への貢献やコミュニケーションに見出している場合、遊休農地はコモンズ的な利用をされる可能性が高いと考えられる。

一方コモンズとの大きな違いは、その場所が地元に住む人たちが所有・管理する土地ではなく、市民が管理する土地であるという点である。農地法が所有する権利よりも利用する権利を優先する方向へ改正されたように、私有制のもとでは必ずしも良好な状態で農地を維持管理できない現実を考えれば、今後遊休農地を減らしていくためには〝個〟よりも〝集〟による管理というものが一層進められる必要があると思われる。今のように市民が農に高い関心を寄せているということは、その数だけ遊休農地の活用方法が生まれる可能性があるということであり、と同時に必ずしも市民が個の利益だけを求めて活動に参加しているのではなく、真のボランティア精神で地域を支えようとしているのだととらえることができよう。そしてその熟度が深まれば深まるほど、遊休農地問題は解決に近づくであろう。

注

(1) 中川昭一郎編著「耕作放棄水田の実態と対策」(社) 農業土木事業協会、1993年、参照。

(2) 木村和弘「山間急傾斜地水田の荒廃化と全村圃場整備計画」『農業土木学会誌』61巻5号、1993年、7~12ページ。

(3) 潜在植生とは、土地が自然の状態で放置された場合に現状の立地や気候から成立する植生のことを指す。

(4) 中島紀一「耕作放棄地の意味と新しい時代における農地論の組み立て試論―農地の自然性を位置付け直す―」農業問題研究学会編『土地の所有と利用』筑波書房、2008年、29~53ページ、参照。

(5) 2011年現在、いずれの法律でも遊休農地に関する措置は条文に存在せず、附則のなかで経過措置として扱われているところに、その名残を見ることができる。

(6) 農林水産省農村振興局「かけがえのない農地を守るために―耕作放棄地対策推進の手引き―」農林水産省、2010年、50ページ、http://www.maff.go.jp/j/nousin/tikei/houkiti/pdf/sakuin.pdf (2011年3月)。

(7) 前掲書、51ページ。

(8) 九鬼康彰・高橋強「不耕作農地解消への取り組みの現状と課題」『農村計画論文集』3号、2001年、205~210ページ、参照。

(9) 現在は「農林漁業現地事例情報」という名称に変わり、農林水産省大臣官房情報評価課が調査と公表を行なっている。

(10) 2000年に行なったアンケート調査では321事例、2003年に行なったアンケート調査では1

31事例をそれぞれ対象とした。

(11) ここでの事例とは掲載された記事1件を指す。1件の記事には複数の市町村が取り組んでいるケースもあるため、それぞれの取組みを別に扱うために地区と表現した。

(12) (財) 農村開発企画委員会「農村地域の国土・自然環境・景観保全の推進に関する調査―耕作放棄地の有効利活用―」国土庁、1998年。

(13) 特化係数とは全体における構成比とそれを構成する各部分の構成比を比べ、その大小関係から各部分がどのような特徴をもっているかを把握することのできる指標である。今、i番目の部分におけるj番目のカテゴリの構成比をWijとし、全体におけるそれをWtjとしたとき、特化係数$Qij = Wij / Wtj$で表され、$Qij>1$であれば、その部分はほかに比べj番目のカテゴリのウェイトが大きいことを意味する。

(14) 菅野美緒「都市近郊における持続可能な農地保全活動の要件に関する研究―大阪府茨木市見山地区棚田保全活動を事例として―」(京都大学修士論文) 2005年、参照。

(15) 地区は、大阪への通勤・通学の起点となるJRや私鉄の駅と商売施設がある市の中心部とバスで結ばれているが約45分を要し、朝夕でも毎時2本程度と運行は限られている。また地区内に医療機関がないことも住民の悩みの一つである。

(16) 紹介する活動が始まる2002年に府は新農林水産業振興ビジョンを策定し、このなかでビジョンの基本目標を実現させる6つの取組みを提案している。その一つ『大阪をたがやそう』では、農林業者だけでは適切な維持管理が困難な大阪の農地や森林について、所有者だけでなく周辺住民の参画を得ながら関係地域団体が連携・共同してその保全活用をはかることが新たなコミュニティ形成や地域社会の活性化に寄与するとし、府民がそうした取組みに参画できる機会と情報の提供や取組みにかかわる人材の育成などを支援する方針が謳われている。棚田・ふるさと保全基金事業はこのビジョンに裏づけされた取組みである。またこの基金事業は大阪府以外にも奈良県や岡山県、福岡県など多くの都道府県で実施されている。

(17) 2年目は全部で3回行なわれる予定だったが、6月(33名申込み)と10月(10名申込み)は雨天のため中止された。

(18) このうち、前年から継続して参加しているボランティアは17人(11世帯)である。育児や子どもの受験を理由に一時休止した世帯もあり、総人数は減少した。

(19) 代表者はファンクラブ会員として2000年から見山地区に入っていた市内在住者である。市内に遊休農地が多いことを気にかけており、その解消に向けて市が何らかの対策を行なう必要をインタビュー時に話してくれた。

(20) この年の大豆の収穫は量が少なく、十分な収入とは必ずしも言えなかった。翌年からこの遊休農地は定年で専業となった所有者が水稲栽培をするようになり、計画自体は宙に浮いたままとなっている。

(21) ファンクラブでは千早赤阪村下赤阪地区での保全活動に対するボランティアの参加を募集している。

(22) 同様の取組みは全国各地で行なわれており、たとえば兵庫県でも楽農学校という名称で就農希望から貸し農園希望まで、受講者の目的別に複数のコースを設けて農業に関する知識の普及をはかっている。

(23) 2004年に策定された第4次総合計画における基本計画を指す。このなかで市は、農業振興の方策として都市と農村の交流活動の推進をあげており、具体的には「棚田の保全活動の一環として、遊休農地を活用した体験農業や農業学習を推進し、都市住民の農業に対する理解と関心を深めるとともに、地元農家との交流を進め」ると謳っている。

（24）同様に府の事業で保全活動が行なわれている千早赤阪村についてファンクラブ会員に行なったアンケート調査では、活動場所が自宅から遠いことを不参加の理由にあげる人もいた。
（25）見山地区の例でも育児や転勤等を理由に、一時的に休止を申し出る参加者があり、定年退職者など比較的高齢の人たちが中心にはなっているが、活動自体の中止が案じられたことはない。
（26）２００４年10月の活動の際に参加者22名を対象に調査票を配布するとともに、郵送での返送を依頼し、16名から回答を得た。２００２年９月にも同じ方法のアンケート調査を行ない、参加者の満足度は同様の結果を示した（配布20名、回答18名）。

著者略歴と執筆分担（執筆順）

野田公夫（のだ　きみお）　序章執筆

1948年愛知県名古屋市生まれ。京都大学大学院農学研究科博士課程修了。農学博士（京都大学）。島根大学農学部講師、京都大学農学部助教授等を経て、現在、京都大学大学院農学研究科教授。近年の編著書として、『生物資源問題と世界』（京都大学学術出版会）、『戦後日本の食料・農業・農村　戦時体制期』（農林統計協会）など。

守山　弘（もりやま　ひろし）　第1章執筆

1938年神奈川県平塚市生まれ。東北大学大学院理学研究科博士課程修了。農水省農業環境技術研究所上席研究官を経て、現在、同研究所名誉研究員。被災地福島県浪江町にあるDASH村（日本テレビ放映）の里山博士。著書『自然を守るとはどういうことか』『水田を守るとはどういうことか』（農文協）『むらの自然をいかす』（岩波書店）など。

高橋佳孝（たかはし　よしたか）　第2章執筆

1954年福岡県生まれ。岩手大学大学院農学研究科修士課程修了。農林水産省中国農業試験場畜産部、近畿中国四国農業研究センター畜産草地部などを経て、現在、近畿中国四国農業研究センター畜産草地・鳥獣害研究領域上席研究員。全国草原再生ネットワーク会長。阿蘇草原再生協議会会長。著書『生物多様性の日本』（森林文化協会）、『草地の生態と保全』（学会出版センター）など。

九鬼康彰（くき　やすあき）　第3章執筆

1969年兵庫県神戸市生まれ。1993年京都大学農学部農業工学科卒業。1998年京都大学大学院農学研究科博士課程単位取得退学。現在、京都大学大学院農学研究科助教。京都大学博士（農学）。平成22年度農村計画学会奨励賞（論文）受賞。対象課題は「鳥獣被害対策の集団的取組みを可能にする条件に関する研究」。

シリーズ　地域の再生17

里山・遊休農地を生かす

新しい共同＝コモンズ形成の場

2011年9月30日　第1刷発行

著　者　野田公夫　守山　弘
高橋佳孝　九鬼康彰

発行所　　社団法人　農山漁村文化協会
〒107-8668　東京都港区赤坂7丁目6－1
電話　03（3585）1141（営業）　03（3585）1145（編集）
FAX 03（3585）3668　　　　振替　00120-3-144478
URL　http://www.ruralnet.or.jp/

ISBN978-4-540-09230-5　　DTP制作／池田編集事務所
〈検印廃止〉　　印刷・製本／凸版印刷（株）

定価はカバーに表示